纺织服装教育“十四五”部委级规划教材

机织物样品分析与设计

JIZHIWU YANGPIN FENXI YU SHEJI

武燕 主编

東華大學出版社
·上海·

内容提要

本书内容主要包括各种类型面料识别、平素小花纹织物仿样设计、平素小花纹织物创新设计、大提花织物仿样设计、大提花织物创新设计五个项目。与其他同类书籍相比，本书将棉、麻、丝、毛织物的典型特征和品种集中介绍，并将它们的设计方法融合在一起，避免了学习者重复学习又不能系统掌握的尴尬。本书选材与企业生产实践紧密结合，书中配有大量高清图片和典型案例，还通过二维码的方式融入了案例讲解微课。每个案例都有详细的分析步骤、分析方法及上机计算的过程和计算结果，部分案例利用纺织CAD进行设计和模拟，以便学习者在学习典型案例的同时仿照典型案例完成新的设计案例，通过详细的分析过程非常直观地学习设计方法。每个任务最后还设置了相应的设计理论积累，使学习者在做的过程中不断提高。

本书中各任务的设置基本遵循“情境引入”“任务分析”“做中学、做中教”“任务实施”“相关知识”“设计理论积累”六步法，方便教学实施。本书知识点简单易懂，认知规律由浅入深，主要作为纺织类院校的职业教育教材，亦可供纺织企业的有关从业人员参阅。

图书在版编目(CIP)数据

机织物样品分析与设计 / 武燕主编. —上海：东华大学出版社，2023.10

ISBN 978-7-5669-2276-2

Ⅰ. ①机… Ⅱ. ①武… Ⅲ. ①机织物—织物分析—教材 ②机织物—织物结构—结构设计—教材 Ⅳ. ①TS105.5

中国国家版本馆CIP数据核字(2023)第197688号

责任编辑：张　静
封面设计：魏依东

出　　版：东华大学出版社(上海市延安西路1882号，200051)
出版社网址：http://dhupress.dhu.edu.cn
天猫旗舰店：http://dhdx.tmall.com
营销中心：021-62193056　62373056　62379558
印　　刷：句容市排印厂
开　　本：787 mm×1092 mm　1/16
印　　张：16.75
字　　数：418千字
版　　次：2023年10月第1版
印　　次：2023年10月第1次印刷
书　　号：ISBN 978-7-5669-2276-2
定　　价：69.00元

YMH01210228

刮开涂层，微信扫码后按提示操作

刮开涂层扫描二维码
输入验证码激活在线资源
（区分大小写）

前　言

我国纺织面料企业众多，来样分析、仿样设计和创新设计是面料生产企业非常重要的业务。本书用非常通俗的语言，详细地讲解机织物分析与设计的全过程，书中的案例主要来自企业生产实践。本书配置了大量的面料实物与其组织结构局部放大相结合的图片，以便学习者既能整体观察面料的特点，又能看清面料的交织规律。同时，本书设置了面料数字化设计方面的知识，部分案例利用新型CAD软件进行设计和模拟。此外，本书通过二维码的方式引入了织物与设计过程的讲解微课，使得学习过程更直观、更便捷。

本书编写注重引导学习者选用巧妙的方法分析面料，并注意总结，而且避免设计过程重复，在设计理论积累部分配置了编者绘制的形象图片，帮助学习者理解和学习。本书对机织物的分析、设计过程做了系统的阐述，并且将企业生产习惯与行业标准联系起来，让学习者能够很快适应各种面料企业的设计习惯。

本书由山东轻工职业学院武燕担任主编，苏州经贸职业技术学院黄紫娟、淄博大染坊丝绸集团有限公司蔡仪新及山东轻工职业学院陈爱香、丛文新、杨文、王锋荣参与编写，具体的编写分工如下：

项目一：武燕、蔡仪新

项目二：武燕、陈爱香、杨文

项目三：武燕、黄紫娟、丛文新

项目四：武燕、蔡仪新、黄紫娟

项目五：武燕、黄紫娟、王锋荣

由于编者水平有限，书中肯定存在疏漏或不足之处。恳请各位读者提出宝贵意见，以便今后不断改进与完善。

编　者

2023年9月

前言

目　　录

模块一

面 料 识 别

项目一

各种类型面料识别

任务一 棉型织物识别

知识点：1. 棉型织物的特点。

2. 棉型织物的主要品种。

3. 常见棉型织物的特征。

技能点：1. 能够对棉型织物进行分类。

2. 能够说出常见棉型织物的名称。

3. 能够说出常见棉型织物的典型特征。

◆ 情境引入

服装企业的面料采购员负责采购春夏女装面料，提供给设计人员，设计人员再根据面料用途和风格特征选择所需要的面料。由此引出学习任务：针对教师提供的10种左右的棉织物，学生能够说出其名称、主要风格特征和主要生产工艺。

◆ 相关知识

一、棉织物特点

棉织物又称棉布，是以棉纱为原料的机织物。随着化纤的发展，出现了棉型化纤，其长度一般在36 mm左右、细度在1.67 dtex(1.5 den)左右，物理性状符合棉纺工艺要求，在棉纺设备上纯纺或与棉纤维混纺而成。棉型化纤织物及棉织物统称为棉型织物。

棉型织物价格低廉、适用面广，是较好的内衣、婴儿装及夏季面料，也是大众化春秋外衣面料。棉织物的主要特性包括：(1)吸湿性和透气性良好，穿着舒适；(2)手感柔软，光泽柔和、质朴；(3)保暖性较好，服用性能优良；(4)染色性好，色泽鲜艳，色谱齐全，但色牢度不够高；(5)抗起球性、抗熔孔、抗静电性能好；(6)耐碱不耐酸，浓碱处理可使织物中纤维截面变圆，从而提高织物的光泽，即丝光作用；(7)耐光性较好，但长时间曝晒会导致褪色和强力下降；(8)弹性较差，易产生折皱且折痕不易回复；(9)易发霉变质，但抗虫蛀。

二、常见棉及棉型织物的风格特征

（一）平纹类棉及棉型织物

1. 平布

平布是我国棉织生产中的主要产品(图 1-1)。这类产品是平纹织物，其经纬纱的线密度及织物的经纬向密度均比较接近，因此其经纬向紧度为 35%～60%，经纬向紧度比约 1∶1。平布具有组织结构简单、质地坚牢耐磨的特点。

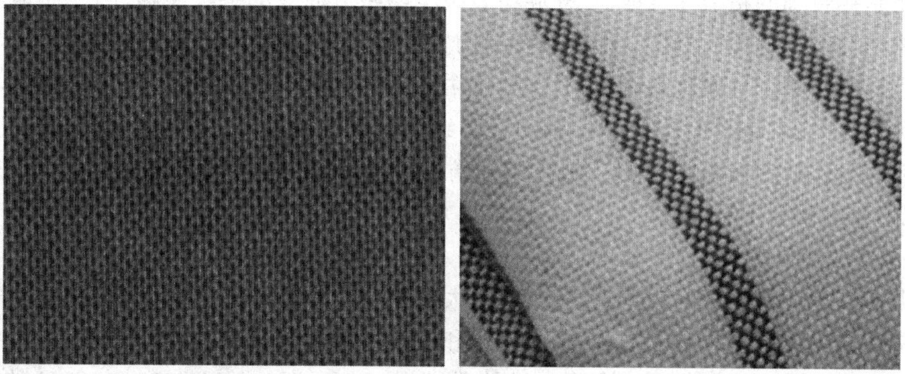

图 1-1　平布

根据纱线的线密度不同，平布可分为粗平布、中平布和细平布。

粗平布也称粗布，指经纬用 32 tex 及以上(18^{S} 及以下)的粗特纱织造而成的平纹织物。其特征是布面粗糙、手感厚实、坚牢耐用。粗平布的经纬纱常用低等级棉花纺制，经纬密度为 150～250 根/(10 cm)，织物面密度为 150～200 g/m^2。常见的纯棉粗平布的经纬纱多采用 36.9 tex(16^{S})、42.2 tex(14^{S})和 59.1 tex(10^{S})。

中平布是介于粗平布与细平布之间的平纹织物，常用 21.1～31.1 tex(28^{S}～19^{S})经纬纱织造而成。其特征是结构较紧密、布面匀整光洁。中平布常用棉、黏胶纤维或其他各种纤维的混纺纱做经纬，经纬密度一般为 200～270 根/(10 cm)，织物面密度为 100～150 g/m^2。中平布分市布和坯布两种。市布以本色上市销售，供制作衫、裤、被里和衬布等，也可制作产业用布。坯布可加工成漂白布、印花布、染色布，供制作服装及床上用品等。

细平布也称细布，指经纬用 10.0～20.4 tex(59^{S}～29^{S})的纱织造而成的平纹织物。其特征是质地细腻、布面匀整、手感柔软等。细平布常用棉纱做经纬，亦有用化纤或混纺纱的，经纬密度一般为 240～370 根/(10 cm)，织物面密度为 80～120 g/m^2。细平布规格多、用途广泛，通常经印染后整理加工成漂白、染色、印花布等，供制作夏季服装、婴幼儿服装及用品、床上用品、餐巾、手帕和医药橡胶底布、电气绝缘布等。

根据原料不同，平布则分为纯棉平布、涤/棉平布、黏纤平布、富纤平布等。

涤棉平布是用聚酯短纤维与棉的混纺纱做经纬而织成的平纹织物，商业上称其为“棉的确良”，具有布面光洁、手感滑爽、挺括免烫、易洗快干、耐穿等特点。涤棉平布常用 13.1 tex(45^{S})纱做经纬，一般纬密略低于经密，涤、棉的混纺比例常用 65∶35，抗皱性能好，但吸湿性差，静电效应大，抗捻性强，滑移性大，毛羽和竹节多。涤纶含量在 60%以下的被称为涤/棉低比例混纺纱(简称 CVC),其平布的吸湿、透气等性能可得到改善。

黏纤平布通常称为人造棉布,是用黏胶短纤纱做经纬织成的平纹织物。其特征是布面洁净,手感光滑、柔软,悬垂性好,具有良好的吸湿性,穿着舒适,但不耐水洗,缩水率大,保形性差,印染成品色泽鲜艳、价格便宜。

富纤平布是用富强纤维纱做经纬织成的平纹织物,具有布面洁净、手感光滑的特征。富强纤维是高强高湿模量再生纤维素纤维的一种,在水中的溶胀度低,弹性回复率高,因此其织物的尺寸稳定性较好,接近于棉织物,湿强比普通黏纤织物高,耐水洗性好,缩水率低。

2. 细纺

细纺是用特细的精梳棉纱或涤/棉混纺纱做经纬织造而成的平纹织物,因其质地细薄,与丝绸中的纺类织物相仿而得名。细纺具有结构紧密,布面光洁、平整、细腻,手感柔软,轻薄似绸的特点。细纺用途分衣着和刺绣两大类,衣着用纱常为 5.9～7.4 tex(100^S～80^S),刺绣用纱一般为 7.4～9.8 tex(80^S～60^S)。细纺经防缩防皱整理后,不缩不皱、快干免烫,且吸湿性良好,穿着舒适,适宜做夏季衬衫。刺绣用细纺,其密度稍稀,通过刺绣加工成手帕、床罩、台布、窗帘等室内装饰用品。

3. 府绸

府绸是一种纱线线密度较小、经纬密度较大的平纹织物,最早是指山东省历城、蓬莱等地在封建贵族或官吏府上织制的织物,因其手感和外观类似于丝绸而得名。

府绸常用原料有纯棉、涤/棉等。经纬纱常用 9.8～29.5 tex(60^S～20^S)的单纱或 4.9 tex×2～14.1 tex×2($120^S/2$～$42^S/2$)的股线,经纬纱线密度大多相同或接近。经向紧度为 61%～80%,纬向紧度为 35%～50%,经纬向紧度比约 5∶3,总紧度为 80%～90%。经纱屈曲较大而纬纱较平直,织物表面形成由经纱凸起部分构成的菱形颗粒效应(图 1-2)。府绸结构紧密、布面光洁、质地轻薄、颗粒清晰、光泽莹润、手感滑爽,具有丝绸感,主要用作男女衬衫、风衣、雨衣和外衣等。

府绸的品种很多,根据所用纱线不同,分为纱府绸、半线府绸和全线府绸;根据纺纱工艺不同,分为普梳府绸、半精梳府绸、精梳府绸;根据织造工艺不同,分为平素、条格、提花府绸;根据染整加工不同,分为漂白、染色、印花府绸;根据织造和印染过程不同,分为白织府绸和色织府绸。

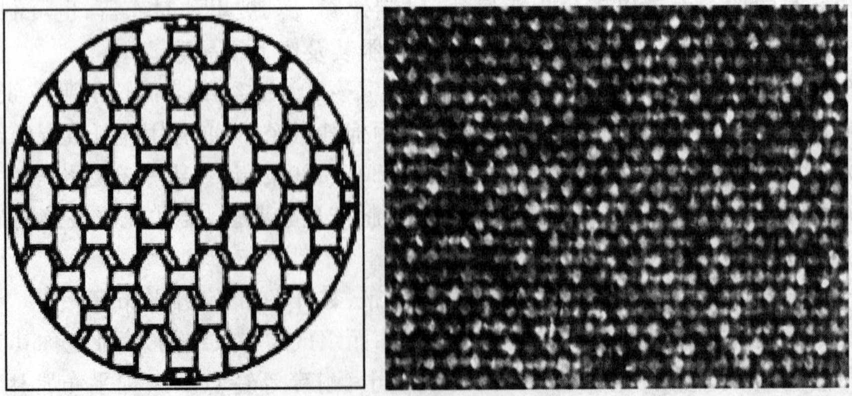

图 1-2　府绸颗粒效应

设计色织府绸时，在具有府绸效应的基础上重点设计织物外观，即织物色彩和花纹图案综合效果。色织府绸除具有府绸的基本特征外，它的特点在于具有由纱线（包括颜色、原料、捻向及构造）或组织所形成的特殊外观风格。如缎条府绸有平纹府绸地加光泽闪亮的缎条，见图 1-3(a)；嵌线府绸是在低特府绸的经纱或纬纱中嵌入少量较粗的纱线、花式纱线做衬托，使织物呈现特殊风格，见图 1-3(b)；提花府绸是以平纹为地组织，结合各种提花组织，使彩条彩格的布面呈现稀疏细巧的花纹，光洁细腻的平纹地上则呈现光亮饱满的缎纹，见图 1-3(c)；金银丝府绸是在条格府绸中嵌入少量金银丝，使布面呈现闪闪光彩，见图 1-3(d)。

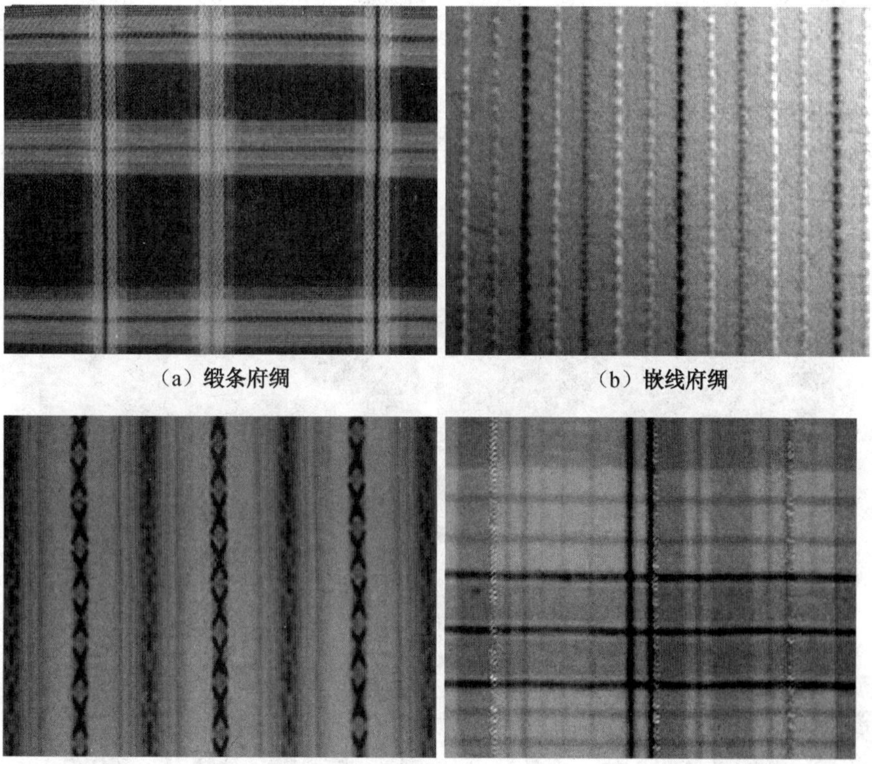

(a) 缎条府绸　(b) 嵌线府绸

(c) 提花府绸　(d) 金银丝府绸

图 1-3　色织府绸

4. 巴里纱

巴里纱又称玻璃纱，是一种用平纹组织织制的稀薄透明织物。其特点是经纬向均采用低线密度精梳强捻纱，且经纬密度较小。巴里纱由于纱线细、组织稀，再加上强捻，因而织物稀薄透明（图 1-4）。所用原料有纯棉、涤/棉，经纬纱可以都为单纱或都为股线，单纱常用 9.8～14.8 tex(60^S～40^S)，捻系数为 400～480；股线常用 4.9 tex×2～7.4 tex×2($120^S/2$～$80^S/2$)，单纱捻系数为 340～360，股线捻系数为 475～520。经纬向捻向配置相同，有利于保持织物挺爽风格。经纬向紧度大致相同，一般为 25%～40%。

按加工方法不同，巴里纱有染色巴里纱、漂白巴里纱、印花巴里纱、色织提花巴里纱等。巴里纱的质地稀薄、手感挺爽、布孔清晰、透明透气，主要用作夏季女装、围巾及窗纱等。

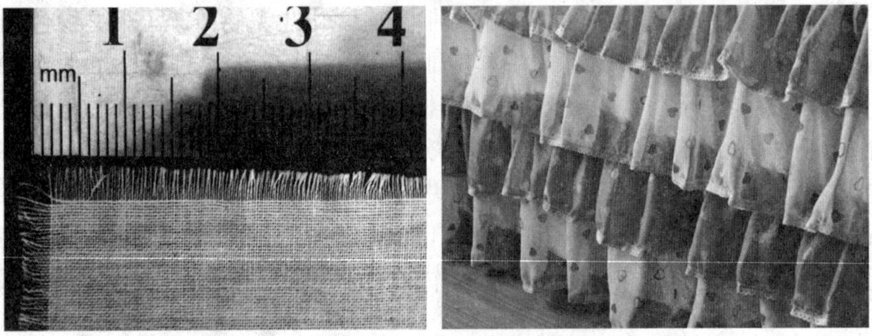

图 1-4　巴里纱

5. 绉布

绉布又称绉纱，是一种纵向有均匀皱纹的薄型平纹棉织物。其特点是经向采用普通棉纱，纬向采用强捻纱，织物经密大于纬密，织成坯布后经松式染整加工，使纬向收缩约 30%，因而形成均匀的皱纹（图 1-5）。所用原料为纯棉或涤棉。经起绉的织物，可进一步加工成漂白、染色或印花织物。绉布质地轻薄，皱纹自然持久，富有弹性，手感挺爽柔软，穿着舒适，主要用作各式衬衫、裙料、睡衣裤、浴衣、儿童衫裙等。

图 1-5　绉布

6. 泡泡纱

泡泡纱是一种布面呈凹凸状泡泡的薄型纯棉或涤棉织物。其特点是利用化学处理或织造加工的方法，在织物表面形成泡泡（图 1-6）。泡泡纱的外观别致，立体感强，质地轻薄，穿着不贴体，凉爽舒适，洗后无需熨烫，主要用作妇女、儿童的夏令衫、裙、睡衣裤等。

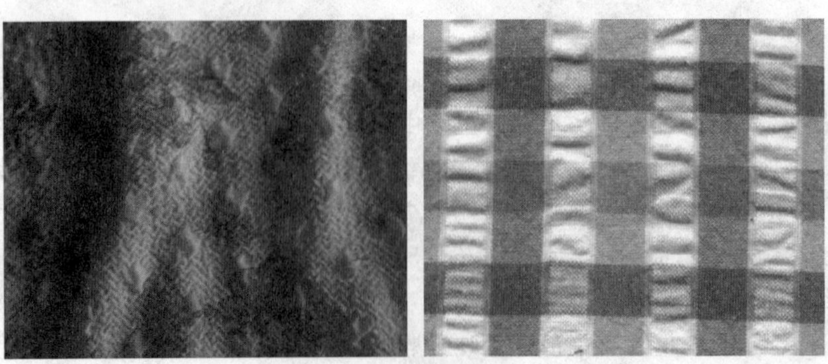

图 1-6　泡泡纱

按形成泡泡的原理，泡泡纱主要分为织造泡泡纱、碱缩泡泡纱等；按印染加工方法不同，可分为染色泡泡纱、印花泡泡纱和色织泡泡纱。织造泡泡纱是采用地经和起泡经两个织轴，起泡纱较粗，送经速度约比地经快 30%，因而织成坯布时在布身上形成凹凸状泡泡，再经松式后整理加工即可。用这种方法生产的泡泡纱，一般以色织彩条产品为多，有全棉的，也有纯化纤或化纤混纺的。碱缩泡泡纱是将棉布经过练漂、染色或印花加工后，用氢氧化钠糊印花，再经松式洗烘，印花部分的棉纤维受氢氧化钠作用而收缩，未印花部分则不收缩，布身遂形成凹凸状的泡泡；也可用拒水剂糊印花，然后浸轧氢氧化钠溶液，堆置一定时间后经松式洗烘，防止印花部分的棉纤维受氢氧化钠作用，而未印花部分的棉纤维则受氢氧化钠作用而收缩，使布身形成凹凸状的泡泡。用这种方法产生的泡泡，可以与印花图案互相对花。如果在拒水剂糊中加入涂料或冰染料，还可以使织物产生着色泡泡。在织物上印拒水剂糊，浸轧氢氧化钠溶液后，立即进行轧纹处理、堆置、松式洗烘，可以使织物产生排列整齐的规律泡泡。根据所用纱线结构不同，泡泡纱可分为单纱泡泡纱和半线泡泡纱(经向为股线，纬向为单纱)。

（二） 斜纹类棉及棉型织物

斜纹类棉及棉型织物的外观特征是织物表面具有明显的斜纹线条(俗称纹路)。斜纹类织物的种类很多，按纹路方向可分为左斜纹和右斜纹两种，按组织结构可分为单面斜纹和双面斜纹两种。一般对经面斜纹和双面斜纹织物来说，如果经纱为 Z 捻纱，则常采用左斜纹；如果经纱为 S 捻纱，则常采用右斜纹，这样可使纹路更加清晰。斜纹类织物在商业中又分为斜纹布、哔叽、华达呢和卡其等几种。通常习惯于采用商业名称的分类。现将各种斜纹类织物的主要区别和特点简述如下：

1. 斜纹布

斜纹布采用$\frac{2}{1}$斜纹组织，从其表面来看，正面的纹路较为明显，反面则不甚明显。斜纹布的质地较平布厚实，手感柔软。斜纹布按其使用的纱线种类不同，可分为纱斜纹、半线斜纹和全线斜纹三种；按纱线的线密度不同，可分为粗斜纹、细斜纹两种。纱斜纹多用 24.6～42.2 tex(24^S～14^S)，经密一般为 315～374 根/(10 cm)，纬密为 196.5～275.5 根/(10 cm)，经向紧度为 60%～80%，纬向紧度为 40%～55%，经纬向紧度比约 3∶2，织物面密度为 150～180 g/m^2。

2. 哔叽

哔叽采用$\frac{2}{2}$加强斜纹组织，是由毛织物移植为棉织物的品种，其名称来源于英文 Beige 的音译。哔叽质地柔软，正反面织纹相同，纹路倾斜方向相反，按其使用的纱线种类不同，可分为纱哔叽、半线哔叽和全线哔叽三种。纱哔叽一般为左斜纹，经纬常用 28.1～32.8 tex (21^S～18^S)单纱，经密为 310～340 根/(10 cm)，纬密为 220～250 根/(10 cm)。半线哔叽和全线哔叽一般为右斜纹。线哔叽常用 14.1 tex×2～18.5 tex×2($42^S/2$～$32^S/2$)股线。半线哔叽常用 28.1～36.9 tex(21^S～16^S)单纱做纬。线哔叽经密一般为 320～360 根/(10 cm)，纬密一般为 220～250 根/(10 cm)，经纬纱线密度和密度比较接近，纹路倾角约 45°，经向紧度为 55%～70%，纬向紧度为 45%～55%，经纬向紧度比约 6∶5。纱哔叽的总紧度在 85%以下，线哔叽的总紧度在 90%以下。哔叽经染整加工成染色布、印花布及特殊处理布等，通常用于制作西裤、夹克、风衣等男女服装，印有小花朵、几何图案、条格花型等图案的小花纹纱哔叽主要用作女装及儿童服装等。

3. 华达呢

华达呢也是由毛织物移植为棉型织物的品种，具有斜纹清晰、质地厚实而不硬、耐磨而不易折裂等特点。

华达呢多用棉或涤/黏等中长混纺纱线织造，一般单纱用中线密度纱，股线用细线密度纱并股。织物组织采用$\frac{2}{2}$加强斜纹，正反面织纹相同但纹路方向相反。常见线华达呢的纱线配置一般经为 14.1 tex×2～18.5 tex×2($42^S/2$～$32^S/2$)股线，纬为 28.1～36.9 tex(21^S～16^S)单纱。织物经向紧度为 75%～95%，纬向紧度为 45%～55%，经纬向紧度比约 2∶1，总紧度为 90%～97%；经密为 401.5～488 根/(10 cm)，纬密为 204.5～259.5 根/(10 cm)。华达呢坯布经染整加工成藏青、元色、灰色等色布，适宜制作春秋季男女外衣裤等。

4. 卡其

卡其是高紧度的斜纹织物。卡其一词原为南亚次大陆乌尔都语，意为泥土。由于军服最初用使一种名为“卡其”的矿物染料染成类似泥土的保护色，后来便以此染料名称统称这类织物(图 1-7)。现在加工这类织物时已不限于使用此种矿物染料，而是用各种染料染成多种颜色，供制作民用服装。

卡其具有质地紧密、织纹清晰、手感厚实、挺括耐穿等特点。紧度过高的卡其，耐平磨不耐折磨，制成服装后其袖口、领口、裤脚等折边处首先磨损断裂。

图 1-7　卡其

卡其的品种较多，按使用原料不同分为纯棉卡其、涤/棉卡其、棉/维卡其等，按组织结构不同分为单面卡其、双面卡其、人字卡其、缎纹卡其等，按纱线种类不同分为普梳卡其、半精梳卡其和全精梳卡其。

单面卡其经纬用单纱或股线，以$\frac{3}{1}$斜纹组织织造，具有正面纹路粗壮突出、反面不甚明显(故称单面卡其)、质地紧密厚实、手感挺括的特点。纱卡其的纹路方向向左，线卡其的纹路方向向右。经纬常用 28.1～59.1 tex(21^S～10^S)单纱，经纬纱粗细可以相同或经细纬粗。单面线卡其的经向用股线，常用 14.1 tex×2($42^S/2$)、16.4 tex×2($36^S/2$)、19.7 tex×2($30^S/2$)等，纬向可用粗细与经纱相同或稍粗的单纱或股线，织物经密一般高于纬密。纱卡其和线卡其的织物总紧度分别为 85%和 90%以上，经向紧度为 80%～110%，纬向紧度为 45%～60%，经纬向紧度比约 2∶1。常见产品的实际经向紧度为 72.4%～95.6%，纬向紧度为 43.6%～61.6%，经纬向紧度比约 1.71∶1。织物经向紧度超过 100%时，不利于改善织物耐折边磨强度。

双面卡其的经纬均用股线或经线纬纱，以$\frac{2}{2}$加强斜纹织造，正反面织纹相同、斜向相反，具有织纹细密、布面光洁、质地厚实、手感挺括、耐穿等特点。经纬常用棉纱线或涤棉混纺纱，采用高经密与低纬密配置。双面纱卡其和线卡其的织物总紧度分别为 85%和 90%以上，经向紧度为 80%～110%，纬向紧度为 45%～60%，经纬向紧度比约 2∶1。常见产品中半线卡其的经向紧度为 90.8%～114.3%，纬向紧度为 44.7%～56.3%，经纬向紧度比约 1.92∶1；全线卡其的经向紧度为 92.2%～106.4%，纬向紧度为 49.3%～57%，经纬向紧度比约 1.80∶1。紧度过高的双面卡其，染化料不易渗透到纱线内部，成衣后易在折边处磨损断裂。因此，卡其的经向紧度宜选 95%左右，经纬向紧度比宜选(1.4～1.6)∶1。

人字卡其以斜纹为基础组织，在一个完全组织内，纹路一半向左、另一半向右，使布面呈现人字形外观效应。

缎纹卡其采用急斜纹组织，其布面经浮长长而连贯，有类似缎纹织物的外观，故而得名。

哔叽、华达呢、双面卡其均采用$\frac{2}{2}$斜纹组织，它们的区别主要在于织物的经纬向紧度不同及经纬向紧度比不同，其中：哔叽的经纬向紧度及经纬向紧度比都较小，因此织物比较松软，布面的经纬纱交织点较清晰，纹路宽而平；华达呢的经向紧度较纬向紧度大 1 倍左右，因此布身较挺括，质地厚实，不发硬，耐磨而不折裂，布面的纹路间距较小，斜纹线突起；双面卡其的经纬向紧度及经纬向紧度比都为最大，因此布身厚实、紧密而硬挺，纹路细密，斜纹线较华达呢更为明显(图 1-8)。由此可知，这三种织物中以双面卡其的质地为最好、坚实耐用，华达呢次之，哔叽再次之。但有些紧度较大的双面卡其，由于布身坚硬而缺乏韧性，抗折磨性较差，制成服装后其领口、袖口等折边处易磨损而折裂；同时，由于坯布紧密，在染色过程中，染料不易渗入纱线内部，导致布面容易产生磨白现象。

(a) 哔叽　　(b) 华达呢　　(c) 双面卡其

图 1-8　哔叽、华达呢与双面卡其对比

（三） 缎纹类棉及棉型织物

缎纹类棉及棉型织物主要为贡缎。贡缎是用缎纹组织织成的一种高档棉织物，因其品质良好作为贡品进贡而得名，分为直贡缎和横贡缎(图 1-9)。

以 5 枚经面缎纹(少量使用 8 枚经面缎纹)制织的棉织物，称为直贡。直贡具有布面光洁、富有光泽、质地柔软、轧光后外观效应与真丝缎相似的特点。经纬一般采用中、低线密度纱，经纬纱线密度配置一般为相同或经细纬粗，织物表面以突出经纱效应为主。直贡多采用 5 枚缎纹，飞数有 2 和 3 两种。5 枚 2 飞的直贡，布面纹路的倾斜方向向右，如果经纱捻向与其一致，可增强织物表面光泽；5 枚 3 飞的直贡，布面纹路的倾斜方向向左，若经纱为 Z 捻向，则布面纹路更清晰。直贡的经向紧度为 65%～100%，纬向紧度为 45%～55%，经纬向紧度比约 3∶2。

直贡有纱直贡和半线直贡之分。纱直贡的经纬纱线密度为 7.4～59.1 tex(80^S～10^S)，经密为 370～500 根/(10 cm)，纬密为 228～314.5 根/(10 cm)。常见线直贡的经纱用 14.1 tex×2(42^S/2)股线，纬纱用 28.1 tex(21^S)单纱，经密为 350～370 根/(10 cm)，纬密为 240～271.5 根/(10 cm)。

横贡是用纬面缎纹制织的织物，纬向紧度大于经向紧度，经向紧度为 45%～55%，纬向紧度为 65%～80%，经纬向紧度比约 2∶3。

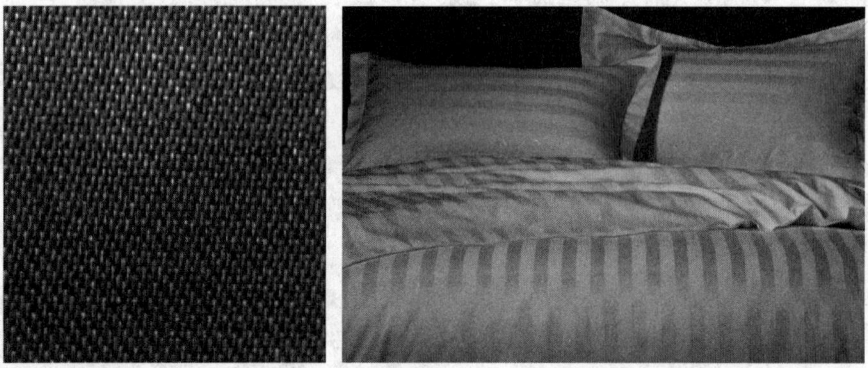

图 1-9　贡缎

（四）起绒类棉及棉型织物

起绒类棉及棉型织物是通过经起绒、纬起绒等方法使织物表面形成绒毛的织物，主要有绒布、灯芯绒、平绒等。

1. 绒布

绒布是经过拉绒后表面呈现丰润绒毛状的棉织物，分单面绒和双面绒两种。单面绒以斜纹为主，双面绒以平纹为主。绒布的起绒是依靠拉绒机上的钢丝针尖的多次反复作用，在坯布表面拉起一部分纤维而完成的，绒毛要求短、密、匀。印花绒布在印花之前进行拉绒，漂白与杂色绒布则在最后拉绒。绒布的坯布所用经纱宜细，纬纱宜粗且捻度少。纺制纬纱的棉纤维宜粗，并有较高的整齐度。织物经密较小、纬密较大，使纬纱浮现于表面，有利于纬纱形成丰满而均匀的绒毛。绒布经过拉绒后，纬向强力损失较大，因此掌握棉纱质量和拉绒工艺十分重要。表面有绒毛的棉布(单面或双面起绒)特别适用于制作内衣和睡衣。

绒布布身柔软，穿着贴体舒适，保暖性好，宜做冬季内衣、睡衣。印花绒布、色织条格绒布宜做妇女、儿童春秋外衣。印有动物、花卉、童话形象图案的绒布又称蓓蓓绒，适合儿童使用。本色绒、漂白绒、什色绒、芝麻绒一般用作冬令服装、手套、鞋帽夹里等。

绒布的绒毛丰满程度取决于织物组织、经纬纱线密度配置、经纬向紧度和纬纱捻系数等因素。一般经用中线密度纱，纬用粗线密度纱。纬纱捻系数在 265～295 范围内，以便于拉绒。经向紧度为 30%～50%，纬向紧度为 40%～70%，经纬向紧度比约 2∶3。纬向紧度大于经向紧度，拉绒后布面绒毛短而密，不易显露组织点。

单面绒布又称哔叽绒，多为正面印花、反面拉绒，见图 1-10(a)。组织多为$\frac{2}{2}$斜纹，织纹向右倾斜。经纱多用 28.1 tex(21^S)、24.6 tex(24^S)或 18.5 tex(32^S)，纬纱用 42.2 tex(14^S)或 45.4 tex(13^S)，经纬纱线密度比约 1∶(1.5～2.0)。织物经密为 251.5～291 根/(10 cm)，纬密为 228～283 根/(10 cm)。织物经向紧度为 40%～50%，平均约 47.5%；纬向紧度为 50%～70%，平均约 62%；经纬向紧度比约 1∶1.3。

双面绒布组织一般为平纹，正反面均拉绒，见图 1-10(b)，有单面印花和双面印花之分，一般用作睡衣。经纱一般用 24.6～29.5 tex(24^S～20^S)，纬纱用 45.4～59.0 tex(13^S～10^S)，经纬纱线密度比约 1∶2。织物经密为 155～195 根/(10 cm)，纬密为 165～180 根/(10 cm)。常见产品的经向紧度为 30%～40%，平均约 33%；纬向紧度为 40%～55%，平均约 46%；经纬向紧度比约 1∶1.4。

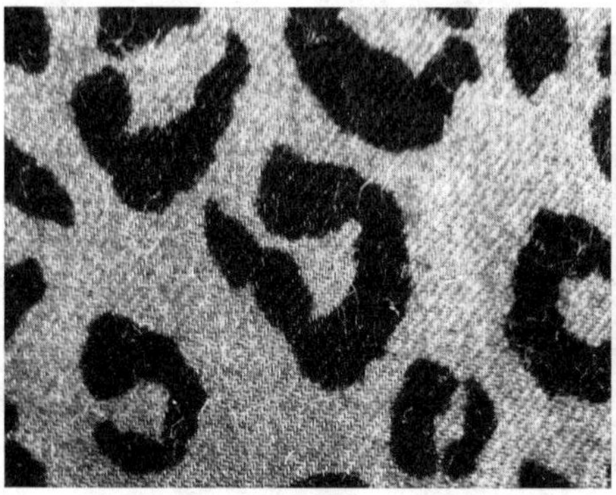
(a) 哔叽绒

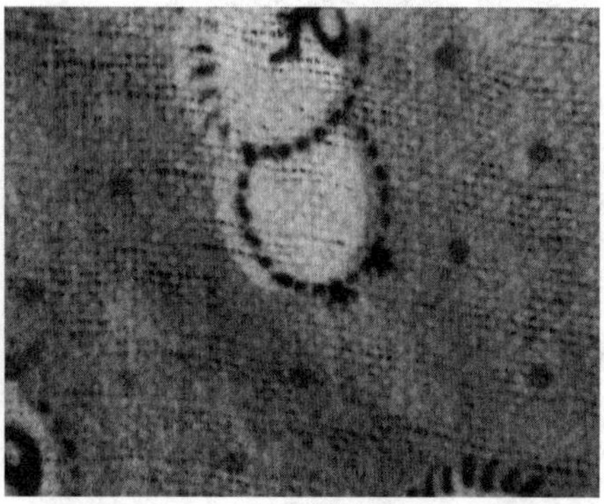
(b) 平纹绒

图 1-10 绒布

2. 灯芯绒

灯芯绒是割纬起绒、表面形成纵向绒条的织物，因绒条像一条条灯芯草而得名，又称条绒，1750 年首创于法国里昂，具有绒条丰满、质地厚实、耐磨耐穿、保暖性好等特点。

灯芯绒采用两组纬纱与一组经纱交织的纬二重组织，其中一组纬纱(称地纬)与经纱交织成固结绒毛的地布，另一组纬纱(称绒纬)与经纱交织构成有规律的浮纬，割断后形成绒毛。地组织有平纹、斜纹等。

灯芯绒原料一般以棉为主，也有和涤纶、腈纶、氨纶等纤维混纺或交织的。灯芯绒的经纱常用 18.5～49.2 tex(32^S～12^S)单纱或 59.0 tex×2～28.1 tex×2(60^S/2～21^S/2)股线，纬纱常用 14.8～36.9 tex(40^S～16^S)单纱。灯芯绒属于高纬密织物，经向紧度为 35%～65%，纬向紧度为 110%～200%。地纬与绒纬的排列比常用 1∶2、1∶3。

绒毛固结有 V 型固结法与 W 型固结法。V 型固结法中，绒纬与经纱的交织点较少，易脱绒，适用于纬密大、绒毛长的灯芯绒；W 型固结法中，绒纬与经纱的交织点较多，绒毛固结较牢，不易脱绒，适用于绒毛较短和绒毛密度较低的灯芯绒。两种固结方法也可交叉使用。

根据所用的纱线结构，可分为全纱灯芯绒(经纬向均用单纱)、半线灯芯绒(经向用股线，纬向用单纱)和全线灯芯绒(经纬向均用股线)。按加工工艺分，有染色灯芯绒、印花灯芯绒、色织灯芯绒、提花灯芯绒等品种(图 1-11)。按 2.54 cm(1 英寸)宽的织物中所含的绒条数，可分为特细条灯芯绒(≥19 条)、细条灯芯绒(15～19 条)、中条灯芯绒(9～14 条)、粗条灯芯绒(6～8 条)和阔条灯芯绒(<6 条)等。灯芯绒的绒条圆润丰满、绒毛耐磨、质地厚实、手感柔软、保暖性好,主要用作秋冬外衣、鞋帽面料,也宜用于制作家具装饰布、窗帘、沙发布、手工艺品、玩具等。

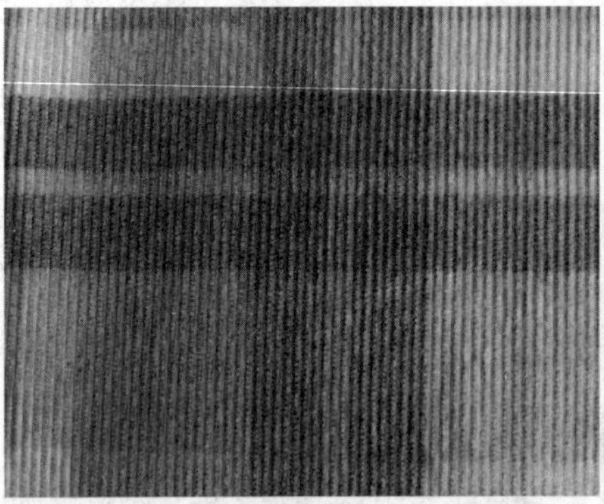

(a) 色织灯芯绒

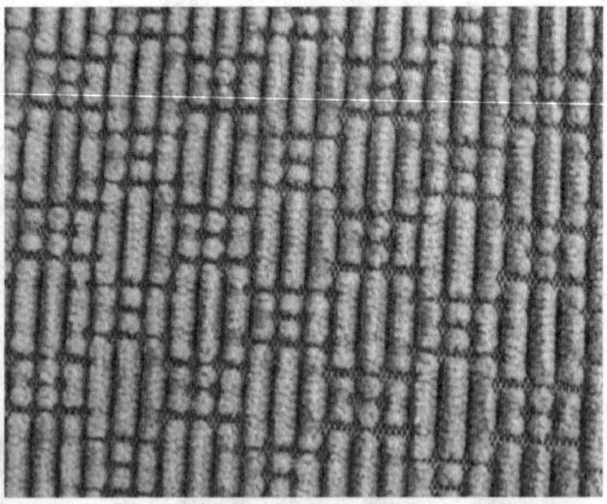

(b) 提花灯芯绒

图 1-11　灯芯绒

3. 平绒

平绒是采用起绒组织织造,再经割绒整理,在织物表面形成短密、平整绒毛的棉织物。平绒具有绒毛丰满平整、质地厚实、光泽柔和、手感柔软、保暖性好、耐磨耐穿、不易起皱等特点(图 1-12)。经向采用精梳双股线,纬向采用单纱。按加工方法不同,有经起绒和纬起绒之分,前者称为割经平绒,后者称为割纬平绒。织成织物后再经割绒、刷绒、染整,使纤维绒毛在织物表面呈现出不规则的凹点绒面,织物较厚实,具有较强的仿呢感。平绒主要用作妇女春、秋、冬季服装和鞋帽的面料等,在室内装饰中主要用于外包墙面或柱面及家具的坐垫等部位。近年来,平绒主要应用于高档汽车的内部装潢。

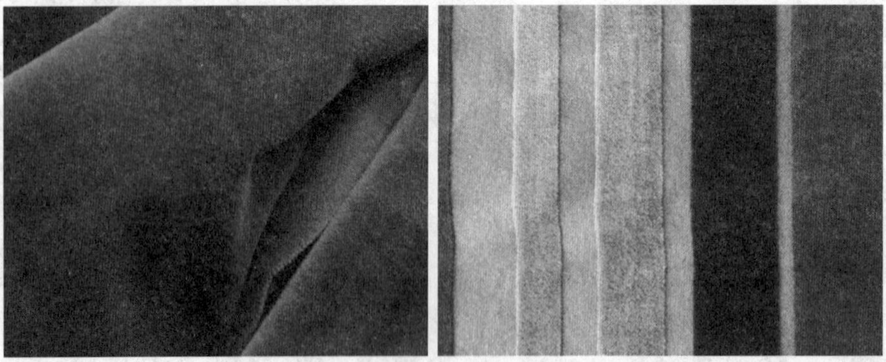

图 1-12　平绒

经平绒由两组经纱(绒经和地经)与一组纬纱交织成双层织物,经切剖割绒后成为两幅表面有平整绒毛的单层经平绒。

经平绒的经纱采用强力较高的精梳纱线,如 J 14.1 tex×2(J 42^S×2)、J 9.8 tex×2(J 60^S/2)等。地经为股线,捻度比一般股线略高;绒经可用股线或单纱,捻度不宜过高。纬纱大多用单纱，捻度与一般纬纱同。织物经向紧度为65%～75%，纬向密度为50%～70%。绒经与地经的排列比为1∶2。地经与纬纱以平纹组织交织，绒经固结主要用V型固结法。经平绒的绒毛较长，常用作火车坐垫、沙发面料、服装、军领章和装饰等。

纬平绒由一组经纱与两组纬纱（绒纬和地纬）交织而成，绒纬经剖割后在表面形成平整绒毛，与灯芯绒类似。地组织多用平纹，也有用斜纹的。绒毛固结一般用V型固结法，地纬与绒纬的排列比为1∶3。它与灯芯绒的区别是绒纬的组织点以一定的规律均匀排列，经浮点彼此错开，因此纬密可比灯芯绒大，织物紧密，绒毛丰满。纬平绒主要用作衣料和装饰等。

（五）纱罗类棉及棉型织物

纱罗类棉布又称网眼布，是用纱罗组织织制的一种透孔织物（图1-13），由地经、绞经两组经纱与一组纬纱交织而成，常采用细线密度纱，且织物密度较小。所用原料常为纯棉、涤棉及各种化纤。按加工方法不同，可分为漂白纱罗、染色纱罗、印花纱罗、色织纱罗、提花纱罗等。纱罗织物的透气性好、纱孔清晰、布面光洁、布身挺爽，主要用作夏季服装、披肩和蚊帐等。

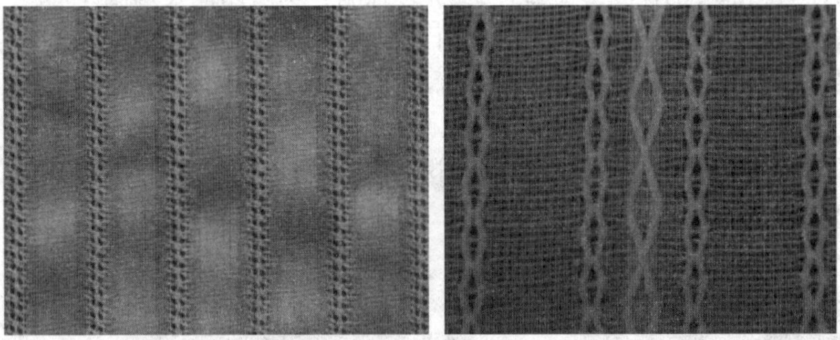

图1-13 纱罗

（六）其他棉及棉型织物

1. 麻纱

麻纱因挺爽如麻而得名，是夏令衣着的主要品种之一，有凉爽透气的特点（图1-14）。麻纱有漂白、染色、印花、提花、色织等多种，适宜做男女衬衫、儿童衣裤、裙及手帕和装饰用布。麻纱按组织结构可分为普通麻纱和花式麻纱。

图1-14 麻纱

(1) 普通麻纱。一般采用纬重平组织，经纱用 13.1～18.5 tex(45^S～32^S)，纬密比经密高 10%～15%，使经向有明显的直条纹路。

(2) 花式麻纱。利用织物组织的变化或采用不同线密度的经纱和变化的经纱排列织制而成，有变化麻纱、柳条麻纱、异经麻纱等品种。变化麻纱包括各种变化组织，纹路粗壮突出，布身挺括；柳条麻纱的经纱排列每隔一定距离有一空隙，布面呈现细小空隙，质地细腻轻薄，具有透凉滑爽之感；异经麻纱以单根经纱和异线密度双根经纱循环间隔排列，布面条纹更为清晰突出。麻纱原料大多采用纯棉纱，自 20 世纪 60 年代以后，由于化纤工业的发展，出现了涤/棉、涤/麻、维/棉等混纺原料。

2. 烂花布

烂花布通常采用涤纶长丝外包有色棉纤维的包芯纱，织成织物后用酸剂制糊印花，经烘干、蒸化，使印着部分的棉纤维水解烂去，再经过水洗，即呈现出只有涤纶的半透明花型(图 1-15)。印酸性糊时，可同时印白色涂料作为烂花部分的勾边；或在酸性糊中加具备耐酸性的分散染料，使烂花部分的涤纶纤维着色；或先印涂料作为防印色浆，再罩印酸性糊，在涂料印着部分产生防印效果；或半成品先染色，再进行烂花；等等。目前烂花坯布还有用黏胶纤维包涤纶长丝、醋酸纤维包涤纶长丝及涤/棉、涤/黏、涤/麻等混纺纱织成的，织物表面具有半透明图案，质地轻薄。烂花布有较好的透气性、尺寸稳定、挺括坚牢、快干免烫，一般用作餐巾、枕套、台布、床罩、窗帘等装饰织物，也可以用作衬衣、裙料等服用织物，还可经刺绣、抽纱等加工使产品更显高贵、美观。

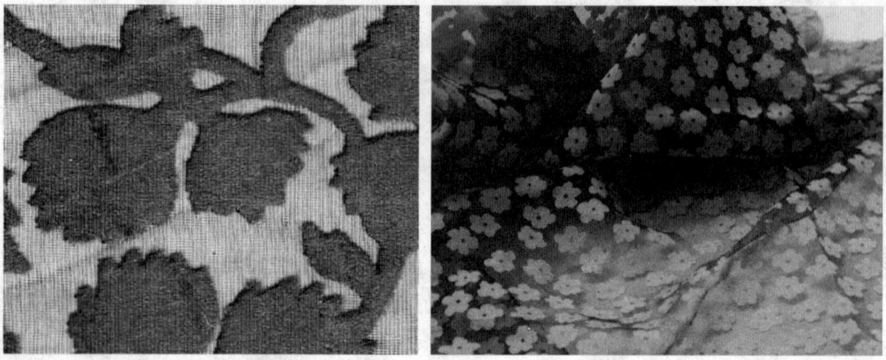

图 1-15 烂花布

3. 纬长丝织物

纬长丝织物除了具有一般涤/棉混纺织物的特征和性能外，还具有光亮、轻盈、柔滑、丝绸感强、悬垂性优的特点，经碱减量处理，可以获得更飘逸、柔滑的风格和闪光花纹。纬长丝织物适宜用作春、夏、秋三季服装面料。

纬长丝织物是由短纤维混纺纱(如涤/棉、涤/富)和长丝(如涤纶、锦纶长丝)交织而成的平纹地小提花织物。经向采用涤/棉纱 11.8～14.7 tex(50^S～40^S)(国内常用 13.1 tex)，混纺比常用 65∶35、35∶65、50∶50。纬向采用 75.6 dtex(68 den)或 83.3 dtex(75 den)长丝，且单丝根数大于 36。织物紧度不能过大，否则会失去丝绸般轻盈、柔软的风格，并且会影响织物的透气性；但织物紧度过小时，由于长丝较光滑，在织物受力处，纱线会产生滑移。织物经向紧度为 50%～55%(在平布与府绸之间)，纬向紧度为 35%～40%，经纬向紧度比为 1.4∶1。

4. 氨纶弹力织物

氨纶弹力织物是用氨纶丝包芯纱（如棉/氨包芯纱）做经或纬，与棉纱或混纺纱交织而成的织物，经纬也可以均用氨纶丝包芯纱。这种织物因氨纶而具有非常优良的弹性，常见品种有弹力牛仔布、弹力泡泡纱、弹力灯芯绒、弹力府绸等。这种织物柔软舒适、穿着舒适贴体，主要用作运动服、练功服、牛仔裤、内衣裤等。

三、棉织物生产主要工艺流程

（一）纺纱工艺流程

1. 普梳系统

配棉→开清棉→梳棉→头并→二并→粗纱→细纱。

2. 精梳系统

配棉→开清棉→梳棉→精梳准备→精梳→头并→二并→粗纱→细纱。

（1）配棉。根据成纱质量的要求和原棉的性能特点，将各种不同成分的原棉搭配使用。

（2）开清棉。将棉包中压紧的块状纤维开松成小棉块或小棉束，去除原棉中50%～60%的杂质，再将各种原料按配棉比例充分混合，制成棉卷，供下道工序使用。当采用清梳联时，则输出棉流至梳棉机的储棉箱中。

（3）梳棉。将小棉束、小棉块梳理成单纤维状态，去除小棉块内的细小杂质及带纤籽屑，将不同成分的原棉进行混合，并使输出品均匀，制成符合一定规格和质量要求的棉条（生条），圈放在棉条筒内。

（4）精梳准备。提高小卷中纤维的伸直度、平行度与分离度，以减少精梳时纤维损伤和梳针折断，减少落棉中长纤维的含量，有利于节约用棉，制成均匀的小卷，供精梳机加工。

（5）精梳。排除短纤维，排除条子中的杂质和棉结，使条子中的纤维伸直、平行和分离，减少纱线毛羽，提高成纱质量。

（6）并条。将6～8根棉条并合喂入并条机，以改善条子的长片段不匀率。并合后经牵伸，使弯钩呈卷曲状态的纤维平行伸直，并使小棉束分离为单纤维，改善棉条的结构，并使各种不同性能的纤维得到充分混合。并条之后成为熟条。

（7）粗纱。将棉条抽长、拉细成为粗纱。给粗纱加上一定的捻度，提高粗纱强力，将加捻后的粗纱卷绕在筒管上。

（8）细纱。将粗纱牵伸到所要求的线密度，并加捻使纱条具有一定的强力、弹性和光泽，卷绕成管纱，以便于运输和后加工。

（二）机织工艺流程

经纱：络筒→整经→浆纱→并轴→分绞→穿结经
纬纱：（有梭织机）络筒→卷纬
　　　（无梭织机）络筒
} 织造→检验→打包

（三）染整工艺流程

1. 棉漂白布

坯布检验→翻布缝头→烧毛→退煮漂→丝光→复漂→拉幅→（轧光）→整理（增白、柔软、防皱等）。

2. 棉染色布

坯布检验→翻布缝头→烧毛→退煮漂→丝光→染色→拉幅→(轧光)→整理(增白、柔软、防皱等)。

3. 印花棉布

坯布检验→翻布缝头→烧毛→退煮漂→丝光→印花→气蒸皂洗→拉幅→(轧光)→整理(增白、柔软、防皱等)。

(1) 翻布。将原布分批、分箱,并在布头上打印,标明品种、加工工艺、批号、箱号、发布日期和翻布人代号,以便于管理。缝头是将原布加以缝接,确保连续成批的加工。

(2) 烧毛。烧去布面的绒毛,使布面光洁美观,并防止染色、印花时因绒毛存在而产生染色不匀及印花疵病。

(3) 煮练。利用烧碱和其他煮练助剂与果胶质、蜡状物质、含氮物质、棉籽壳发生化学降解反应或乳化、膨化作用等,经水洗后使杂质从织物上退除。

(4) 漂白。去除色素,赋予织物必要、稳定的白度,而纤维本身不受显著的损伤。

(5) 丝光。在经纬方向都受到张力的情况下,用浓的烧碱溶液处理,使纤维膨化,纤维的纵向天然扭转消失、横截面变成椭圆形,因而增进光泽。

(6) 拉幅。棉布在前处理和染色过程中经过很多长车,其经向被拉长、纬向收缩。拉幅是利用纤维在潮湿状态下具有一定的可塑性,将坯布幅宽缓缓拉至规定尺寸,以达到均匀划一、形态稳定、符合成品幅宽的规格要求。

◆ 设计理论积累——经纬纱捻向对织物外观的影响

1. 经纱捻向与纬纱捻向的配置

经纱捻向与纬纱捻向相反时,如图 1-16(a)中经纱为 Z 捻、纬纱为 S 捻,织物表面所呈现的纤维斜向一致,对光的反射方向也一致,因而织物光泽好,同时在经纬纱交织点处的纤维相互交叉,经纬纱间缠合性差,其组织点因屈曲程度大而突出,织物手感较松厚、柔软,厚度较厚,染色均匀。

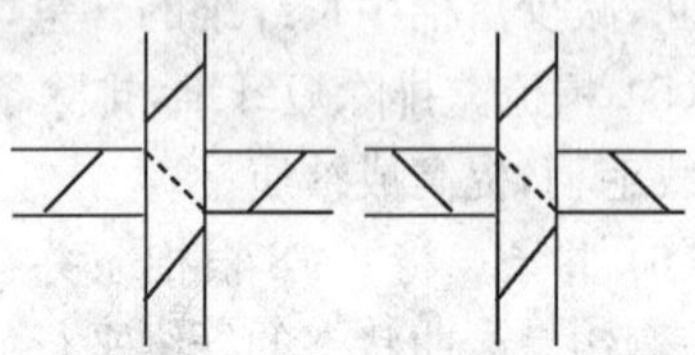

(a) 捻向相反配置　(b) 捻向相同配置

图 1-16　经纬纱捻向配置

经纱捻向与纬纱捻向相同时,如图 1-16(b)中经纬纱都为 Z 捻,织物表面所呈现的纤维斜向不同,对光的反射方向杂乱,因而织物光泽柔和,同时在经纬纱交织点处的纤维相互平行,利于经纬纱相互啮合,织物紧密、坚牢,手感较硬挺。对于线织物,单纱常用 Z 捻,股线则用 S 捻,利用单纱和股线的捻向相反来获得股线的结构稳定。对于轻薄、挺爽织物和绉织物,为保证产品风格,常采用股线与单纱 Z-Z 同向捻,如棉织物中的巴里纱。

2. 纱线捻向与织纹的关系

由于纱线捻向不同,纤维在纱条中的走向不同,对光线的反射方向不同,会影响织物表面的光泽与纹路的清晰程度。进行产品设计时,应根据产品的风格要求,合理地配置纱线捻向与组织,以获得产品所要求的或织纹清晰、条格隐现或织物表面光滑平整的效果。

(1) 织物表面纱线浮长段上的反光带现象。

浮在织物表面的每一个纱线段,在光线照射下,在一定区域内能看到纤维的反光,各根纤维的反光部分排列成带状，称作反光带。由纤维反光构成的反光带的倾斜方向与纱线捻向相反，如图 1-17 所示。

（2）斜纹、缎纹类织物的织纹与纱线捻向的关系。

织物组织结构、经纬纱原料等条件相同的纱线浮长段，在同样的光照条件下，其反光特征相同。但是如果组织的织纹方向不同，会得到一个斜纹清晰而另一个斜纹不清晰的结果。

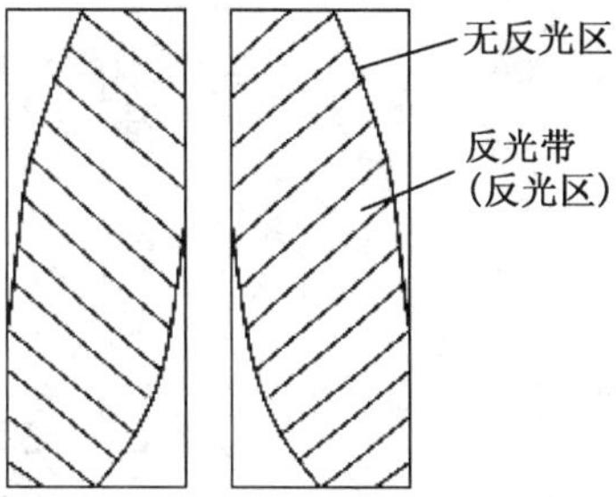

图 1-17　纱线浮长段上的反光带

① 斜纹织物。根据反光带的形成原理可知，当斜纹纹路方向与纱线捻向垂直时，纹路清晰。以$\frac{2}{2}$斜纹组织的单纱织物为例，图 1-18 中，(a)所示为$\frac{2}{2}$左斜纹，(b)所示为$\frac{2}{2}$右斜纹，两者的经密均大于纬密，经纱捻向为 Z 捻，反光带为左斜，每一个经纱浮长段上的反光形状、面积均相同，但是前者的斜纹效应良好，后者的纹路则模糊不清。其原因是(a)的斜纹方向与反光带的斜向一致，相邻经纱浮长段上的反光带紧密连成一片；而(b)的斜纹方向与反光带的斜向相反，相邻经纱浮长段上的反光带之间被无反光区隔开，导致斜纹纹路模糊。因此，要获得清晰明显的斜纹效应，必须使斜纹方向与反光带的斜向一致，即斜纹方向与纱线捻向相反。为使斜纹织物获得清晰纹路，一般而言，经面斜纹纱织物的经纱用 Z 捻，组织采用左斜纹；经面斜纹半线或全线织物的单纱用 Z 捻、股线用 S 捻，组织采用右斜纹。

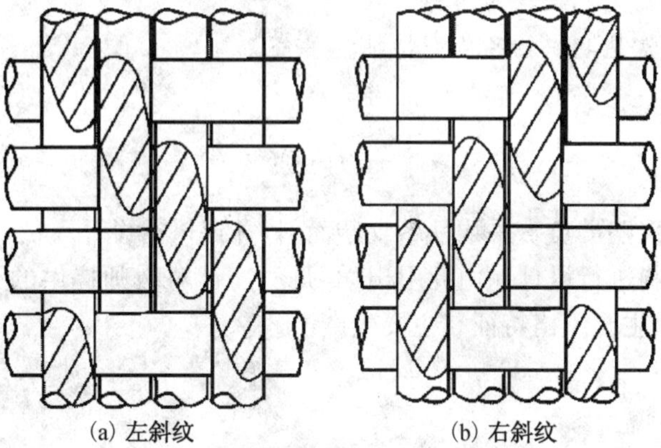

(a) 左斜纹　　(b) 右斜纹

图 1-18　斜纹纹路方向与反光带的关系

② 缎纹织物。缎纹织物表面有要求显纹路与不显纹路之分。根据上述反光带理论，要求表面光泽好、不显纹路的缎纹织物，其支持面的纱线（经面缎纹的经纱和纬面缎纹的纬纱）的捻向应与主要纹路方向一致。图 1-19 中，(a)所示的 5 枚 2 飞经面缎纹的纹路方向为右斜，经纱捻向为 Z 捻，不显纹路；而(b)所示为 5 枚 3 飞经面缎纹，纹路方向为左斜，与经纱捻向相反，显纹路。要求纹路清晰突出的直贡缎，应使其支持面的纱线捻向与由经浮点构成的纹路方向垂直。纱直贡一般为 Z 捻，应该选择主要纹路方向为左斜的 5 枚 3 飞经面缎纹；线直贡一般为 S 捻，应该选择主要纹路方向为右斜的 5 枚 2 飞经面缎纹。

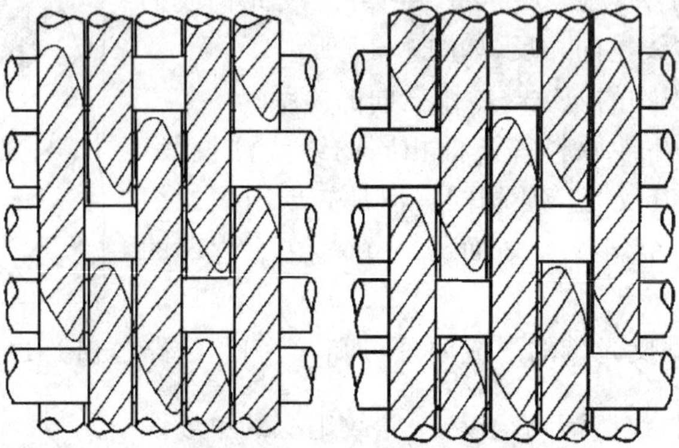

(a) 右斜经面缎纹　　(b) 左斜经面缎纹

图 1-19　缎纹纹路方向与反光带的关系

任务二　毛织物识别

知识点： 1. 毛织物的概念与分类。
2. 精纺毛织物的主要品种及特征。
3. 粗纺毛织物的主要品种及特征。

技能点： 1. 能够对毛织物进行分类。
2. 能够说出常见毛织物的名称。
3. 能够说出常见毛织物的典型特征。

◆ 情境引入

服装企业的面料采购员负责采购秋冬女装面料，并提供给设计人员，后者再根据用途与风格特征选择适用的面料进行设计。由此引出学习任务：针对教师提供的 10 种左右的毛织物，学生能够说出其名称、主要风格特征和主要生产工艺。

◆ 相关知识

一、毛织物概念

毛织物是以羊毛为主要原料成分并经过纺织染整等工序加工所制成的纺织品。某些纯化纤织物，虽不含羊毛成分，但采用毛纺设备及毛纺工艺加工制成，往往也被列入毛纺产品范围。习惯上，毛织物又称为呢绒。

二、毛织物分类

（一）按染色方式分

按染色方式，毛织物可分为散染、条染、纱染和匹染等种类。散染是指将散纤维染色并梳理成条,再经纺纱、织造;条染是指先将毛纤维梳理成条,染色后再经纺纱、织造;纱染是指将毛纤维纺成纱线后染色,再进行织造;匹染是指织成呢坯后再染色。

(二) 按织纹清晰度和表面毛绒状态分

按织纹清晰度和表面毛绒状态,毛织物可分为纹面、呢面和绒面等类别。纹面是指织物表面织纹较清晰,采用不缩绒或轻缩绒工艺;呢面是指织物表面不露底纹,采用缩绒或缩绒后轻起毛工艺;绒面是指织物表面有较长的绒毛覆盖,采用起毛工艺。

(三) 按加工工艺分

按加工工艺,毛织物可分为精纺和粗纺两类。

精纺毛织物是指用较长而细的羊毛纤维纺成精梳毛纱而织成的织物,纤维梳理平直,纱线结构紧密,织物表面光洁、织纹清晰。纱线常用 10.0～33.3 tex(100～30 公支)。织物面密度一般为 100～380 g/m^2。

粗纺毛织物是用较短的羊毛纤维或混入回用毛纺成粗梳毛纱而织成的,纱线中纤维排列不整齐,结构蓬松,表面多绒毛。粗纺毛织物较厚重,大多数品种需经缩绒、起毛整理,使织物表面被一层绒毛覆盖。纱线常用 50～500 tex(20～2 公支)。织物面密度一般为 180～840 g/m^2。

长毛绒可归入粗纺毛织物,也可单独作为一类,其采用双层组织织成双层长毛绒坯,再经割绒成为上下两幅,然后将绒毛梳散,使其蓬松而成为丛毛。

三、常见精纺毛及毛型织物品种

精纺呢绒的品种有哔叽、啥味呢、华达呢、花呢、凡立丁、派力司、女衣呢、贡呢、马裤呢、巧克丁、克罗丁等。

(一) 哔叽

哔叽的原意是指"一种天然羊毛颜色的斜纹毛织物"。使用至今,实际产品的含义已经有所不同。哔叽的组织是二上二下右斜纹$\left(\frac{2}{2}\nearrow\right)$,纹路倾角为 45°～50°,正反面纹路相同、方向相反,呢面光洁平整、纹路清晰,质地较厚而软、紧密适中,悬垂性好(图 1-20)。

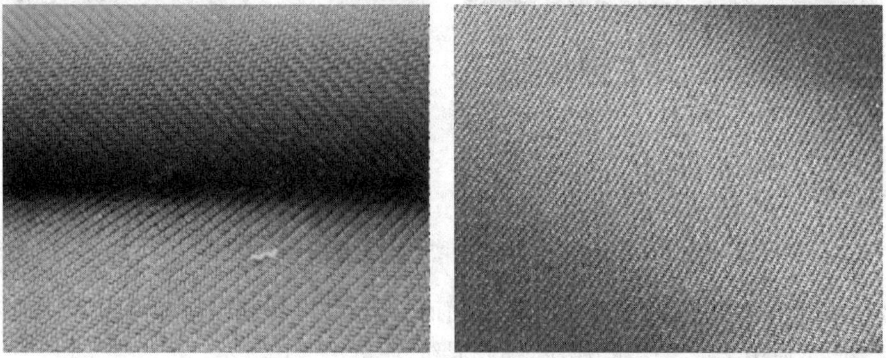

图 1-20　哔叽

哔叽按呢面分,有光面哔叽和毛面哔叽。光面哔叽表面光洁平整,纹路清晰;毛面哔叽经轻缩绒加工,毛绒浮掩呢面,但由于毛绒短小,底纹纹路仍明显可见,且光泽柔和,无极光,丰糯感强。按纱线粗细和织物质量分,哔叽有厚型、中型、薄型。按原料分,有纯毛、毛/涤、毛/黏、毛/黏/锦哔叽及纯化纤哔叽、涤/黏哔叽。

哔叽可用各种品质的羊毛为原料，纱线细度范围较广，应用较多的是 20.8 tex×2～27.8 tex×2(48/2～36/2 公支)，其次是 12.5 tex×2～16.7 tex×2(80/2～60/2 公支)。纱线越细，织物越细洁，越有丝型感。纱线捻度适中，通常用双股线做经纬，也有采用经线纬纱的。织物面密度一般为 140～340 g/m^2，薄哔叽约 190～210 g/m^2，中厚哔叽约 240～290 g/m^2，厚哔叽约 310～390 g/m^2。

哔叽通常采用匹染，色泽以藏青为主，其次为黑、灰、米等色。也有浅色及漂白产品。哔叽的特点是身骨滑糯而有弹性，光泽自然，无陈旧感，主要用作制服、套装、裙装、鞋帽等面料。

（二） 啥味呢

啥味呢(精纺法兰绒)是一种有轻微绒面的精纺毛织物，外观与哔叽相似。啥味呢与哔叽的主要区别在于，啥味呢为混色夹花，而哔叽通常是单色的。啥味呢产品为条染混色，在深色毛中混入部分白毛或其他浅色毛(图 1-21)。混纺产品可利用不同纤维的吸色性能差异进行匹染。组织采用$\frac{2}{2}\nearrow$、$\frac{2}{1}\nearrow$，纹路倾角约 45°～50°。经纬纱常用 16.7 tex×2～27.8 tex×2(60/2～36/2 公支)。原料以细羊毛为主，也有采用黏胶纤维、涤纶或蚕丝与羊毛混纺的。织物面密度为 220～320 g/m^2。

啥味呢经过轻微缩绒整理，呢面有短小毛绒，手感软糯有弹性，呢面平整，混色均匀，光泽自然柔和。啥味呢色泽雅素，以灰色、米色、咖啡色为主，宜制作春秋季两用衫和西裤等，故又名春秋呢。

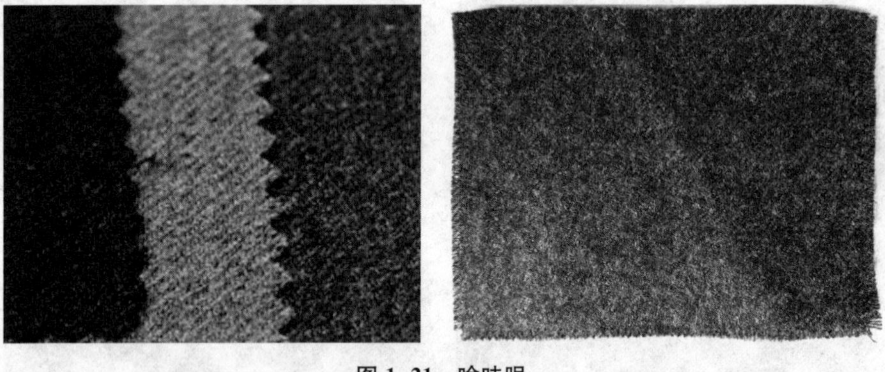

图 1-21 啥味呢

（三） 华达呢

华达呢(图 1-22)一般采用$\frac{2}{2}\nearrow$、$\frac{2}{1}\nearrow$和缎背组织。与哔叽相比，华达呢的经密大(约为纬密的 2 倍)，质地紧密，纬纱被压在经纱下面而不易看到，纹路倾角比哔叽大。所用原料广泛，除纯毛外，可使用羊毛与涤纶、腈纶、黏胶混纺，还可用纯化纤。

华达呢的品种很多，按织物的纹路效果分为双面、单面和缎背华达呢。双面华达呢的正反面外观相似；单面华达呢的正面有明显的纹路，反面则无；缎背华达呢采用加强缎纹组织，由于经密大，织物正面形成类似$\frac{2}{2}$斜纹组织的外观效果，反面呈现光滑的经面缎纹组织效果。

华达呢既有匹染又有条染，产品多为匹染素色。缎背华达呢通常只采用条染，色泽以藏青为主，另有米灰色、咖啡色和黑色等，适宜制作套装、西装和大衣等。

华达呢的纬经密度比为 0.51～0.57，纹路倾角约 63°。手感结实挺括，质地紧密，弹性足，呢面光洁，色泽匀净，条干均匀，贡子清晰、饱满，光泽自然柔和。

纱线线密度为 16.7 tex×2～22.2 tex×2(60/2 公支～45/2 公支)。织物面密度为 260～330 g/m^2。

图 1-22 华达呢

(四) 花呢

花呢是精纺毛织物的一个产品大类，多为条染，可用不同色彩的纱线，如素色、混色、异色合股、各种花式线，并通过正反捻向排列而形成格型、条型、点子等花纹。光面花呢要求呢面光洁、平整，不起毛，花纹清晰。毛面花呢经轻缩绒或重洗呢工艺，可以以洗代缩或洗缩结合，特点是花型、色泽、组织变化多。

花呢按面密度分类，195 g/m^2 以下的称为薄花呢，195～315 g/m^2 的称为中厚花呢，315 g/m^2 以上的称为厚花呢。花呢品种较多，常见的有：

1. 素花呢

素花呢采用条染复精梳工艺，先将毛条染成各种深浅不同的颜色，然后经拼色混条纺成各单色毛纱，再合并成花色线后进行织造。呢面上有非常细小的不同色泽的花点，均匀地散布于全匹范围内，远看像素色，近看有微小的色点，显得素雅、大方、别致(图 1-23)。组织一般采用 $\frac{2}{2}\nearrow$。纬经密度比为 0.8～0.85。织物面密度为 250 g/m^2 左右。素花呢是外观无明显条格的中厚花呢。

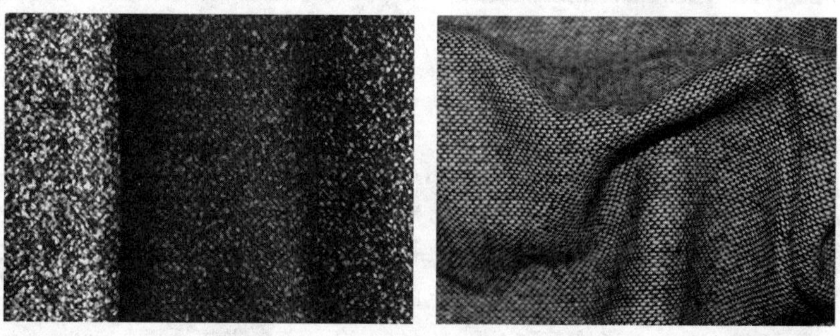

图 1-23 素花呢

2. 条花呢

条花呢(图1-24)是在素花呢的基础上，采用斜纹或变化斜纹组织，并配以嵌条线而形成的，是外观有明显条子的中厚花呢。嵌条线可采用丝光棉线、绢丝线、涤纶丝、异色毛纱等。主流产品的纬经密度比为0.85左右。织物面密度为260～302 g/m²。条花呢分为阔条、狭条、明条、隐条等。条型宽度在10 mm以上的称为阔条花呢，5 mm以下的称为狭条花呢；利用色纱或组织变化构成的条型与地色有明显区别的称为明条花呢，与地色基本一致或利用正反捻向纱间隔排列的称为隐条花呢。

图1-24　条花呢

3. 格子花呢

格子花呢的经纬纱均采用两种或两种以上不同颜色的毛纱，组织常为平纹或斜纹(图1-25)，通过不同色泽的纱线及不同的排列比而产生不同的格子效应。格子花呢因花型、格型不同分为大格、小格、明格等。纬经密度比约0.86。织物面密度为260～270 g/m²。

图1-25　格子花呢

4. 海力蒙

海力蒙是"herringbone"的音译，有鱼骨、人字斜纹之意，是使用花型命名的织物，多用$\frac{2}{2}$斜纹做基础组织。在倒顺向斜纹的交界处，经纬组织点相反，呢面纬向呈水浪形、经向呈重叠的人字形，形成纤细的沟纹(图1-26)。人字条的宽度为5～20 mm。纬经密度比约0.84。织物面密度为260～290 g/m²。通常经纱用浅色，纬纱用深色，使花纹更加清晰。由于织物正反面纹路相同，因此区别正反面主要看光洁度，光亮者为正面。

图 1-26　海力蒙

5. 单面花呢

单面花呢一般采用细的优质原料，由于纱线细、经密大，因而较其他花呢厚重。呢面有凹凸条纹，正面清晰，反面则模糊不清(图 1-27)，是精纺毛织物中的高档产品。采用以平纹为基础的表里换层组织，并采用不同捻向的纱线相间排列，在织物表面形成宽度如牙签的窄隐条，因此又称为牙签呢，是制作西服的高级衣料。

单面花呢手感丰满、滑糯、弹性好，呢面细洁，花型配色雅致，织纹清晰，有立体感，光泽自然柔和。纬经密度比为 0.64～0.7。纱线线密度为 12.5 tex×2～18.5 tex×2(80/2 公支～54/2 公支)。织物面密度为 270～312 g/m^2。

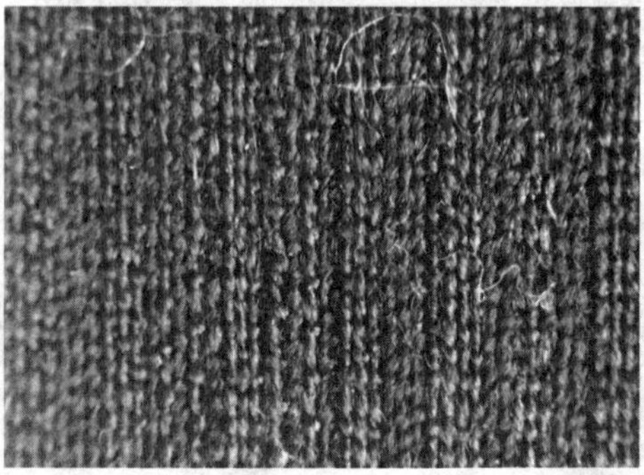

图 1-27　单面花呢

6. 凉爽呢

凉爽呢是涤/毛混纺薄花呢的商品名称，因具有轻薄、滑爽、弹性好、易洗快干、穿着舒适等优点，又名毛的确良，适于制作春夏季男女套装、裤子、衫裙等。

7. 板司呢

板司呢是“basket”的音译，是花呢的传统品种之一，组织常用$\frac{2}{2}$方平，通过色纱排列与组织的配合，在织物表面形成针点花型或阶梯花型(图 1-28)。纬经密度比为 0.85～0.88。织物面密度为 270～320 g/m^2。

图 1-28　板司呢

（五）凡立丁

凡立丁(图 1-29)是采用单色股线、以平纹组织织成的夏季服装用薄型织物。其特点是原料品质优,纱线细,捻度大,经纬密度在精纺呢绒中为最小,呢面光洁平整,经直纬平,无鸡皮皱,条干均匀,无雨丝痕,色泽鲜明、匀净,膘光足,手感滑、挺、糯,活络有弹性,透气性好。织物多为匹染素色,色泽以中浅色为主。凡立丁使用原料有毛纤维及其混纺纤维和化纤,混纺多用黏纤、锦纶或涤纶,还有黏/锦/涤混纺纤维。

纱线线密度为 19.2 tex×1～16.7 tex×2(52/1 公支～60/2 公支)。织物面密度为 175～195 g/m^2。

图 1-29　凡立丁

（六）派力司

派力司(图 1-30)是用精梳毛纱织制的轻薄品种,一般采用毛条染色的方法,先把部分毛条染色,再与黑色毛条混条,然后纺纱制成混色纱,再以双经单纬织成平纹织物,呢面有散布均匀的白点,并有纵横交错、隐约可见的雨丝条纹。

派力司是精纺呢绒中面密度最小的,它与凡立丁的主要区别在于,凡立丁为匹染单色,而派力司为混色,其经密略比凡立丁大,颜色以中灰、浅灰为多。派力司的外观特点是比主色调深的毛纤维随机分布在呢面上,呢面平整、洁净、自然,异色分明,混色均匀,手感滑、挺、薄,活络且弹性足。

派力司除了具有凡立丁的优点外,质地细洁轻薄,坚牢耐脏,多用作夏令裤料和女装上衣料。经纱常用 14.3 tex×2～16.7 tex×2(70/2 公支～60/2 公支),纬纱常用 22～25 tex(45～40 公支)。织物面密度为 135～168 g/m^2。

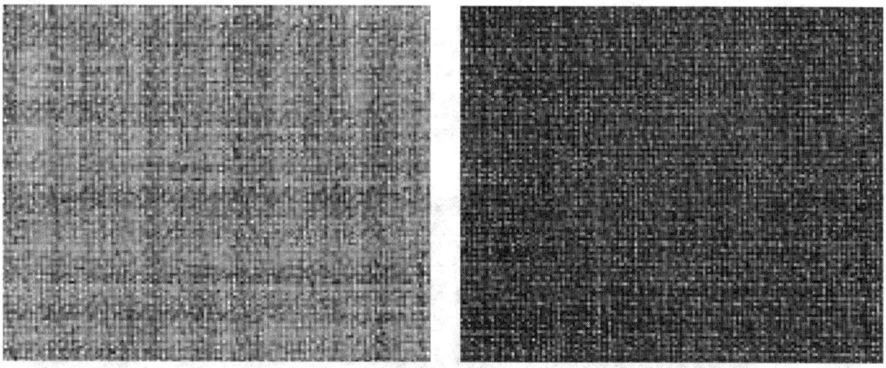

图 1-30　派力司

（七）女衣呢

女衣呢(图 1-31)过去又称女式呢、迭花呢、女士呢等，是精纺呢绒中花色变化较多的品种。经纬纱都用低线密度(高纱支)的双股线，纬纱有时也用单纱。采用平纹或斜纹组织、各种变化组织、联合组织或双层组织、提花组织。有些经轻微缩绒工艺，形成短细毛绒呢面或夹入金银丝等。

女衣呢的特点是纱线细、结构松，手感柔软而有弹性，身骨薄，质地细洁，花纹清晰，色泽鲜艳，光泽自然。产品以匹染素色为主，色泽有橘红、大红、紫红、铁锈红、嫩黄、金黄、艳蓝等。女衣呢适于制作春秋两季妇女服装及童装，或用作冬季女式棉袄面料。纱线线密度为 19.2 tex×2(52/2 公支)。织物面密度为 165～250 g/m^2。

图 1-31　女衣呢

（八）贡呢

贡呢(图 1-32)又称礼服呢，是精纺产品中纱线细、经纬密度高的中厚型品种。贡呢采用急斜纹和缎纹变化组织，如$\frac{5\ \ 5}{1\ \ 2}(S_j=2)$、$\frac{4\ \ 4}{1\ \ 2}(S_j=2)$。由于织纹浮线长，呢面显得特别光亮，表面呈现细纹路，由左下向右上倾斜，倾角为 75°以上的称为直贡呢，倾角为 50°左右的称为斜贡呢，倾角为 15°左右的称为横贡呢。通常所说的贡呢以直贡呢为主。除纯毛品种外，另有毛/涤、毛/黏等混纺品种。

贡呢大多为匹染素色，且以深色为主，如藏青色、灰色、黑色，其中乌黑色的贡呢称为礼服呢。

另有采用花线交织的花绒直贡呢。贡呢织纹清晰，光泽明亮，身骨紧密，质地厚实，手感柔软、活络，呢面细洁，穿着舒适，但耐磨性不及华达呢，主要用作鞋面、礼服、大衣、西装上衣等。

纱线常用 16.7 tex×2～20 tex×2(60/2 公支～50/2 公支，也可用 25、26.3(40、38 公支) tex 做纬纱，高级贡呢用 13.9 tex×2(72 公支/2)。织物面密度为 300～350 g/m^2。

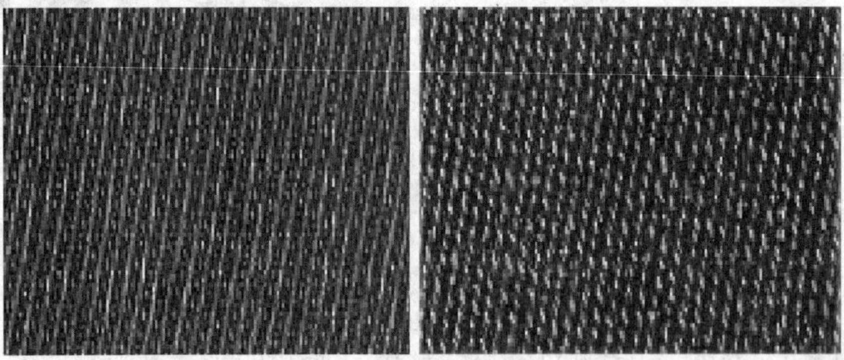

图 1-32　贡呢

（九） 马裤呢

马裤呢(图 1-33)是精纺呢绒中较厚重的品种，因坚固耐用，最初用于骑士骑马时穿的裤子而得名。

马裤呢一般采用股线，常用 9.1 tex×2～16.7 tex×2(110/2～60/2 公支)，织物面密度为 400～420 g/m^2。组织采用变化急斜纹，如$\frac{1\ \ 5\ \ 1}{1\ \ 1\ \ 2}$($S_j=2$)。纱线粗，捻度大，呢面有粗壮的纹路，由左下向右上倾斜，倾角为 63°～76°。经密大于纬密近 1 倍。织物结构紧密，手感厚实而有弹性，保暖性好。

马裤呢主要有匹染素色和条染混色两种，还有深浅异色和用花股线织成的夹色品种，适宜制作军大衣、西裤和马裤等。

图 1-33　马裤呢

（十） 巧克丁

巧克丁(图 1-34)又名罗斯福呢，是类似马裤呢的品种。采用斜纹变化组织。纹路比华达呢宽而比马裤呢窄，其间距和凹入深度不同，第一条浅而窄，第二条深而宽，如此循环而形成特殊的外观效果。织物反面较平坦、无纹路。

巧克丁使用14.3～15.6 μm细羊毛为原料，经纱采用20 tex以上(50公支以下)的双股线，纬纱多用25 tex(40公支)单纱。巧克丁除纯毛产品外，也有涤/毛混纺产品，织物条形清晰，质地厚重，富有弹性。

巧克丁有匹染和条染两种，色泽以黑色、灰色、蓝色为主，宜制作春秋大衣、便装等。

图1-34 巧克丁

(十一) 克罗丁

克罗丁又称驼丝锦，是呢绒的传统品种之一。它一般以高级细羊毛为原料，经纱为股线，纬纱多用单纱，经纬纱线密度为12.5×2～20×2 tex(80/2～50/2公支)。纬经密度比约0.6。织物面密度为280～370 g/m²。组织采用纬面加强缎纹。织物表面由阔而扁平的凸条和狭而细斜的凹条间隔排列，正面有轻微的绒毛，反面较光洁。

克罗丁大多采用匹染，以黑色、灰色为主，也有条染混色产品，主要用作大衣、上衣和礼服等。

精纺呢绒除上述品种外，还有羽纱呢、胖哔叽旗纱和蒸呢布等品种。

四、粗纺毛织物品种

(一) 麦尔登

麦尔登是一种品质较高的粗纺毛织物，因首先在英国麦尔登地区生产而得名。麦尔登表面细洁平整，身骨挺实，富有弹性，有细密的绒毛覆盖底纹，耐磨性好，不起球，保暖性好，而且防风(图1-35)。

图1-35 麦尔登

麦尔登一般采用低线密度(细支)散毛并混入部分短毛而纺成 62.5～83.3 tex(16～12 公支)毛纱做经纬纱，多用$\frac{2}{2}$或$\frac{2}{1}$斜纹组织，呢坯经重缩绒或两次缩绒整理。使用原料有纯毛(有时为增加织物强度和耐磨性而混入不超过 10%的锦纶短纤，所得产品仍称为全毛织品)、毛/黏或毛/锦/黏混纺。

麦尔登以匹染素色为主，色泽有上青、黑色及红色、绿色等，适宜制作冬令套装、上装、裤子、长短大衣及鞋帽。

(二) 大衣呢

大衣呢是粗纺呢绒中规格较多的一个品种，为厚型产品，因适宜制作冬季穿的大衣而得名。多数采用斜纹或缎纹组织，有些也采用单层、纬二重、经二重及双层组织。大衣呢的原料以使用分级毛为主，少数高档品种也选用支数毛。根据大衣呢的不同风格，还可配用一部分其他动物毛，如兔毛、驼毛、马海毛等。混纺大衣呢中的中低档品种，还掺用不同比例的再生毛、回毛、棉纤维及低于 30%的化纤。由于使用的原料不同，组织规格与染整工艺也不同，大衣呢的手感、外观和服用性能差异较大，主要品种有平厚、立绒、顺毛、拷花、花式等。

1. 平厚大衣呢

平厚大衣呢采用$\frac{2}{2}$斜纹或纬二重组织，经缩绒或缩绒起毛加工而制得，呢面平整匀净、不露底，手感丰厚、不板不硬。产品以匹染为主，如黑、藏青、咖啡等色，混色品种以黑灰色为多。市场上销售的雪花呢，就是由大量染黑羊毛与少量本白羊毛混纺而制成的。

2. 顺毛大衣呢

顺毛大衣呢(图 1-36)是采用斜纹或缎纹组织，经缩绒或起毛整理，在织物表面形成绒毛并顺向倒卧且紧贴呢面的仿兽皮风格的粗纺毛织物。呢面绒毛平顺整齐，不露底，手感顺滑柔软。顺毛大衣呢的原料除羊毛外，常混用羊绒、兔毛、驼毛、马海毛等其他动物毛，以形成独特的风格。如银枪大衣呢，采用染成黑色的羊毛或其他动物纤维并混入 10%左右的本白高线密度马海毛，使乌黑的绒面上均匀地闪烁着银色光亮的枪毛，美观又大方，是大衣呢中的高档品种。另外，使用锦纶、涤纶等异形化纤仿马海毛，可达到同样的效果。

图 1-36 顺毛大衣呢

3. 立绒大衣呢

立绒大衣呢采用破斜纹或纬面缎纹组织织制，呢坯再经洗呢、缩绒、重起毛、剪毛等加工，在呢面形成一层耸立的浓密绒毛。呢面丰满，绒毛密而平齐，具有丝状立体感，手感柔软、富有弹性、不松烂，光泽柔和。立绒大衣呢以匹染素色为主，如黑色、藏青色、墨绿色、驼色等。如在原料中混入少量本色羊毛或异形涤纶纤维，可使呢面呈现深浅夹花效果，风格别致。

4. 拷花大衣呢

拷花大衣呢是采用双层起绒组织而形成类似灯芯绒条的人字形或水浪形凸凹花纹的，并非通过拷压而形成，因其花纹形似拷花而得名（图 1-37）。拷花大衣呢采用品质较好的羊毛并混合山羊绒为原料，其织染工艺要求较高，是一种代表技术水平的产品，属于高档大衣呢。拷花大衣呢按风格分为立绒和顺毛两种。立绒拷花大衣呢的绒毛纹路清晰而均匀，立体感强，手感丰厚、有弹性；顺毛拷花大衣呢的绒毛略长，排列整齐而紧密，纹路隐晦但不模糊，有立体感，手感丰厚、富有弹性。拷花大衣呢多为素色，也有掺入部分本白羊毛的，绒面呈现雪花状，如混入羊绒则称为羊绒拷花大衣呢，又名开司米大衣呢，其品质更佳，手感丰厚、质轻。

图 1-37 拷花大衣呢

5. 花式大衣呢

花式大衣呢是采用花式纱线与平纹、斜纹、纬二重或小花纹组织织制而成的，质量较其他大衣呢轻（图 1-38）。

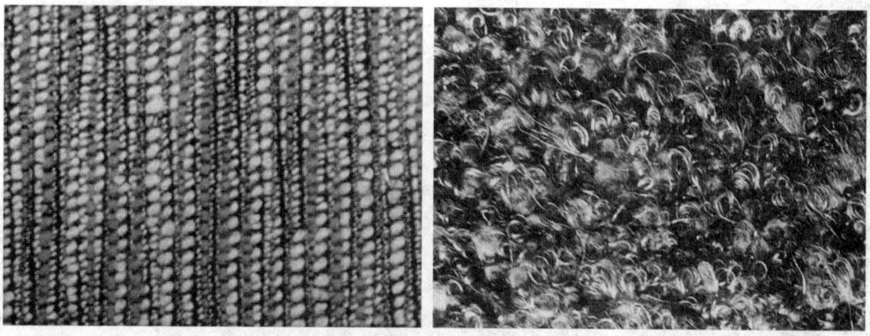

图 1-38 花式大衣呢

按呢面外观，花式大衣呢有花式纹面和花式绒面两种。花式纹面大衣呢的花型，包括人字、圈、点、格等配色花纹，花纹清晰，纹路均匀，手感不板硬而有弹性。花式绒面大衣呢的花型与纹面类相同，由于经过缩绒或起毛加工，按呢面又可分为立绒和顺毛两个品种，绒面丰富，绒毛整齐，手感丰厚。

（三） 海军呢

海军呢过去称为细制服呢，因用于海军制服而单独形成一个品种。其外观与麦尔登无多大区别，织纹基本被绒毛覆盖，不露底，质地紧密，但手感和身骨不如麦尔登。

海军呢使用细支（即低线密度）羊毛并混入部分短毛为原料，组织采用$\frac{2}{2}$斜纹，密度略小于麦尔登。混纺海军呢一般用二级毛和精梳短毛，掺入部分黏纤或锦纶等。

（四） 制服呢

制服呢相对于海军呢来说也称粗制服呢，是粗纺呢绒的大路品种，是一种质地厚实的起绒织物。制服呢的组织、规格、色泽、风格均与海军呢相仿，但由于采用三四级改良毛为原料，其品质略次于海军呢，表面绒毛不是十分丰满，底纹隐约可见，手感略粗糙，使用久了易落毛露底。制服呢除纯毛产品外，混纺品种较多，有毛与黏纤、锦纶、腈纶等混纺产品。

（五） 大众呢

大众呢又称学生呢，其外观风格近似于麦尔登，但所用原料品质略差，除混入精梳短毛外，还混入回毛和下脚毛。一般采用斜纹组织，呢坯须经重缩绒处理。呢面较为细洁，基本不露底，手感紧密、有弹性。品质差的品种使用久了易起球、落毛而露底，但价格低。

大众呢的纯毛品种很少，多为毛/黏或毛/黏/锦混纺品种，色泽为藏青色、灰色、墨绿色等，适宜制作男女学生制服和秋冬上装、西装等。

（六） 女士呢

女士呢因主要供制作妇女服装而得名，密度小，结构比较疏松，正反面均有绒毛覆盖，但不浓密，手感柔软，有较好的悬垂性。

女士呢多采用$\frac{2}{2}$斜纹组织，也有采用平纹或变化组织的。除纯毛产品外，混纺产品很多，有毛/黏、毛/涤/黏、毛/腈等，也有腈纶、腈/锦等纯化纤产品。

女士呢的品种很多，如平素、立绒、顺毛、松结构女士呢等。色泽鲜艳，色谱齐全，有藏青色、咖啡色、紫红色、酒红色、橘红色、墨绿色、米色等。适宜制作女士上衣、两用衫，呢身较厚的也可作为大衣料。

（七） 法兰绒

法兰绒一般指采用混色粗梳毛纱织制的具有夹花风格的粗纺毛织物，呢面有一层丰满细洁的绒毛，不露织纹，手感柔软，比麦尔登稍薄（图 1-39）。

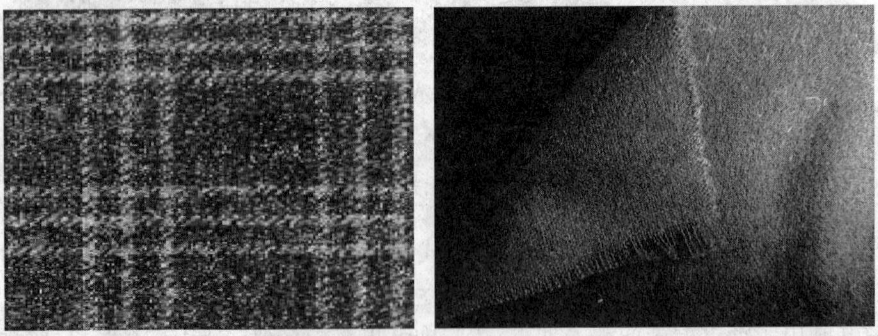

图 1-39 法兰绒

法兰绒是先将部分羊毛染色，然后掺入部分黑色羊毛，混合均匀后纺成混色毛纱，再进行织造，呢坯经缩绒、拉毛整理而制成的。大多采用斜纹组织，也有用平纹组织的。原料除全毛外，一般为毛/黏混纺，有时为提高耐磨性而混入少量锦纶纤维。

法兰绒色泽素净大方，有浅灰、中灰、深灰等，适宜制作春秋男女上装和西裤。

（八）粗花呢

粗花呢是粗纺呢绒中具有独特风格的花色品种，与精纺呢绒中的薄花呢相仿，是利用两种或两种以上的单色纱、混色纱、合股色线、花式线与各种花纹组织配合而织成人字、条子、格子、星点、提花、夹金银丝，以及条状的阔、狭、明、暗等几何图形的花式粗纺织物（图 1-40）。

图 1-40　粗花呢

粗花呢采用平纹、斜纹及变化组织，原料有纯毛、毛/黏混纺、毛/黏/涤或毛/黏/腈混纺及黏纤、腈纶等纯化纤。粗花呢按外观风格分为呢面、纹面和绒面三种。呢面粗花呢表面略有短绒，微露织纹，质地较紧密、厚实，手感稍硬，后整理采用缩绒或轻缩绒、不拉毛或轻拉毛。纹面粗花呢表面花纹清晰，织纹均匀，光泽鲜艳，身骨挺而有弹性，后整理采用不缩绒或轻缩绒。绒面粗花呢表面有绒毛覆盖，绒面丰富，绒毛整齐，手感较前两种柔软，后整理采用轻缩绒、拉毛工艺。粗花呢的品种繁多，色泽柔和，主要用作春秋两用衫、女士风衣等。

（九）钢花呢

钢花呢是采用彩点纱并以特殊工艺织造而成的，不规则的彩色粒点均匀地散布在呢面上，好像炼钢炉中喷射出来的钢花而得名，又称花色火姆司本（图 1-41）。钢花呢都是毛/黏混纺织品，色彩丰富，风格独特。近年来又发展了镶嵌金银丝和异形涤纶丝品种，呢面更加美观。适用于制作春秋大衣、上衣、外套等。

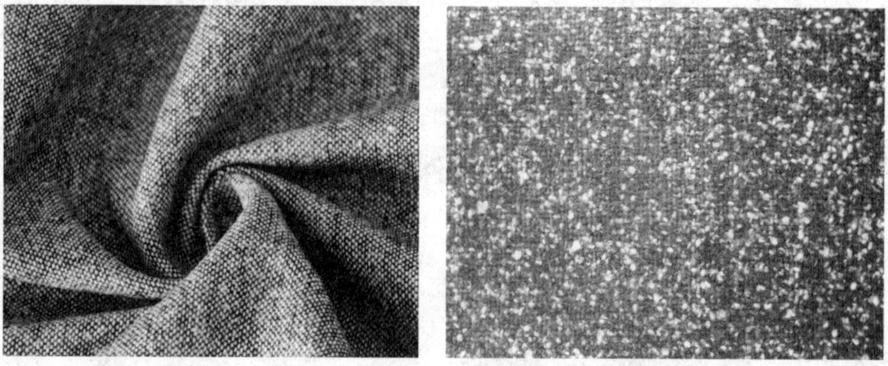

图 1-41　钢花呢

（十） 海力斯

海力斯原先是苏格兰西北部海力斯岛上的居民生产的粗呢，用粗的契维奥特羊毛纺制，故又称契维奥特粗呢(图 1-42)。采用斜纹组织。所用原料较粗花呢差，多为三四级毛。呢面常呈现不上色的白色枪毛，形成特殊的粗犷风格。混纺海力斯加入黏纤。呢坯经缩绒后其双面均有绒毛，呢面粗糙，纹路清晰。色泽以中浅色为主，有藏青色、米色等。海力斯是一种大众化的产品，适宜制作春秋男女两用衫、大衣等(图 1-42)。

图 1-42 海力斯

（十一） 粗服呢

粗服呢又称纱毛呢，是粗纺呢绒中的一个低档品种。利用精梳下脚毛、粗短毛、再生毛及黏纤、锦纶等化纤，并选用部分四五级国毛为原料。采用$\frac{2}{2}$斜纹组织。呢坯经缩绒和轻度起毛加工，表面有细短绒毛和粗枪毛，能清楚地看到斜纹组织的纹路。手感比较粗糙，质地结实耐磨，价格低。常作为日常衣着及劳动、工作服用料。

五、毛织物生产主要工艺流程

（一） 精纺呢绒工艺流程

选毛→洗毛→散毛炭化→(散毛染色)→和毛→梳毛→混条→针梳→粗纱→细纱→并线→捻线→蒸纱→络筒→(整经→穿结经)→织造→量呢→生坯修补→烧毛→初洗→揩油渍→洗呢→脱水→煮呢→染色→煮呢脱水→拉幅烘干→熟坯修补→蒸呢→给湿→电烫→成品检验。

（二） 粗纺呢绒工艺流程

选毛→洗毛→散毛炭化→(散毛染色)→和毛→梳毛→纺纱 →络筒→整经→穿结经→织造→量呢→生坯修补→刷毛→缩绒→洗呢→脱水→染色脱水→拉幅烘干→熟坯修补→起毛→剪毛→蒸呢→成品检验。

六、毛织物色彩和花型设计

（一） 精纺毛织物色彩和花型设计

1. 色彩设计

精纺毛织物色彩设计有毛条混色、花线配色、嵌线配色三种方法。

(1) 毛条混色。毛条混色是指用两种以上颜色的毛条混配纺纱。

利用色纤维混合得到的混色程度随织物表面风格不同而不同,所采用的混色工艺及混合次数也不同。如果在纺纱的后部工序混合,则各种色纤维原来的颜色有一定程度的保留,织物表面呈雨丝状外观效果;如果在纺纱的前部工序混色,则混色均匀。

精纺毛织物中,派力司、啥味呢等品种以混毛夹花、雨丝状外观为特征,应采用不同色相、不同明度、差异较大的毛条进行混合。

(2) 花线配色。花线按结构可分为双股线、多股线、双粗纱、弱捻纱、结子纱、彩点纱、圈圈纱等。

由不同颜色的纱经并捻后得到的色线,其色泽混合不如散纤维混合均匀,每个颜色因加捻而被截断成一串细小的色点。这些小色点从远处看是混色,这也是色彩空间的混合效果。这种方法的混色效果随着纱线粗细、两根色纱的色相差和明度差大小、合股线的捻度高低而有差异。

① 如果用特别粗的纱,两根色纱的对比度要小一些,否则呢面色点大而明显,看上去粗糙而不细腻。具体视织物花型风格要求而定。

② 两根色纱的对比度大时,适当提高合股纱的捻度,可使两根色纱互相截断的色点缩小,使呢面显得匀净、细致。

③ 用两根不同色相的单纱合股,如果织物花型风格没有特殊要求,应掌握两根色纱的明度、彩度一致,否则会突出一种色点而达不到远看时混为一色的效果。对于色环上相距 100°以上的两种颜色配伍,更要注意明度、彩度的配合。

(3) 嵌线配色。织物上构成嵌条的方法有两种:一种是用不同的纱线;一种是用不同的组织结构。嵌条的颜色组合也有几种,如本色嵌条、单色嵌条、双色嵌条及多色嵌条。

织物上的嵌线起装饰作用。使用这种方法时应注意嵌线的明度、彩度、占据的面积与地色的配合。如在深色底上使用浅色嵌线,宜细不宜粗,这样不但能增加织物表面配色的明快感,而且看上去色点很细巧、雅致。

2. 精纺毛织物花型设计

精纺毛织物中的常见花型有条子、格子及满地等,其构成方法:

(1) 组织花纹花型。利用织物组织而形成花型,尺寸较小,简单,呈几何线形纹路或其他简单几何形。

(2) 配色模纹花型。利用织物组织与经纬色纱排列而构成花型,其变化较多,清晰而细腻,如板司呢表面呈现的阶梯花型。

(3) 装饰花纹花型。在素色织物上,使用不同材质的原料、不同结构的纱线,通过经纬纱排列及织纹组合或交织而形成花型,起装饰作用,明显、突出。

(4) 特殊工艺花型。利用工艺上的特殊处理和结构上的特殊设计而形成花型,如采用稀密筘来形成条路花型,采用高收缩丝的织物经热处理使高收缩丝收缩而使织物呈立体感。此外还有稀弄花、轧花、剪花等特殊工艺形成的花型。

(二) 粗纺毛织物色彩和花型设计

色彩在毛纺织品中占有重要的地位,它是构成织物外观的主要因素之一。粗纺呢绒多作为外衣面料,首先映入人们视觉范围的是色泽,然后是花型。

粗纺呢绒的花型主要有三类:一是条型;二是格型,包括规则格、不规则格、大小格相互套合等;三是配色模纹,如阶梯纹、犬牙纹等。色纱的应用及搭配一方面取决于使用对象,另一方面要符合流行趋势。总的来说,粗纺呢绒色彩发展平稳,以深色为主。根据国际羊毛局预测,黑色与灰色为主色调,以中性偏深且较明快的色泽,如暗绿、蓝、咖啡等色,配以大小格子。

对于素色匹染织物,一方面继续采用传统的黑、藏蓝、驼等色;另一方面,随着新型染化料的使用及染色技术的提高,大量运用各种艳丽色彩,如血红、墨绿、紫灰等,其色彩变化应符合每年公布的国际流行色。

◆ 设计理论积累——纤维细度和长度对织物性能的影响

细度和长度是纤维的两项基本性质。细而长的纤维可纺细线密度纱,织成轻薄织物。粗纤维只能纺中粗线密度纱,织成中厚或粗厚织物。但中厚与粗厚织物并非都是低档产品,有些织物具有粗犷、豪放或丰厚、华贵的风格及良好的使用性能。

纤维细度还会影响织物的弹性、手感和耐磨性。纤维细,其柔软性好,在纱条中的黏合力强,因而纱线和织物的强度高,手感柔软,耐磨性好;纤维粗,则刚度大,织物硬挺、弹性好。

化学短纤维根据长度和细度分类。当化纤的长度和线密度与棉纤维相似,即长度为 33~38 mm、线密度为 0.13~0.17 tex 时,称为棉型化纤。当化纤的长度和线密度与羊毛相似,即长度为 76~102 mm、线密度为 0.33~0.56 tex 时,称为毛型化纤。当化纤的长度和线密度介于毛与棉之间,即长度为 51~76 mm、线密度为 0.22~0.33 tex 时,称为中长纤维。利用棉纺设备可纺制中长纤维混纺纱线,而用这种纱线织造的织物外观和手感具有仿毛风格。

任务三 丝织物识别

知识点: 1. 丝织物的概念与分类。
2. 丝织物的品名、品号、原料表示方法。
3. 丝织物的主要品种及特征。
4. 丝织物的生产工艺流程。

技能点: 1. 能够对丝织物进行分类。
2. 能够说出常见丝织物的名称。
3. 能够说出常见丝织物的典型特征。
4. 能够描述丝织物的加工工艺流程。

◆ 情境引入

服装企业的面料采购员负责采购春夏女装丝织面料,并提供给设计人员,设计人员再根据用途与风格特征选择所需要的面料。由此引出学习任务:针对教师提供的 10 种左右的丝织物,学生能够说出其名称、主要风格特征和主要生产工艺。

◆ 相关知识

一、丝织物概念与特征

丝织物是指采用桑蚕丝、柞蚕丝、化纤长丝及部分短纤维为原料而织成的织物。凡长丝含量大于50%(或织物表面具有丝绸风格)的织物,均称为丝织物,包括所有纺织原料的纯织或交织产品。

中国丝绸历史悠久,不论是栽桑、养蚕还是缫丝、织绸、印染等生产技术,都是我国创造的。据文献记载,我国古代丝织品具有丰富、端庄、富丽、多变的高超艺术与技术,在国际上享有崇高声誉。众所周知的丝绸之路就是将我国大量丝绸从长安运往中亚、西亚等地区和国家的贸易通道。丝绸的外传对人类的发展做出了巨大的贡献。

桑蚕丝织物特点:光泽明亮悦目,自然柔和;手感柔软滑爽,悬垂飘逸;染色纯正,色谱齐全;吸湿性好,穿着透气、舒适;有良好的弹性和强度;耐热性较好,但温度过高时会变色和炭化;耐日光性不佳,曝晒会使织物强力和弹性下降,并导致色泽泛黄或褪色;洗可穿性一般,洗后需熨烫;对碱敏感,不宜使用碱性洗涤剂;易虫蛀。

二、丝织物分类

(一) 原料分类法

丝织物按原料可分为真丝绸类、柞丝绸类、绢丝绸类、人造丝绸类、合纤绸类等。

(二) 按染整加工分类

1. 生织丝绸

指先织造后练染的丝织物。生织丝绸经练染、整理后才能成为成品。

2. 熟织丝绸

指经纬丝经练染后再进行织造的丝织物。熟织丝绸可直接作为成品。

(三)《丝织物分类标准》分类法

此标准将丝织物分为绡、纺、绉、绸、缎、锦、绢、绫、罗、纱、葛、绨、绒、呢14大类。

三、丝织物品名和编号

(一) 品名

品名即织物的商品名称,如乔其纱、电力纺、双绉等,要求简单、通俗、正确、雅致。

(二) 编号

1. 外销编号(统一编号)

外销编号由五位阿拉伯数字组成。

(1) 左起第一位数字代表丝织物的原料属性,用1~7表示:

“1”表示桑蚕丝类原料及桑蚕丝含量大于50%的织物;

“2”表示合成纤维长丝或合成纤维长丝与合成短纤维纱线交织的织物;

“3”表示天然丝短纤维与其他短纤维的混纺纱线所织成的织物;

“4”表示柞蚕丝类原料及柞蚕丝含量大于50%的织物;

“5”表示人造丝或人造丝与短纤维纱线交织的织物;

“6”表示上述五类以外的、经纬由两种或两种以上原料交织的织物；

“7”表示被面。

(2) 第二或第二、三位数字代表丝织物所属大类的类别：

“0”表示绡类；“1”表示纺类；

“2”表示绉类；“3”表示绸类；

“40～47”表示缎类；“48～49”表示锦类；

“50～54”表示绢类；“55～59”表示绫类；

“60～64”表示罗类；“65～69”表示纱类；

“70～74”表示葛类；“75～79”表示绨类；

“8”表示绒类；“9”表示呢类。

(3) 第三、四、五位数字代表品种的规格序号：

例如编号为 11001 的丝织物，是纯桑蚕丝的纺类丝织物，规格序号为 001。

再如编号为 64001 的丝织物，是交织的缎类丝织物，规格序号为 01。

2. 内销编号

内销丝织物编号也采用五位数字，为了与外销区别，仅使用 8、9 两个数字：

第一位数字代表丝织物用途，其中“8”表示衣着用丝织物，“9”表示被面和装饰用丝织物；

第二位数字代表原料；

第三位数字代表品种；

第四、五位数字代表规格序号。

四、丝织物原料及表示方法

丝织物规格中，“/”表示经纬线纤度范围的符号，前面的数字表示下限数值，后面的数字表示上限数值。其中，2/20/22 den 中的“2”表示 2 根并合，采用分特克斯制时，则用“dtex×2”表示。1 den≈1.11 dtex。另外，(S)或(Z)指捻向。

桑蚕丝又称桑丝，是丝织生产的主要原料，由人工喂养的家蚕所结的茧缫制而成。根据生产的需要和加工方式的不同，桑蚕丝可分为：

(1) 茧丝。茧丝是直接由蚕体分泌的绢丝液经吐丝孔排出，遇到空气凝固而成的桑蚕丝，未经任何加工。

(2) 生丝。生丝是利用缫丝机将几个煮熟茧的茧丝(一般为 8 根左右)一起顺序抽出，借助丝胶抱合而成的复丝。生丝未经精练加工，保持了原有的色泽和胶质。

(3) 熟丝。熟丝指生丝经过精练加工之后的桑蚕丝。

(4) 厂丝。用完善的机器设备和工艺缫制而成的桑蚕丝，称为厂丝。用白色蚕茧缫成的丝叫白厂丝。厂丝品质细洁，条干均匀，粗节少，用于织制高档绸缎。

(5) 土丝。土丝是指用手工缫制而成的桑蚕丝。土丝光泽柔润，但糙节较多，条干不均匀，品质远不及厂丝，用于织制风格较粗犷的丝绸织物或用作丝线。

(6) 双宫丝。由两条或两条以上的蚕共同结成的茧叫作双宫茧，由双宫茧缫成的丝称为双宫丝。双宫丝有两个或两个以上的丝头缠绕在一起，有明显的疙瘩瘤节，纤维较粗，条干不均匀，光泽较差，多用于织制质地厚重或风格粗犷的织物，一般用作纬纱。

(7) 绢丝。绢丝又称绢纺丝，是以缫丝和丝织过程中产生的废丝及疵茧(如蛾口茧、薄皮茧、烂茧等)为原料,经绢纺工艺制成的短纤维纱线。桑蚕绢丝光泽好,表面均匀洁净,强度高,可织制轻薄丝织物,也可用于针织和加工缝纫线。

(8) 䌷丝。䌷丝指利用缫丝和丝织过程中产生的屑丝、废丝及茧渣经加工处理而纺成的丝。䌷丝较粗,条干不匀,纤维短,光泽差,杂质多,强度低,但手感丰满,常用于织制绵绸。

桑蚕丝的细度表示方法:

由于桑蚕丝是家蚕吐出来的而不是机器生产的,所以每根茧丝的细度很难均匀一致,为了表示其存在差异,常用两个限制数值来表示桑蚕丝的细度,如 22.2/24.4 dtex(20/22 den)、24.4/26.4 tex(22/24 den)等,即 22.2～24.4 dtex(20～22 den)或 24.4～26.4 dtex(22～24 den)。桑蚕丝通常缫制成 22.2/24.4 dtex,柞蚕丝通常缫制成 38.9 或 77.8 dtex 两种。

桑蚕丝经纬线规格表示方式:

经纬线原料相同的表示方法:丝线线密度×并合根数　原料名称　捻度(捻向)　丝线颜色。如 22.2/24.4 dtex×2　桑丝　26 T/cm(S),表示 2 根 22.2/24.4 dtex 桑丝并合,再加 26 T/cm 的捻度,捻向为 S。

经纬线原料不相同的表示方法:(甲原料丝线线密度　原料名称＋乙原料丝线线密度　原料名称)　捻度(捻向)　丝线颜色。如(22.2/24.4 dtex　桑丝＋30.0/32.2 dtex　桑丝)　18 T/cm(Z),表示 1 根 22.2/24.4 dtex 桑丝与 1 根 30.0/32.2 dtex 桑丝并合,再加 18 T/cm 的捻度,捻向为 Z。

五、丝织物主要品种及特点

(一) 绡类

绡类一般采用平纹或假纱(透孔)组织,经纬丝线密度较小,通常都需要加捻,捻度控制在中强捻范围,是质地轻薄、透明的丝织物(图 1-43),用于制作夏季服装或丝巾、披肩等服饰。质地硬挺、孔眼清晰的绡可用作产业用丝网。绡按工艺可分为素绡、提花绡和修花绡等。素绡一般为单纯的平纹绡或在绡地上起金银丝或缎纹条。提花绡以平纹绡地为主体,提织出缎纹或斜纹、浮经组织的各式花纹图案。修花绡是指将不提花部分的经纬丝浮长修剪掉而制成的织物,如伊人绡、迎春绡等。此外,还有经烂花加工的烂花绡。

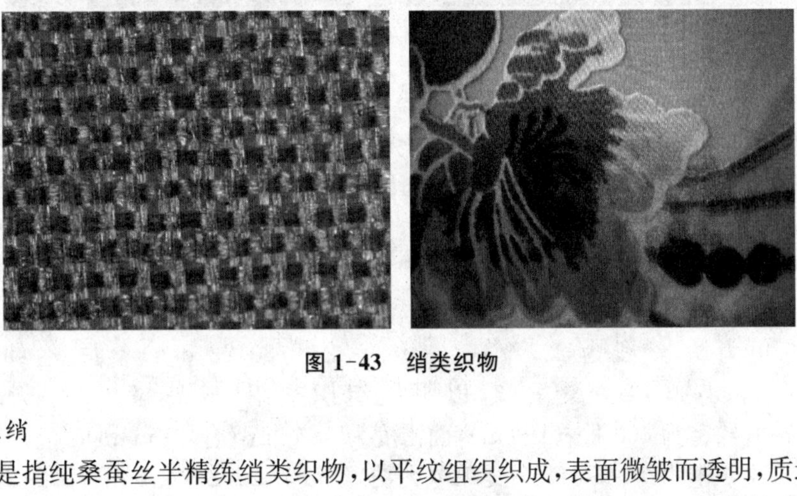

图 1-43　绡类织物

1. 真丝绡

真丝绡是指纯桑蚕丝半精练绡类织物,以平纹组织织成,表面微皱而透明,质地轻薄,手感平挺而略硬挺,面密度较低,仅约 24 g/m^2。真丝绡可以染色或印花,经树脂整理后显得薄而挺括，主要用作婚纱、礼服、戏装等服装的面料或绣品的坯料等，还可用于舞台布景、灯罩等。

2. 缎条绡

缎条绡是指平纹绡地上起缎条的织物，绡地轻薄柔软透明，缎条紧密而富有光泽，是高档丝巾和礼服面料。真丝缎条绡采用两组经纱与一组纬纱交织，甲经为中捻桑蚕丝，乙经为无捻桑蚕丝，纬纱为中捻桑蚕丝，甲经与纬纱交织成平纹，乙经与纬纱交织成8枚缎。丝棉缎条绡由桑蚕丝做经与精梳棉纱做纬交织而成，绡部轻薄、光泽柔和，缎部光亮，缎地与绡地形成较强烈的厚薄反差，手感舒适柔软。

3. 烂花绡

烂花绡以锦纶丝和有光黏胶丝交织而成，具有绡地透明、花部光泽明亮、质地轻薄爽挺的特点。60358 烂花绡有两组经线，地经甲为 22.2 dtex（20 den）单纤锦纶丝，纹经乙为 133.2 dtex（120 den）有光黏胶丝；纬线为 22.2 dtex（20 den）单纤锦纶丝。甲经与纬线交织成平纹地，乙经与纬线交织成5枚缎纹花。坯绸经精练、染色、印花、烂花、定形处理，因锦纶丝和黏胶丝具有不同的耐酸性能而花地分明。

（二）纺类

纺类是采用平纹组织，表面平整缜密，质地较轻薄的花或素丝织物，又称纺绸。一般采用不加捻的桑蚕丝、人造丝、锦纶丝、涤纶丝等为原料，也有以桑蚕丝为经、人造棉或绢纺纱为纬的交织产品（图1-44）。常见品种有平素生织的，如电力纺、尼丝纺、涤丝纺和富春纺等；也有色织和提花的，如绢格纺、彩格纺和麦浪纺等。

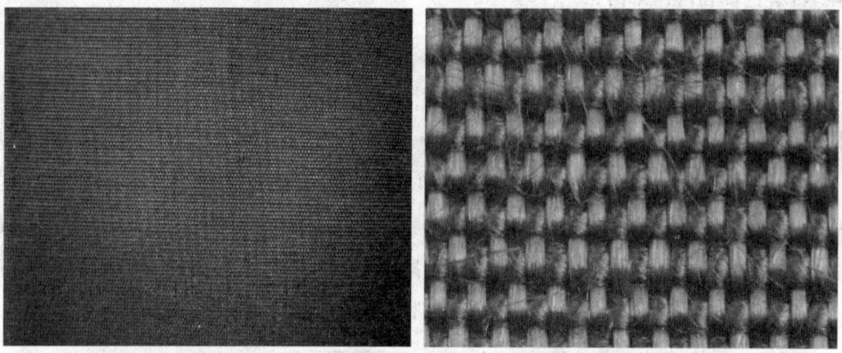

图1-44　纺类织物

1. 电力纺

电力纺最早用手工织机织造，后改用电力织机，故而得名。电力纺是平经平纬（即经纬丝均不加捻）的桑蚕丝生织绸，织后再经练染整理，是平纹组织的素织物。

电力纺有厚型与薄型之分。厚型的面密度在 40 g/m^2 以上，可达到 70 g/m^2，用于衣着；薄型的面密度在 40 g/m^2 以下，一般为 20～25 g/m^2，适宜用作头巾、绢花及高档毛料和丝绸服装的里料。

如 11209 电力纺，经线为 22.2/24.4 dtex×2（2/20/22 den）桑蚕丝，纬线为 31.1/33.3 dtex×2（2/28/30 den）桑蚕丝，以平纹组织交织，成品幅宽 91.5 cm，经密为 609 根/(10 cm)，纬密为 400 根/(10 cm)，面密度为 44 g/m^2（合 10 m/m）。

此外，还有交织电力纺，如 61153 交织电力纺，经线为 22.2/24.4 dtex×2（2/20/22 den）桑蚕丝，纬线为 83.3 dtex（75 den）或 133.2 dtex（120 den）人造丝，面密度为 51 g/m^2。

2. 绢丝纺

绢丝纺一般以 4.8 或 7.0 tex 的双股绢丝线做原料，采用平纹组织。织物表面平整，质地坚牢，绸身黏柔垂重。由于绢丝纺采用天然丝的短纤维纱线，所以绸面不如以天然长丝为原料的电力纺光滑，细看其表面有一层细小的绒毛，手感比电力纺等纺类产品丰满。

3. 尼丝纺

尼丝纺属于合纤绸类产品。经纬一般采用 77.0 dtex 的锦纶丝，以平纹组织织造而成。经热处理后，质地平挺、光滑，坚牢、耐磨，不缩水，易洗涤。除了在服装上用作里料外，还可用于制作包袋、晴雨伞等。

4. 富春纺

富春纺属于黏纤绸类。经线采用无光或有光黏胶长丝，纬线采用黏胶短纤维，以平纹组织织造而成。由于纬线较粗，所以织物表面呈现横向的细条纹。产品色泽鲜艳，手感柔软，穿着舒适、滑爽，缺点是易皱、湿强低。因其价格比真丝绸便宜很多，是价廉物美的夏季面料。

（三） 绉类

绉类织物是采用平纹、绉组织或其他组织，并利用加捻等不同的工艺条件，如经纬加强捻或经不加捻而纬加强捻、经线上机张力有差异、原料伸缩性不同等，使外观呈现明显的绉效应并富有弹性的素或花丝织物（图 1-45）。

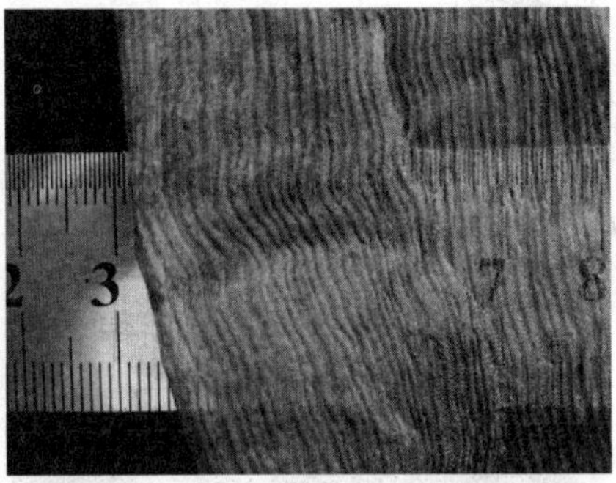

图 1-45　绉类织物

1. 乔其绉

乔其绉是以强捻桑蚕丝做经纬线的白织绉类丝织物，又名乔其纱，来自法国产品名称“geougette”。其质地轻薄透明，手感柔爽而富有弹性，外观清淡雅洁，具备良好的透气性和悬垂性。

如 10101 乔其绉，经纬均采用 22.2/24.4 dtex×2(2/20/22 den)桑蚕丝，30 T/cm(2S2Z)，用平纹组织织造而成，成品幅宽 115 cm，经密为 42.3 根/cm、纬密为 35.1 根/cm，面密度为 35 g/m^2(8 m/m)。

形成乔其绉的主要方法：经纬线均采用 2S2Z 相间排列，并配置较低的经纬密度，坯绸经过精练使扭转的纱线回复，绸面形成微凸颗粒，结构疏松。

2. 双绉

双绉是最常见、最典型的绉类丝织物，以桑蚕丝为原料，采用平经绉纬，即经线无捻，而纬线加强捻，组织为平纹。双绉手感柔软，弹性好，轻薄凉爽，但缩水率较大，用途很广，可用作衬衫、裙子、头巾、绣衣坯等。

双绉有练白、素色和印花三种。经线常用 22.2/24.4 dtex(20/22 den)、22.2/24.4 dtex×2(2/20/22 den)、22.2/24.4 dtex×3(3/20/22 den)等;纬线常用 22.2/24.4 dtex×2(2/20/22 den)、22.2/24.4 dtex×3(3/20/22 den)、22.2/24.4 dtex×4(4/20/22 den),25~28 T/cm(2S2Z)。成品幅宽为 72~117 cm,经密为 59.0~70.0 根/cm、纬密为 38.0~46.0 根/cm,面密度为 35~78 g/m^2。

3. 雪纺

雪纺是以纯桑蚕丝织成的白织绉类丝织物。其质地轻盈飘逸,手感柔软,织纹细腻,外观迷人,是妇女衬衫、连衣裙和超短裙的理想面料。

经纬均为 22.2/24.4 dtex×2(2/20/22 den)桑蚕丝,16 T/cm(2S2Z)。采用平纹变化组织。成品幅宽 114 cm,经密为 48.0 根/cm、纬密为 38.0 根/cm,面密度为 43 g/m^2(10 m/m)。

类似的雪纺是以强捻低弹涤纶丝织成的白织绉类丝织物。经纬均为 83.3 dtex(75 den)低弹涤纶丝,23 T/cm(2S2Z)。采用平纹组织。成品幅宽 152 cm,经密为 44.4 根/cm、纬密为 32.0 根/cm,面密度为 85 g/m^2。

另有用 111.0 dtex(100 den)强捻低弹涤纶丝做经线、氨纶和涤纶包缠丝做纬线的弹力雪纺。

(四) 绸类

地组织采用或混用数种基本组织和变化组织、无前述 13 类的特征的素或花丝织物,都可归入绸类(图 1-46)。

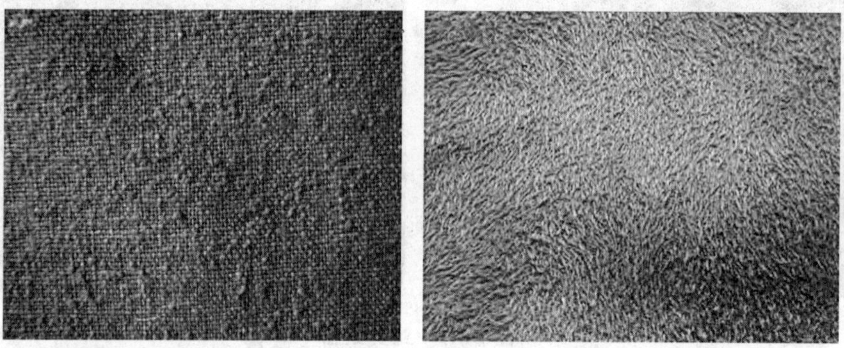

图 1-46 绸类织物

1. 绵绸

绵绸属于天然丝短纤维产品,采用平纹组织,以缫丝、绢纺和丝织过程中产生的下脚为原料,经加工后纺成较次的绢丝而织成。由于纱线中丝纤维较短、整齐度差、含蛹屑多及纱线粗细不均匀,所以绵绸表面不平整,上面有较多的杂质,手感粗糙,光泽不如其他丝绸产品。但绵绸质地厚实、坚牢,富有弹性,垂感好,手感黏柔,多次洗涤后屑点会渐渐脱落,使绸面比原来光洁,穿着时更舒适、透气,是一种价廉物美的丝织物。

2. 双宫绸

双宫绸属于高档真丝绸产品,采用平纹组织,经向采用 31.1/33.3 dtex(28~30 den)的桑蚕丝,纬向采用 2 根 111.0~133.0 dtex(100/120 den)的双宫丝,有生织与熟织之分。双宫绸的绸面不平整,经细纬粗,手感较粗糙。其纬向呈现雪花般的疙瘩状,这是双宫绸的独特风格。

3. 桃皮绒

桃皮绒是经线用涤纶丝、纬线用细旦涤/锦复合丝,坯绸经磨毛整理,绸面有明显绒感的白织绸类丝织物。织物手感柔软、蓬松，悬垂性好，质地较厚，富有弹性，色彩鲜艳。经线采用75.6 dtex(68 den)/24F 涤纶丝，纬线采用 166.7 dtex(150 den)/72F×12 涤/锦复合丝。组织采用$\frac{1}{2}$斜纹。坯绸经平幅松弛、精练退浆、预定形、染色、磨毛、柔软、拉幅定形等整理，可用作套装和夹克。

4. 麂皮绒

麂皮绒是经线或纬线用超细旦涤纶丝，绸面具有天然麂皮外观的白织绸类丝织物。手感柔软，悬垂性好，绒毛细密均匀，具有疏水效应。织物规格较多，有经向麂皮绒和纬向麂皮绒之分。纬向麂皮绒的经线常用 75.6 dtex(68 den)/72F 低弹涤纶丝或网络涤纶丝，纬线用 116.7 dtex(105 den)/36 F×37 海岛型复合涤纶丝；经向麂皮绒的经线用 116.7 dtex(105 den)/36 F×37 海岛型复合涤纶丝，纬线用 177.8 dtex(160 den)/48F 涤纶丝。组织一般采用 5 枚缎纹。

麂皮绒的原料还有用涤/锦复合丝的，经向麂皮绒的纬线也有用涤/棉纱的(称为涤/棉麂皮绒)。因为超细旦丝的线密度小于 0.1 dtex，产品设计时要控制其在织物表面的覆盖面积大于另一种纤维，以达到较好的绒感。织成坯绸后需经精练、退浆、开纤(膨化)、碱减量、柔软、拉幅、染色、磨毛等整理。

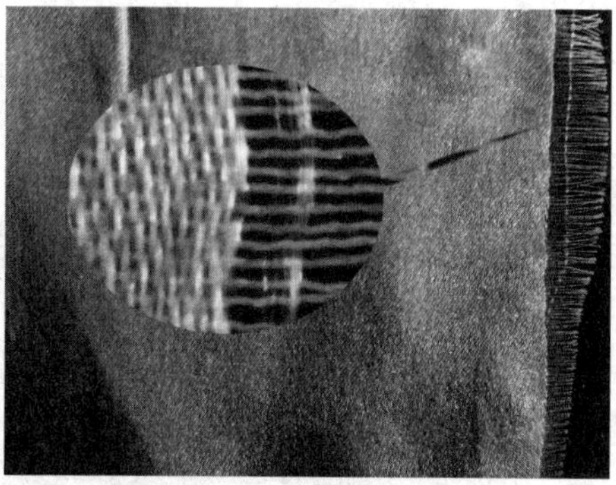

图 1-47 缎类织物

（五） 缎类

缎类是地组织全部或大部分采用缎纹而织成的素、花丝织物(图 1-47)。经丝略加捻，纬丝除绉缎外，一般不加捻。织物质地细密、柔软，绸面光滑、明亮，手感细腻。

1. 软缎

软缎品种有素软缎、花软缎和人造丝软缎、涤丝缎等。

(1) 素软缎。用 8 枚经缎组织织成，经丝用桑蚕丝，纬丝用有光人造丝，平经平纬，为生织缎类织物。精练后可染色或印花，色泽鲜艳，缎面光滑如镜，反面呈细斜纹路，质地柔软，可用作女装、戏装、高档里料、被面等。

(2) 花软缎。以 8 枚经面缎纹为地组织而织成的纬起花织物，经纬原料与素软缎相同，只是花软缎的桑蚕丝地组织上以有光人造丝提花，利用桑蚕丝与人造丝的染色性能不同，坯绸经练染后形成类似色织的效果，大多用于女装、舞台服装、童帽、斗篷、被面，是少数民族喜爱的绸缎。

(3) 人造丝软缎。经纬均采用人造丝，采用 8 枚或 5 枚经面缎纹组织织成，缎面色泽光亮而缺乏柔和感，手感稍硬，质地厚重，可染色或印花。人造丝软缎多用作锦旗、衬里、戏装、儿童服装等，由于原料的湿强较低，不宜多洗涤。

2. 绉缎

绉缎属于真丝生织绸类产品。采用 5 枚缎纹组织，平经绉纬，经丝为 2 根生丝的并合线，纬丝采用 3 根生丝合并的强捻丝，以 2S2Z 的排列投纬。织物一面平整柔滑，有细微皱纹；另一面为缎面，光滑明亮。以素绉缎为主，也有少量提花绉缎。绉缎质地紧密而坚韧，绸面平挺滑糯，穿着舒适。

3. 库缎

库缎又称贡缎，原为清代官营织造生产进贡入库以供皇室选用的织品，故而得名，是传统的全真丝熟织缎类丝织物。库缎有素库缎、花库缎之分。素库缎用8枚缎纹织造，织后经括绸处理。花库缎的缎地上有本色或其他颜色的花纹，又分为亮花和暗花两种。亮花为明显的纬丝浮于缎面而形成的花纹；暗花则是交织细腻的组织而形成的花纹，不发光。若部分花纹用金银丝挖花织造，则称为妆金库缎。库缎图案多以团花为主，多为五福捧寿、吉祥如意、龙凤呈祥等民族传统图案。织后也经括绸处理。花、地异色的又称彩库缎。库缎的经、纬紧度较大，成品质地紧密、挺括厚实，缎面平整光滑，富有弹性，色光柔和。主要用作少数民族服装面料或镶边等。

（六） 锦类

锦类是我国传统的多彩熟织提花高档丝织物。经纬无捻或加弱捻。以斜纹、缎纹组织为地，配以重经组织、经丝起经花的称为经锦，配以重纬组织、纬丝起纬花的称为纬锦，配以双层组织起花的称为双层锦。锦类织物常采用精练、染色的桑蚕丝为主要原料，也常与彩色黏胶丝、金银丝交织。锦类织物质地较丰满厚实，外观五彩缤纷、富丽堂皇，花纹精致古朴。

1. 织锦缎

织锦缎是我国传统的熟织提花丝织物，是在我国古代锦的基础上发展起来的品种，织工复杂、精巧。织锦缎的经向采用染色桑蚕丝，纬向采用染色黏纤丝，经缎地上起纬缎花。花纹的色彩通常在三种以上，有时达六七种，花纹精巧细致，光彩夺目。织物密度很高，质地紧密、厚实、平挺，手感滑糯，属于丝织物中的高档产品，可用作冬季中式服装的面料及装饰物。它的缺点是不耐磨、不耐洗。

织锦缎除了用桑蚕丝与黏纤丝交织外，还有尼龙织锦缎、黏纤丝织锦缎等产品。它们仅仅在原料上有差异，结构特点都相同。

2. 古香缎

古香缎的组织结构与织锦缎基本相同，也是经缎地上起纬缎花的熟织丝织物。它与织锦缎除了地组织设计不同外，图案设计风格也不同。织锦缎的地组织是一纬地上纹，纹样多为花卉图案；古香缎的地组织是两纬组合地上纹，花纹以亭台楼阁、风景山水为主，有古色古香的风格，多用于装饰，也可作为民族服装面料。

3. 云锦

云锦是南京地区的传统丝织物，用料考究，由金银丝和五彩丝交织而成，表面呈现出光彩夺目、富丽堂皇的花纹，望之有如天上的五彩云霞，故而得名（图1-48）。云锦在明清时较为流行，主要用作贡品。

图1-48 云锦

4. 宋锦

宋锦始创于宋代，其主要产地在苏州，经纬均采用桑蚕丝（即真丝宋锦）或黏纤丝（即人造丝宋锦），地部多为平纹或斜纹组织，花部一般为龟背纹、绣球纹、剑环纹、席地纹等四方连续纹样或朱雀、龙、凤等吉祥纹样，淳朴文雅。宋锦质地柔软，色泽光亮，花型雅致，主要用作名贵字画、高档书籍的封面装饰，也可用作服装面料（图 1-49）。

图 1-49　宋锦

5. 蜀锦

蜀锦是四川省负有盛名的传统丝织产品。蜀锦包括经锦和纬锦，常以经向彩条为基础，织出五彩缤纷的图案，多采用几何图案填花，配以明快、鲜艳的色彩（图 1-50）。图案布局严谨庄重，纹样变化简洁，典雅古朴。蜀锦品种繁多，质地坚实丰满，织纹细腻，光泽柔和，常用作高级服饰和其他装饰材料。

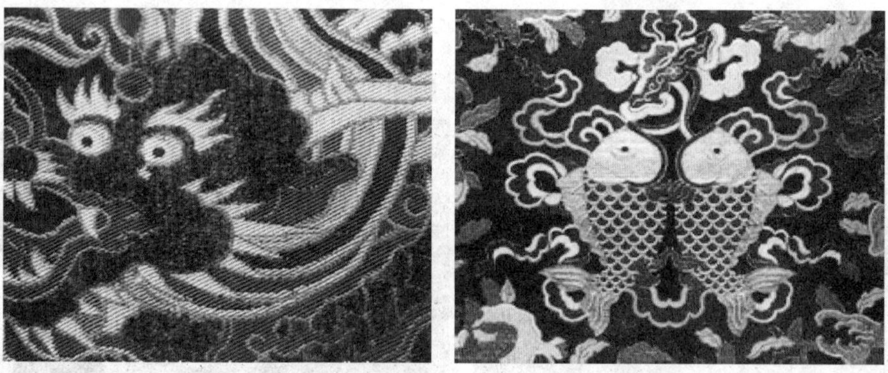

图 1-50　蜀锦

6. 壮锦

壮锦是广西壮族地区的一种精美手工艺品，采用棉纱做经、丝线做纬交织而成。其图案丰富，有梅花、蝴蝶、鲤鱼、水波纹、万字纹等，色泽对比强烈、十分浓艳，显示了壮族人民热爱生活、热爱大自然的本色。壮锦品种繁多，有花边绸、腰带绸、头巾、围巾、被面、台布、背带、背包、坐垫、床毯、壁挂、屏风等。

（七）　绢类

绢类是采用平纹或平纹变化组织，经纬丝先染成一种或几种颜色后而织成的素、花丝织物。经丝加弱捻，纬丝不加捻或加弱捻。绢类织物的特点是绸面细密、平整、挺括。

古代把采用生桑蚕丝织成的结构细密、不经精练处理的平纹织物用于绘画或抄记文献、经文及书法。在汉代以前，绢是专指麦茎色的丝织物。

1. 塔夫绸

塔夫绸又名塔夫绢，是用桑蚕丝熟织的绢类织物，原料品质较好，经纬均为染色厂丝，织物密度高，表面细洁、精致、光滑，光泽柔和，不易沾污，不宜折叠、重压。

(1) 素塔夫绸：虽然是素色，但不是用生丝织成绸坯后再经脱胶染色而成的，而是先将桑蚕丝脱胶染色即成为熟丝后再织造而成的，在外观上与染色的生织绸无明显区别，但形成过程大不相同。

(2) 闪色塔夫绸：采用不同颜色的经纬线，一般采用深色经、浅色或白色纬，形成闪色效应。

(3) 格塔夫绸：与色织的格棉布类似，经纬线都用深浅两色而形成格效应。

(4) 花塔夫绸：以平纹素塔夫为地，提出经缎花纹的丝织物。

2. 天香绢

天香绢是以桑蚕丝与黏纤丝为原料的平纹地提花熟织绸。经线用 22.2/24.4 dtex 生丝，纬线为 133.3 dtex 有光黏纤丝，起纬缎花，纬线有 2～3 种颜色，花型为满地中小散花。天香绢的绸面平整，正面平纹地上有闪光亮花，反面花纹则晦暗无光。

(八) 绫类

绫类是采用斜纹或斜纹变化组织，外观具有明显斜向纹路的素、花丝织物(图 1-51)。一般采用单经单纬，均不加捻或加弱捻。产品质地轻薄，亦有中型偏薄的，质地轻薄的可用于中国国画镶边、书籍装帧等装饰，中型偏薄的用于制作衬衫、头巾等。

图 1-51　绫类

1. 真丝斜纹绸

真丝斜纹绸又称桑丝绫，属于生织绸，分为练白、素色及印花三类。绸面有明显的斜纹纹路，质地柔软、轻薄，手感滑润、凉爽，具有飘逸感，适宜制作夏季的裙衫及围巾等，也可用作高档呢绒及真丝服装的里料。

2. 美丽绸

美丽绸属黏纤丝绸类产品。经纬均采用有光黏纤丝，组织结构与斜纹绸相同，也采用斜纹组织。绸面纹路清晰，光泽明亮，手感滑润，但比斜纹绸粗硬一些，是较好的服装里料。

3. 尼棉绫

尼棉绫属交织绸，经向采用锦纶丝，纬向采用丝光棉线。采用$\frac{3}{1}$斜纹组织，由于经纬线的色泽不同，使织物具有闪色效应。如将锦纶丝染成黑色、棉线染成红色，则形成织物正面以黑色为主闪红色、反面以红色为主闪黑色的效果。

（九） 罗类

罗类是全部或部分采用罗组织，构成等距或不等距条状纱孔的素、花丝织物（图 1-52）。若纱孔呈横条状（即与布边垂直），叫作横罗；若纱孔呈直条状（即与布边平行），叫作直罗。

罗类丝织物中最具代表性的是杭罗，主要产地在杭州一带，它的生产历史较长，产品品质较好。杭罗属真丝绸类产品，经纬均采用桑蚕土丝，以平纹和罗组织交替织造而成，绸面排列有整齐的纱孔。杭罗产品有七梭罗、十三梭罗、十五梭罗等（分别指经纱每平织七次、十三次或十五次后扭绞一次而形成纱孔），其罗纹宽度不同。

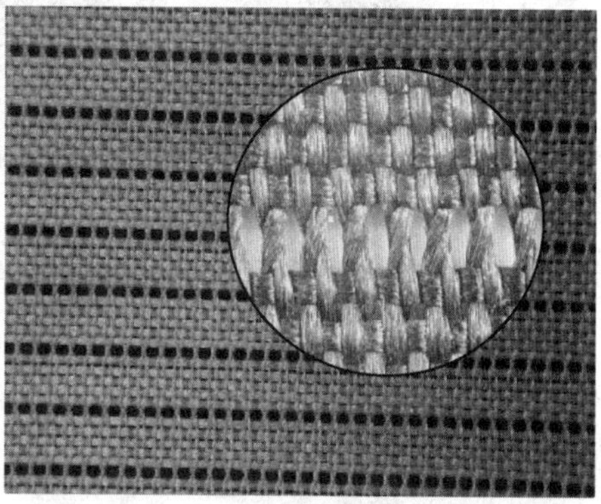

图 1-52 罗类

杭罗为生织绸，以练白、灰、藏青等素色产品为多。绸身紧密结实，质地柔软而富有弹性，多孔、透气。

（十） 纱类

纱类是采用绞纱组织，在织物表面全部或局部构成均匀分布的纱孔及不显条状的素、花丝织物。经纬可加捻或不加捻。纱类织物轻薄透明，孔眼清晰，透气性好，广泛用于窗纱、蚊帐及女装、礼服、头巾等（图 1-53）。有部分纱织物用作产业用筛网、滤料等。

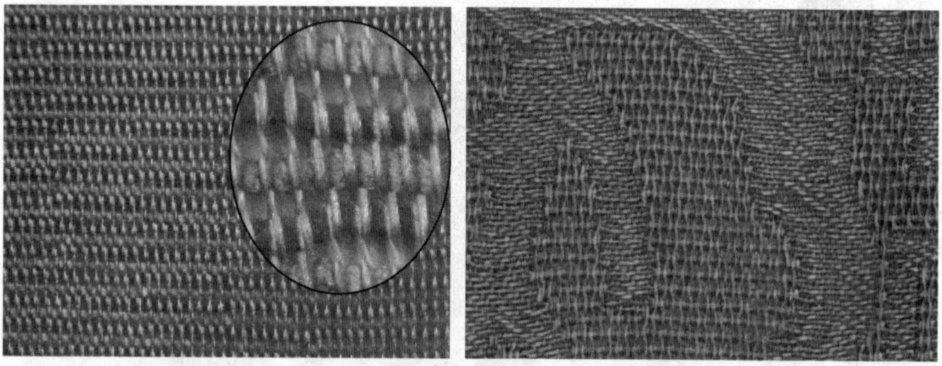

图 1-53 纱类

莨纱绸是以经薯莨汁浸渍处理的桑蚕丝生织的提花绞纱丝织物，又名香云纱或拷绸。用薯莨汁多次涂于熟坯绸上并晒干，使织物表面黏聚一薄层黄棕色的胶状物质。莨纱绸有莨纱与莨绸之分。采用在平纹地上以绞纱组织提出满地小花纹并有均匀、细密小孔眼的丝织物，经上胶晒制而成的称为莨纱；采用平纹组织的绸坯，经上胶晒制而成的称为莨绸。

莨纱绸的日晒和水洗色牢度极佳，防水性能很强，透湿散热，不黏身，穿着凉快滑爽。它的缺点是表面呈漆状光泽，耐磨性较差，揉搓后易脱落。莨纱绸是我国广东地区的特产，适宜制作炎热季节的服装。

（十一） 葛类

葛类是采用平纹、经重平或急斜纹组织，经细纬粗，经密纬疏，外观有明显均匀的横向凸条纹，质地厚实、紧密的素、花丝织物(图 1-54)。经纬原料可以相同，也可不同，一般不加捻。

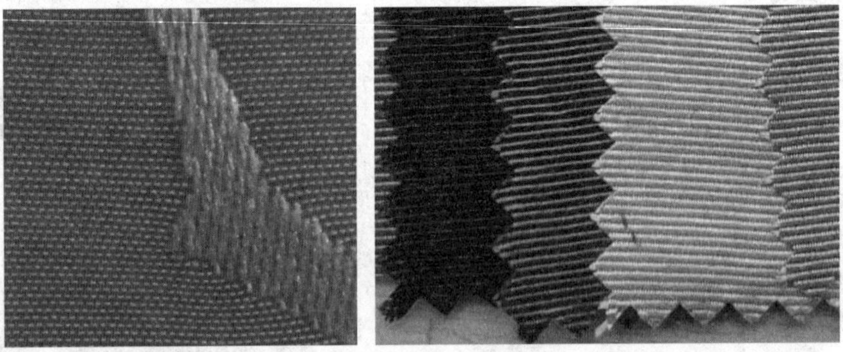

图 1-54　葛类

1. 特号葛

特号葛是平纹地上起缎花的桑蚕丝织物。经线通常采用 2 根生丝的并合线，纬线采用 4 根生丝的捻合线。绸面平整，质地柔软，坚韧耐穿，平纹地上的缎花古朴、美观。

2. 文尚葛

文尚葛是经纬用两种不同原料交织而成的丝织物。经用桑蚕丝、纬用棉纱的，为桑蚕丝文尚葛；经用黏纤丝、纬用棉纱的，为黏纤丝文尚葛。绸面有明显的细罗纹，质地厚实，色泽柔和，结实耐用。

（十二） 绨类

绨类是采用平纹组织，以各种长丝做经、棉纱做纬交织而成的质地比较粗厚的素、花丝织物。这类产品属于较低档的服饰用绸。

（十三） 绒类

绒类是采用经起绒或纬起绒组织，表面全部或局部有明显绒毛或毛圈的丝织物。织物外观华丽，手感软糯，光泽耀眼，是丝绸中的高档产品(图 1-55)。

图 1-55　绒类

1. 乔其立绒

乔其立绒是桑蚕丝与黏纤丝的交织物，为双层分割法起绒织物，以桑蚕丝做地经、地纬、黏纤丝做绒经，织成坯绸后经割绒机剖割而成为两块起绒毛的织物，最后经练染成为成品。

乔其立绒正面的绒毛丛密，绒毛短且平整，竖立不倒。产品质地柔软，光泽和顺，富丽堂皇，手感滑糯，富有弹性。多以深色为主，如宝蓝、深红、纯黑等色。

2. 烂花乔其绒

烂花乔其绒以乔其绒为坯绸，利用桑蚕丝与黏纤丝的耐酸碱性不同，对乔其绒绸坯进行印酸处理，使部分黏纤丝遇酸溶解脱落，呈现以乔其纱为底、绒毛为花纹的镂空效果。烂花乔其绒的花纹凸出，立体感强，是中式女服的极佳面料。

（十四） 呢类

呢类是采用或混用基本组织和变化组织，采用比较粗的经纬线，或经用长丝、纬用短纤纱，表面粗犷而不光亮，质地丰厚似呢的丝织物。经纬加捻或不加捻均可。

六、丝织物生产主要工艺流程

生坯与熟坯丝织物的区别在于织物的经纬原料是否经过练染加工，还可以分为平素与提花织物，它们的生产工艺流程不同。一般熟织物有成绞（或松式筒子）、染色、再络等工序，而生织物没有这些工序。提花织物有纹织、装造等工序，而平素织物的装造简单，无纹织工序。原料不同，加工工序也不同，如桑蚕丝需要浸渍，人造丝、合纤丝加弱捻或无捻时做经需要浆丝，柞蚕丝既要蒸丝也要浆丝。

（一） 桑蚕丝纺类织物

如 11207 电力纺，经组合为 22.2/24.4 dtex×2(2/20/22 den)桑蚕丝，纬组合为 22.2/24.4 dtex×2(2/20/22 den)桑蚕丝，为生坯纺类素织物。其工艺流程如下：

经向：原料检验→浸渍→络丝→整经（双牵）→穿结经 ⎫
纬向：原料检验→浸渍→络丝→并丝→精密络筒 ⎭ 织造→检验

（二） 桑蚕丝绉类织物

如 12102 双绉，经组合为 22.2/24.4 dtex×2(2/20/22 den)，纬组合为 22.2/24.4 dtex×4(4/20/22 den)桑蚕丝，23 T/cm，2S2Z，属于生坯绉类素织物。其工艺流程如下：

经向：原料检验→浸渍→络丝→整经（双牵）→穿结经 ⎫
纬向：原料检验→浸渍→络丝→并丝→捻丝→定形→精密络筒 ⎭ 织造→检验

（三） 合纤丝织物

如 21171 尼丝纺，经纬组合均为 77.8 dtex(70 den)锦纶丝，属于生坯纺类素织物。其工艺流程如下：

经向：原料检验→整经→浆丝→穿综穿筘 ⎫ 织造→检验
纬向：原料检验 ⎭ （喷水）

（四） 桑蚕丝熟织物

如 12301 素塔夫绸，经组合为[22.22/24.44 dtex(2/20/22 den)×8 T/cm×2]×6 T/cm 熟桑蚕丝，纬组合为[22.22/24.44 dtex(2/20/22 den)×6 T/cm×3]×6 T/cm 有色熟桑蚕丝，属于熟坯绸类素织物。其工艺流程如下：

经向：原料检验→浸渍→络丝→单捻→并丝→复捻→定形→成绞→染色→色泽分档→再络→整经→穿结经

纬向：原料检验→浸渍→络丝→单捻→并丝→复捻→定形→成绞→染色→色泽分档→再络

} 织造→检验

◆ 设计理论积累——纰裂的原因及改善措施

纰裂是指服装在穿着过程中受到外力的作用，使织物中的经纬丝相对于其原来位置产生滑移、歪斜或开裂而露底的现象。其原因及改善措施：

(1) 经密太大而纬密太小，导致经纬密差异太大。可通过减小经密或改用细纬丝并增加纬密来加以改善。

(2) 经纬采用表面摩擦因数小(即表面较光滑)的长丝纤维，使经纬丝之间易产生相对滑移。可通过对经纬丝加捻来增加丝线间的摩擦或将纬丝改用短纤维纱线、花式线等来加以改善。

(3) 织物组织结构不合适。缎纹织物单位长度内的丝线交织次数少，经纬丝滑移所受的阻力较小，容易产生纰裂。平纹织物就不易纰裂。改善措施是增加或减少组织点。

(4) 经纬丝上机张力配置不当。经丝上机张力过小，经丝易沿纬丝方向滑移；反之，纬丝沿经丝方向滑移(图 1-56)。

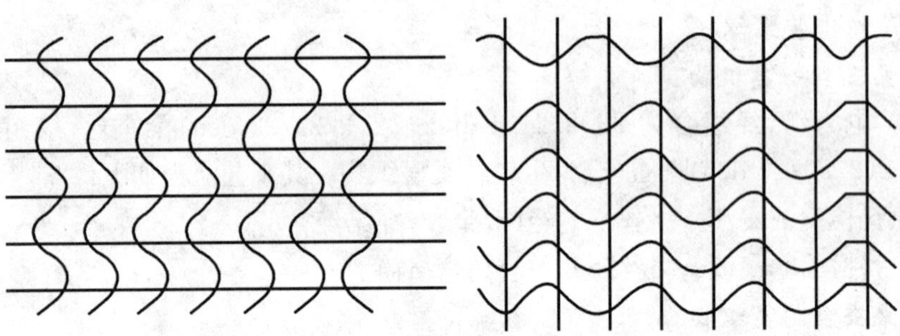

图 1-56　上机张力配置不当引起经纬丝滑移

(5) 后处理不当。如纬向拉幅过大，则经丝易沿纬向产生滑移。涤纶仿真丝织物经碱减量处理后，丝与丝之间的间隙增大，交织阻力减小而易产生纰裂。解决办法一是适当加大设计密度，二是进一步研究后处理工艺。

任务四　麻织物识别

知识点： 1. 麻纤维与麻织物的特点。
2. 麻织物的主要品种和主要生产工艺。

技能点： 1. 能够根据麻织物的特点对麻织物进行识别。
2. 能够描述各类麻织物的特征和主要生产工艺。

◆ 情境引入

某纺织企业设计室的设计员接到任务，对常用的麻织物商品进行调研，并整理调研结果，为产品开发提供参考。由此引出学习任务：针对教师提供的各种麻织物，学生能够分析其类别、主要风格特征和主要生产工艺。

◆ 相关知识

一、麻纤维与麻型织物

麻纤维是人类最早用于衣着的纺织原料，品种很多，是从各种麻类植物上获得的纤维素纤维，并与果胶等物质伴生在一起。要获得可利用的麻纤维，必须使纤维从胶质中分离出来，即进行脱胶。麻纤维具有吸湿、散湿快、断裂强度高且湿强更高、断裂伸长率极低、化学稳定性与棉相似(较耐碱而不耐酸)等特点。

麻型织物既包括用麻纤维加工而成的织物，也包括麻纤维与其他纤维混纺或交织的织物，以及在外观、风格和性能上与麻织物相仿的化纤织物。

二、麻织物特点

(1) 天然纤维中，麻纤维的强度最高，其湿态强度比干湿态强度高20%～30%。各种麻织物中，苎麻织物的强度最高，亚麻、黄麻、汉麻、罗布麻等织物次之。因此，各种麻织物均较坚牢耐用。

(2) 麻织物的吸湿性极好，且散湿速度快。因此，麻织物制成的夏季衣物穿着干爽，与人体接触舒适。

(3) 麻纤维的长度整齐度差，集束纤维多，成纱的条干均匀度差，制成的织物表面有粗节纱和大肚纱，这种特殊的疵点构成了麻织物的独特风格。

(4) 本白或漂白麻织物具有天然乳白或淡黄色，各种染色麻织物也具有独特的色调及外观风格，具有自然纯朴的美感。

(5) 麻织物具有较好的耐腐蚀性，不霉烂、不虫蛀。

(6) 麻织物具有较好的耐碱性，但在热酸中易损坏、在浓酸中易膨润溶解。

(7) 麻织物的刚性较大，断裂伸长小，弹性不佳，易折皱，且折皱回复率低。

(8) 麻织物的面密度差异大，最精细的织物，面密度仅为42.87 g/m^2，如湖南马王堆汉墓出土的夏布；最粗糙的织物，面密度达500～600 g/m^2，如麻袋布。

三、麻织物分类

(一) 按使用原料分

按原料分，我国麻类作物可归纳为八大类，即苎麻、亚麻、黄麻、洋麻、苘麻、汉麻、剑麻、蕉麻。相应地，麻纤维也有八类。此外还有野生的胡麻与罗布麻纤维等。按这些麻纤维各异的特性，采用四种不同的工艺设备系统，纺制成四类不同的麻纺织品。

(1) 苎麻纺织品。苎麻的单纤维长度很长，最长可达600 mm，但长度整齐度极差，平均长度仅约 60 mm。苎麻可以采用单纤维纺纱，但在纺纱过程中必须进行切断或拉断加工，并通过精梳工序去除短纤维，以改善其可纺性。

(2) 亚麻纺织品。亚麻和汉麻的单纤维长度约 20 mm，不能采用单纤维纺纱，需先进行半脱胶，形成纤维束后再进行纺纱。

(3) 黄麻纺织品。黄麻、洋麻、苘麻的纤维长度更短，只有 2～5 mm，也不能采用单纤维纺纱，需借助胶质粘连成纤维束再进行纺纱。

(4) 叶纤维纺织品。剑麻、蕉麻属于叶纤维，纤维束更粗，主要用于生产麻袋、绳缆和铺地织物。

(二) 按外观色泽分

(1) 原色麻织物。用未经漂白而带原麻天然色素的麻纤维织成的麻织物。

(2) 漂白麻织物。经过漂练加工而成的本白或漂白麻织物。

(3) 染色麻织物。麻坯经漂练后进行染色加工而成的麻织物。

(4) 印花麻织物。经手工或机器印花加工而成的麻织物。

四、常见麻及麻型织物的风格特征

(一) 苎麻织物

1. 夏布

夏布是通过手工把半脱胶的苎麻撕劈成细丝状，并捻绩成纱，然后再织造而成的苎麻织物，是中国的传统纺织品之一，因专供夏令服装和蚊帐使用而得名。夏布以黑色和漂白为主，也有染色和印花的，多采用平纹组织。因采用土纺土织，故幅宽不等，一般为 36～315 cm，品质也参差不齐，有透气散热、挺爽凉快的特点。

2. 纯苎麻布

纯苎麻布的经纬纱线密度在 14.3 tex 以上(70 公支以下)，属细布类。典型品种为 27.8 tex×27.8 tex(36 公支×36 公支)和 18.5 tex×18.5 tex(54 公支×54 公支)的平纹、斜纹或小提花织物，大多是漂白布，也有浅色和印花布。纯苎麻布具有良好的服用和卫生性能，尤其适用于夏季服装，抽纱绣品(如床单、被套、台面等)也常以其为基布；缺点是易起皱、不耐曲磨。

3. 爽丽纱

爽丽纱为纯苎麻细薄型织物，因其单纱挺爽、薄如蝉翼，且有丝般光泽而得名，为麻织物中的名贵产品。经纬纱线密度为 10.0～16.7 tex(100～60 公支)。苎麻纤维毛羽多而长、伸长小、不耐磨等，因此加工困难。为改善可纺性，通常采用水溶性维纶与苎麻混纺，织成织物后再经水洗处理而得到纯苎麻薄型织物。该织物主要用作高档衬衣、裙料及抽绣、台布、茶巾、窗帘和其他装饰织品。

4. 麻混纺织物

长苎麻(90～110 mm)混纺织物大多采用苎麻与涤纶或羊毛、黏胶纤维、腈纶混纺。涤/麻混纺织物的常见混纺比为 65∶35、45∶55、40∶60，具有手感柔软、弹性好、不易起皱等特点，俗称麻的确良。涤/麻派力司是按精梳毛织物派力司的花型设计的涤/麻织物，还有涤/毛/麻派力司，既具有毛织物的外观色泽、平整布面和滑糯手感，又具有麻织物吸湿快干、挺括凉爽、易洗快干的优点，能改善化纤织物的闷热感。

中长苎麻(50～65 mm)混纺织物的主要产品是涤/麻(麻/涤)混纺花呢，是指采用苎麻精梳落麻或中长型精干麻与中长型涤纶纤维在中长纺纱设备上纺成纱线而织成的中厚型织物，大多设计成隐条、明条、色织小提花。其他含麻中长纤维织物是在涤/黏、涤/腈、腈/黏、腈/毛、兔毛/羊毛等中长化纤混纺织物中掺入低比例的苎麻纤维而织成的，也具有麻织物风格。

短苎麻(40 mm)混纺织物主要与棉混纺，也有与短毛、涤纶混纺的，主要有棉/麻(50/50)及棉/麻(75/25)两种，手感较滑爽、透气性好、有身骨、布面平整，条干不匀等疵点较纯苎麻织物有明显改善。

5. 苎麻交织物

苎麻交织物主要是苎麻和棉的交织物，其织造工艺与纯棉织物基本相同，多为中高线密度纱织物，以平纹组织为主，质地细密、坚牢耐用，比纯麻织物柔软。

（二） 亚麻织物

亚麻织物是以亚麻纤维为原料的织物。现代胡麻、汉麻织物等，因其规格、特性、工艺与亚麻织物相近，也归入此类。亚麻织物吸湿、散湿快，断裂强度高，断裂伸长率低，防水性好，光泽柔和，手感较松软，可用作服装、装饰、国防和工农业特种纺织品。

亚麻织物分为亚麻细布、亚麻帆布和亚麻油画布三大类。

1. 亚麻细布

亚麻细布泛指用低中线密度亚麻纱织造的纯麻织物及与其相当的麻/棉交织物、麻/涤混纺织物、麻/绢混纺织物、毛/麻混纺织物等(图 1-57)。亚麻细布具有竹节风格，光泽柔和，织

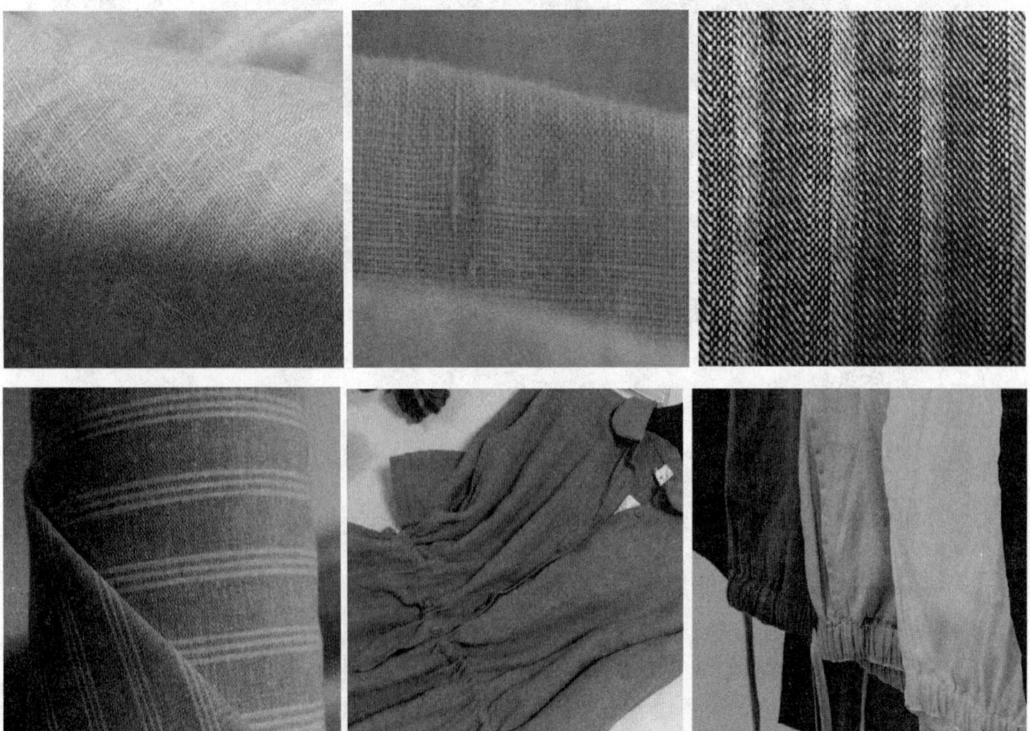

图 1-57　亚麻细布及其服装

物细密、轻薄、挺括，手感滑爽，吸湿、透气。亚麻细布有黑色、酸洗、印花、色织等品种。通常，经纬纱采用同一线密度。织造时，紧度不宜大。可通过后整理来增加其紧度，改善织物的尺寸稳定性。多采用平纹组织，也可用变化与提花组织。黑色亚麻布经酸洗后手感柔软，布面光洁平滑。

外衣用亚麻细布的用纱较粗，通常在 70 tex 以上，面密度为 250～400 g/m^2，组织有平纹、人字纹，外观有隐条、隐格等。内衣用亚麻细布的用纱较细，一般在 40 tex 以下，面密度常在 170 g/m^2 以下，常用平纹组织。

2. 亚麻帆布

亚麻帆布一般用干纺短麻纱织制，可用作苫布、帐篷布。亚麻苫布、帐篷布均较厚重，具有透气性能好、撕破强力高等特点(图 1-58)。经纱常用 160～180 tex，纬纱常用 300 tex，以经重平组织织制。紧度是拒水苫布的关键指标，织物经向紧度约 110%，纬向紧度约 60%。除上述两种外，亚麻帆布还有地毯布、麻衬布、橡胶布和包装布等。

3. 亚麻油画布

亚麻油画布的经纬常采用 120～200 tex 的干纺亚麻纱，以平纹组织织制，要求布面平整，只进行干整理、剪毛与轻轧光等后处理，因其具有强度高、不变形、易上油等特点而成为油画布中最好的品种(图 1-59)。

图 1-58　亚麻帆布

图 1-59　亚麻油画布

(三) 黄麻织物

1. 麻袋

麻袋是黄麻织物中的大众产品，经纱常用 333.3 tex×2 股线，纬纱为 666.7 tex 单纱，组织多为双经平纹，用于装载小颗粒物品时则采用双经$\frac{2}{1}$斜纹组织(图 1-60)。用黄麻麻袋盛装粮食等物品，临时受潮能很快散发，从而起到保护作用。

2. 地毯底布

地毯底布用作簇绒地毯的主底布和次底布，也用作其他地毯的黏合底布，经纬纱线密度一般在 285.7 tex 以下，以平纹织成，织物细薄，组织紧密，幅宽为 3 m 甚至 5 m 以上(图 1-61)。

黄麻织品具有吸湿性良好、抗菌防霉、抗紫外线、易降解等特点，但是长时间受潮或经常洗涤，未脱尽的一部分胶质会分解殆尽，暴露出长度仅 2～5 mm 的单纤维，从而完全丧失强度。

图 1-60　黄麻麻袋

图 1-61　黄麻地毯底布

黄麻浆纤维是利用类似黏胶的生产工艺，以黄麻为原料纺制的黏胶纤维，除了具有普通棉浆黏胶纤维的特性外，还保留了天然麻纤维的抗菌抑菌、吸湿排汗、易染色及可生物降解的性能，是一种差别化、功能化的黏胶纤维产品，具有广阔的市场前景。

（四）汉麻织物

汉麻是麻纤维中较细的一种，其单纤维的中段平均细度约为苎麻的 2/3，接近于棉。纤维顶端呈钝圆形，没有亚麻、苎麻那样尖锐的顶端。因此汉麻纺织品不具有其他麻纤维织品的粗硬和刺痒感，穿着舒适柔软。汉麻纯纺的可纺性差，故多与其他纤维混纺、交织，以提高其可纺性及其制品的服用性能。汉麻纤维可制织麻/棉、涤/麻、毛/麻、涤/毛/麻等混纺织物。

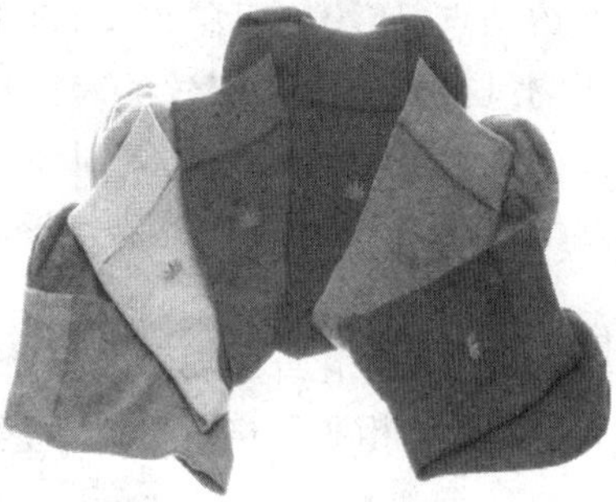

图 1-62　汉麻袜子

汉麻织物首先具有麻的吸湿快干、抗静电等特征。此外，汉麻纤维的横截面为不规则的三角形、多边形，分子结构为多棱状，较松散，故其制品对光波、声波有很好的消散作用。经中国科学院物理所检测，汉麻织物无需特别整理即可屏蔽 95%以上的紫外线。同时，汉麻纤维具有抗霉抑菌作用，因为汉麻作物在生长过程中无需任何化学药物，自身可抵御病虫害，是典型的绿色环保作物。汉麻纤维还有很好的吸音性和耐热性，能经受 370 ℃的高温。因此，汉麻纺织品除了用于服装外，还可用于室内装饰，如图 1-62 所示的汉麻袜子。

（五）罗布麻织物

罗布麻纤维是一种野生植物纤维，具有优良品质。除了具有吸湿透气性好、强度高等麻类纤维的共性外，它还具有丝一般的光泽，纤维线密度较其他麻纤维低，而且没有其他麻纤维的刺痒感。尤其可贵的是，罗布麻纤维的化学成分中含有强心甙、黄酮、氨基酸等，其药用价值高，是治疗高血压、心脏病的一种中草配料。因此，罗布麻织物对人体有保健作用，可稳定血压、控制气管炎和保护皮肤等。以罗布麻纤维为原料开发的床单产品，迎合了人们日益追求的兼具舒适性和保健性的需求（图 1-63）。

图 1-63　罗布麻床品

（六）仿麻织物

由于受原料来源的限制，而且麻的可纺性差，麻织物的生产较少，无论在数量上还是在花色品种上，都远远不能满足市场的需求，因此，仿麻织物应时而生。仿麻织物就是利用其他天然纤维或化学纤维开发的具有麻织物风格的织物。图 1-64 所示均为仿麻织物。

图 1-64 仿麻织物

根据麻织物的特点，开发仿麻织物一般从以下方面着手：

1. 化纤原料仿麻——仿麻丝

用两种熔点和热收缩率的合纤丝，合并加捻后经热湿处理，使熔点低、热收缩率小的合纤丝产生微熔，并沿长度方向卷绕在熔点高、热收缩率大的合纤丝的周围，从而形成卷曲，使两种合纤丝之间的空隙增大，织物透气性好；因存在熔结点，使织物手感挺爽，即麻织物风格。这种仿麻丝的表面摩擦因数大，不易滑移，加工时不易起毛勾丝，故不需要加捻或上浆。

2. 花式线仿麻

采用普通化纤原料制成强捻疙瘩纱、长竹节纱等，模仿麻纤维纱线的条干不匀，使织物具有麻织物的粗犷风格及挺爽手感。

3. 组织仿麻

将平纹、重平、绉组织、透孔组织等随机组合，如类似树皮纹理的绉组织可增强织物的仿麻风格；使用透孔组织与纱罗组织，能增强织物的透气性，并使织物具有高档感。在平纹组织上点缀少量经或纬重平组织，并且呈不规则排列，是比较典型的仿麻风格组织，常称作乱麻组织，其连续浮长一般不超过 3。

4. 色泽仿麻

麻织物具有天然黄色或乳白色，将仿麻色的色纱搭配使用可得到仿麻效果。现有一种仿麻丝，是普通涤纶与阳离子涤纶的混纤丝，织成织物后以阳离子染料染色，可染成仿麻色，具有麻织物的外观。

五、麻织物生产主要工艺流程

麻织物的织造、染整工艺与其他纤维织物大致相同，但纺纱工艺有所不同。

由于生麻含有大量胶质和其他杂质，纺纱加工前必须经过初加工以去除胶质，制成柔软松散的熟麻。麻纤维的种类不同，脱胶的要求和方法也不同。通常，苎麻采用全脱胶的方法；亚麻、黄麻、洋麻以工艺纤维作为纺纱原料，纤维之间需要胶质来维持束纤维的胶合状态，故一般只需进行半脱胶。苎麻原麻经脱胶处理得到全麻纤维，称为精干麻。亚麻原麻经脱胶处理得到束纤维，也称为精干麻。

（一） 苎麻纺纱工艺流程

苎麻可采用单纤维纺纱。由于纤维长度差异较大，故苎麻纺纱根据纤维长度可分为长纤维纺纱和短纤维纺纱。

1. 苎麻长纤维纺纱工艺流程

苎麻长纤维一般采用精梳毛纺或绢纺纺纱系统，并对设备进行部分改进。常用的苎麻长纤维纺纱工艺流程如下：

精干麻→机械软麻→给湿加油→分磅→堆仓→扯麻、开松→梳麻→预并理条→直型精梳→并条→粗纱→细纱→后加工→苎麻纱线。

2. 苎麻短纤维纺纱工艺流程

苎麻短纤维纺纱主要在棉纺设备上进行，也有在中长设备和细丝纺设备上纺制麻棉混纺纱的。

在纺棉或中长设备上纺制麻/棉混纺纱，有两种工艺，即条混工艺和纤混工艺。条混是指麻和棉纤维分别成条、再进行混合的纺纱工艺。纤混是指先将麻纤维与棉纤维按一定比例混合、再进行纺纱的工艺，其工艺流程如下：

短麻、原棉→混合→开清棉→并条→粗纱→细纱→后加工→麻棉混纺纱。

（二） 亚麻纺纱工艺流程

亚麻采用工艺纤维（纤维束）纺纱。亚麻纺纱按纺纱方法不同可分为湿法纺纱和干法纺纱，根据工艺纤维的长度则可分为长麻纺纱和短麻纺纱。

干法纺纱的工艺流程较短，可直接由并条的麻条在环锭细纱机上纺成细纱。

湿法纺长麻纱的工艺流程如下：

亚麻打成麻→给乳与养生→手工分束→亚麻栉梳→梳成长麻→成条→并条→长麻粗纱→粗纱煮练与漂白→湿纺细纱→干燥→络筒→长麻纱。

湿法纺短麻纱的工艺流程如下：

亚麻打成麻→给乳与养生→手工分束→亚麻栉梳→梳成短麻→混麻加湿→养生→联合梳麻→预并条→再割→预并条→精梳→并条→短麻粗纱→粗纱煮练与漂白→湿纺细纱→干燥→络筒→短麻纱。

（三） 黄麻纺纱工艺流程

黄麻纺纱工艺流程如下：

原麻→配麻混麻→软麻→给湿加油→堆仓→梳麻→并条→细纱→麻纱。

此工艺流程主要生产麻袋、包装布产品用的黄麻、洋麻纱线。

◆ 设计理论积累——混料设计

纤维原料是纺织产品质量的基础，但并不是用高档原料就一定能做出好产品，而要针对产品的风格特征选用合适的纤维原料。纤维原料的细度对产品质量的影响虽然很大，但产品设计人员不能片面追求细度，而要全面综合地考虑纤维原料的各种特性（如细度、白度、含杂率、弹性、柔软度等）。

利用化学纤维特别是合成纤维与天然纤维混纺，可取长补短，提高纺织品使用性能。混纺纱的性质取决于各纤维组分的性能及其混纺比。

（一）各纤维组分在成纱截面内的径向分布

纤维径向分布的概念是由纤维的混合应用引出的。在混料时，有的纤维易分布在内层，有的易分布在外层。纤维在纱线截面内的径向分布与纤维性状和加工工艺条件有关。

1. 纤维性状

纤维长度：长纤维两端容易被握持，在纺纱张力作用下受到的力大，向心压力也大，所以易分布在纱的内层，而短纤维易分布在外层。

纤维细度：较细的纤维容易弯曲，在向心力作用下容易向内转移而分布在纱的内层，粗纤维则容易分布在外层。

纤维卷曲和表面状态：表面摩擦因数大的纤维不易向内转移而分布在纱的外层。

纤维的初始模量和截面形状也会影响纤维的分布，但影响程度较小。

2. 加工工艺条件

当纱线捻度和纺纱张力大时，纤维容易发生内外转移。

在混纺纱中主动运用纤维在纱线中的径向分布规律，可得到较理想的产品性能和经济效益。化纤与天然纤维混纺时，化纤应选择较细较长的，使化纤尽量分布在纱的内层，天然纤维分布在外层。

（二）混料时各纤维组分含量与成品中纤维组分含量的关系

在纺纱、织造及染整过程中，纤维会因各种原因产生损耗，而不同纤维的损耗是不同的，从而导致混纺时各纤维组分含量与成品中各纤维组分含量不相等。如抱合性好的纤维损耗小，抱合性较差的纤维损耗大；短纤维的损耗比长纤维大，强度低的纤维损耗比强度高的纤维大。

项目练习题

1. 棉、毛、丝、麻织物各有哪些典型特征？
2. 举例说明棉、毛、丝、麻织物中的平纹织物。
3. 举例说明棉、毛、丝、麻织物中的斜纹织物。
4. 哔叽、华达呢、卡其有何异同？
5. 横贡缎与直贡缎的异同点是什么？
6. 府绸有哪些突出特点？
7. 绉布和泡泡纱的形成原理是什么？
8. 灯芯绒的绒毛固结方法有哪些？
9. 在服装等纺织品的商标中，符号 C、T、SP、Md 分别代表什么？
10. 毛织物按表面状态如何分类？
11. 毛织物后整理由哪两大部分组成？
12. 混色纱采用什么染色方法？
13. 毛织物按纺纱工程可分为哪几类？
14. 电力纺、绉缎、双绉各有什么特点？
15. 仿麻织物可从哪几个方面进行设计？
16. 斜纹织物欲得到清晰的纹路，经纬纱的捻向应如何配置？
17. 什么是麻纱，有什么特点？

模块二

平素小花纹织物设计

项目二

平素小花纹织物仿样设计

任务一 简单坯布与匹染织物仿样设计

知识点： 1. 简单坯布与匹染织物样布分析。
2. 简单坯布与匹染织物工艺规格设计步骤。
3. 简单坯布与匹染织物工艺规格计算方法。

技能点： 1. 会分析简单坯布与匹染织物，会选择纱线进行仿样设计。
2. 能够设计简单坯布与匹染织物规格及上机工艺。
3. 能够编制简单坯布与匹染织物工艺单。

◆ 情境引入

客户来样为服装用简单匹染织物，按要求的布幅和匹长，进行仿样设计。

◆ 任务分析

对本色棉织物进行仿样设计，应完成以下工作：

(1) 分析经纬纱原料。

(2) 测算经纬纱线密度和织物密度。

(3) 分析经纬纱结构。

(4) 测算经纬纱织缩率。

(5) 分析织物组织、客户要求布幅的主要规格。

(6) 计算上机工艺参数，完成生产工艺单设计。

◆ 做中学、做中教

教师与学生共同完成几种面料的仿样设计，边做边学、边做边教。

案例一:棉型织物(图 2-1)

任务:要求坯布幅宽 160.5 cm,匹长 90 m。

图 2-1 棉型织物

1. 织物正反面、经纬向识别

判断依据:正面的斜纹纹路清晰,经密较大,经向有布边。

2. 纱线鉴别

通过观察和分析,发现经纬纱都是股线,给纱线施加 Z 捻若产生退捻则股线为 S 捻,单纱为 Z 捻。取 1 根纱线与 1 根 59.1 tex(10^S)棉纱比较,前者明显比后者细,取 3 根纱线与 1 根 59.1 tex(10^S)比较,两者的粗细非常接近,推算经纬纱为 19.7 tex(30^S),因为是 2 股,所以表示为 9.8 tex×2(60^S/2)。

观察织物表面,光泽柔和,有细短绒毛,燃烧纱线有烧纸味,并且灰烬呈灰白色絮状,初步判断纱线原料为纤维素纤维;再通过显微镜进一步观察,发现纱线中纤维纵向有转曲,判断纱线原料为棉纤维。

3. 织物组织分析

观察织物表面有明显斜纹路,初步判断组织为斜纹,再经过拆纱法分析,确定组织为$\frac{2}{2}$右斜纹。

4. 织物密度分析

采用间接分析法,沿纬向 60 个组织循环的长度为 4.2 cm,则坯布经密为$\frac{60\times4}{4.2}\times10\approx$571.4 根/(10 cm),即$\frac{60\times4}{4.2}\times2.54\approx145.1$ 根/英寸;沿经向 32 个组织循环的长度为 3.85 cm,则坯布纬密为$\frac{32\times4}{3.85}\times10\approx332.5$ 根/(10 cm),即$\frac{32\times4}{3.85}\times2.54\approx84.4$ 根/英寸。

5. 坯布规格与缩率确定

客户要求坯布布幅为 160.5 cm、匹长 90 m。此面料类似卡其类织物,各种缩率可以先根据类似品种估算,取经向织缩率 8.5%、纬向织缩率 3%、坯布下机长度缩率 4%。

6. 匹长、幅宽和密度计算

$$整经匹长=\frac{坯布匹长}{1-经向织缩率}=\frac{90}{1-8.5\%}\approx98.4\text{ m}$$

$$初算上机幅宽=\frac{坯布幅宽}{1-纬向织缩率}=\frac{160.5}{1-3\%}\approx165.5\text{ cm}$$

上机经密=坯布经密×(1−纬向织缩率)=571.4×(1−3%)≈554.3 根/(10 cm)

上机纬密=坯布纬密×(1−坯布下机长度缩率)=332.5×(1−4%)=319.2 根/(10 cm)

7. 筘号计算

$$公制筘号=\frac{上机经密}{筘齿穿入数}=\frac{554.3}{4}\approx138.6，取 138 齿/(10\text{ cm})$$

8. 经纱根数

$$总经根数=\frac{坯布经密\times坯布幅宽}{10}=\frac{571.4\times160.5}{10}\approx9171，修正为\ 9172\ 根$$

$$边经根数=\frac{边经密(同内经密)\times边幅宽}{10}=\frac{571.4\times0.7}{10}=39.998，取\ 40\times2=80\ 根$$

9. 穿综与纹板

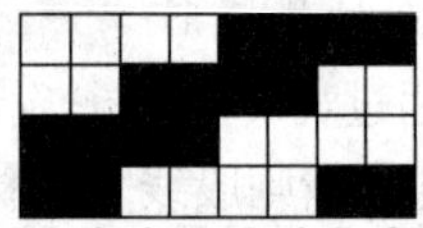

1 2 3 4 5 6 7 8

图 2-2 纹板图

初步确定内经采用 4 片综顺穿，边经用第 1、3 片综，则第 1 片综穿入的经纱根数＝9172/4＋40＝2333。

一般，纱线越粗，综丝密度越小，综丝密度$=\frac{每片综上的综丝数}{筘幅+2\ cm}=\frac{2333}{165.5+2}\approx13.9$ 根/cm＞12，故调整为 8 片综，纹板图如图 2-2 所示，穿综顺序：内经 1，3，5，7，2，4，6，8；边经 1，2，5，6。

10. 用纱量估算

$$\begin{aligned}经纱用量&=\frac{经纱线密度(tex)\times总经根数\times(1+自然缩率与放码损失率)}{10^3\times(1+经纱总伸长率)\times(1-经向织缩率)\times(1-经向回丝率)}\\&=\frac{9.84\times2\times9172\times(1+1.25\%)}{10^3\times(1+1.2\%)\times(1-8.5\%)\times(1-0.5\%)}\\&\approx200.13\ g/m\end{aligned}$$

$$\begin{aligned}纬纱用量&=\frac{纬纱线密度(tex)\times坯布纬密\times上机幅宽(cm)\times(1+自然缩率与放码损失率)}{10^4\times(1-纬向回丝率)}\\&=\frac{9.84\times2\times332.5\times165.5\times(1+1.25\%)}{10^4\times(1-0.8\%)}\approx110.53\ g/m\end{aligned}$$

$$织物用纱量=经纱用量+纬纱用量=200.13+110.53=310.66\ g/m$$

11. 填写工艺规格单

表 2-1 工艺规格单

织物基本规格	线密度	经纱(tex)	9.8×2	
		纬纱(tex)	9.8×2	
	经密	坯布(根/10 cm)	571.4	
		上机(根/10 cm)	554.3	
	纬密	坯布(根/10 cm)	332.5	
		上机(根/10 cm)	319.2	
	幅宽	坯布(cm)	160.5	
		上机(cm)	165.5	
	匹长	坯布(m)	90	
		整经(m)	98.4	

续表

<table>
<tr><td rowspan="8">织物上机参数</td><td rowspan="2">织缩率</td><td>经向(%)</td><td>8.5</td><td>筘齿穿入数</td><td>4</td></tr>
<tr><td>纬向(%)</td><td>3</td><td>筘号[齿/(10 cm)]</td><td>138</td></tr>
<tr><td rowspan="2">回丝率</td><td>经向(%)</td><td>0.5</td><td>总经根数</td><td>9252</td></tr>
<tr><td>纬向(%)</td><td>0.8</td><td>其中边纱根数</td><td>40×2</td></tr>
<tr><td>纹板与穿综</td><td colspan="4">
穿综:(1, 2, 5, 6)×10;(1, 3, 5, 7, 2, 4, 6, 8)×1136;1, 3, 5, 7(3, 4, 7, 8)×10</td></tr>
<tr><td rowspan="3">用纱量</td><td>经纱(g/m)</td><td colspan="3">200.13</td></tr>
<tr><td>纬纱(g/m)</td><td colspan="3">110.53</td></tr>
<tr><td>织物(g/m)</td><td colspan="3">310.66</td></tr>
</table>

案例二:毛型织物(图 2-3)

任务:客户来样为毛型织物,要求按原样仿制,成品幅宽 145 cm、匹长 60 m,其他按原样规格设计。

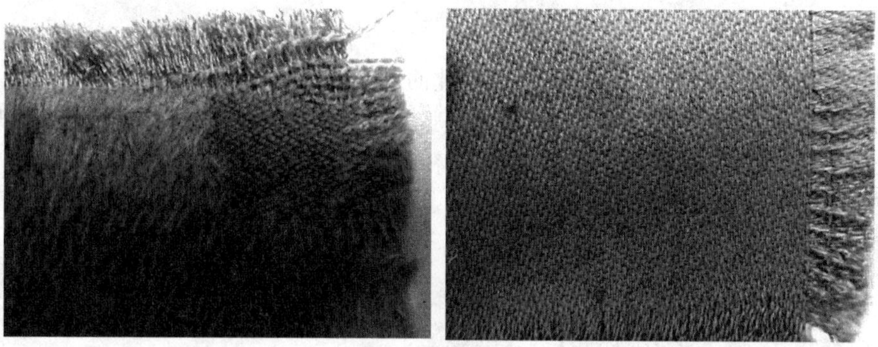

正面　　反面

图 2-3　毛型织物

1. 织物正反面、经纬向识别

观察来样为毛面织物,并且为单面毛面,可判断有绒毛一面为正面。再根据经细纬粗、经密纬疏来判断经纬向,也可根据纬纱起毛来加以判断。

2. 纱线鉴别

采用测长称重法。从方形布样上取 20 根经纱,测量其平均长度为 11.8 cm,用电子天平称得其质量为 0.119 1 g,不考虑回潮率,粗测其公制支数为$\frac{纱线长度(m)}{纱线质量(g)}=\frac{11.8\times 20/100}{0.119\ 1}=19.8$,因纱线为双股,故可表示为 25.3 tex×2(39.6 公支/2);取 20 根纬纱,测量其平均长度为 11.5 cm,用电子天平称得其质量为 0.281 9 g,不考虑回潮率,粗测其公制支数$=\frac{11.5\times 20/100}{0.281\ 9}=8.2$,

因纱线为双股，故可表示为 61.0 tex×2(16.4 公支/2)。织物有明显的毛型感、温暖感，纱线燃烧时有黑烟，灰烬为黑色块状，故判断原料为化纤仿毛。

3. 织物组织分析

由于来样为毛面织物，正面看不出纹路，可以从反面分析，或将正面绒毛去掉(用剪刀剪掉或者用拆布钳拆掉)后分析。通过观察分析得组织循环纱线数为 6，飞数不固定，初步判断为 6 枚变则缎纹，再分析反面组织，得到正面组织，如图 2-3 所示。

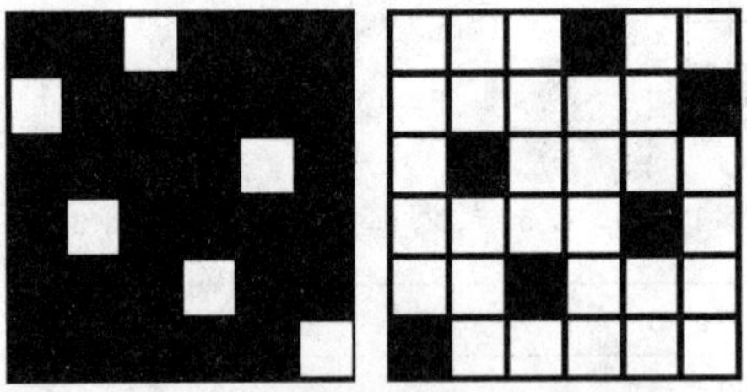

图 2-4 来样正反面组织

4. 织物密度分析

用间接分析法，沿纬向 30 个组织循环的长度为 6.26 cm，则成品经密 $=\dfrac{30\times6}{6.25}\times10=$ 288 根/(10 cm)；沿经向 24 个组织循环的长度为 6.85 cm，则成品纬密 $=\dfrac{24\times6}{6.85}\times10=$ 210.2 根/(10 cm)。

5. 成品规格与缩率

客户要求成品幅宽 145 cm、匹长 60 m。此面料类似粗纺毛织物中的顺毛大衣呢，各种缩率先根据类似品种估算，取织造净长率 92%、染整净长率 93%、机上呢坯长度至下机呢坯长度间的净长率 97%、织造净宽率 94%、染整净宽率 85%、染整净重率 89%。

6. 匹长、幅宽和密度计算

$$\text{呢坯匹长(m)}=\frac{\text{成品匹长}}{\text{染整净长率}}=\frac{60}{93\%}=64.5\text{ m}$$

$$\text{整经匹长(m)}=\frac{\text{呢坯匹长}}{\text{织造净长率}}=\frac{64.5}{92\%}=70.1\text{ m}$$

$$\text{呢坯幅宽(cm)}=\frac{\text{成品幅宽}}{\text{染整净宽率}}=\frac{145}{85\%}=170.6\text{ cm}$$

$$\text{上机幅宽(cm)}=\frac{\text{呢坯幅宽}}{\text{织造净宽率}}=\frac{170.6}{94\%}=181.5\text{ cm}$$

呢坯经密＝成品经密×染整净宽率＝288×85%＝244.8 根/(10 cm)

上机经密＝呢坯经密×织造净宽率＝244.8×94%＝230.1 根/(10 cm)

呢坯纬密＝成品纬密×染整净长率＝210.2×93%＝195.5 根/(10 cm)

上机纬密＝呢坯纬密×机上呢坯长度至下机呢坯长度间的净长率
＝195.5×97%＝189.6 根/(10 cm)

7. 筘号计算

筘齿穿入数可选择组织循环纱线数 6 的约数 3，则

$$公制筘号=\frac{上机经密}{筘齿穿入数}=\frac{230.1}{3}=76.7，取 76 齿/(10 cm)$$

8. 经纱根数

$$总经根数=\frac{成品经密\times成品幅宽}{10}=\frac{288\times145}{10}=4\,176$$

$$边经根数=\frac{边经密(同内经密)\times边幅宽}{10}$$

$$=\frac{288\times0.7}{10}=20.2，取 20\times2=40 根$$

图 2-5　纹板图

9. 穿综与纹板

初步确定内经采用 6 片综顺穿，布边用$\frac{2}{2}$方平组织，用第 1、2 片综，得纹板图如图 2-5 所示。穿综顺序：边经每边(1，1，2，2)×5；内经 3，4，5，6，7，8 顺穿。

10. 质量计算

$$每米呢坯经纱质量=\frac{总经根数\times1\ m}{织造净长率\times公制支数}=\frac{4\,176\times1\ m}{92\%\times19.8}=229.2\ g/m$$

$$每米呢坯纬纱质量=\frac{呢坯纬密\times上机幅宽}{10\times公制支数}=\frac{195.5\times181.5}{10\times8.2}=410.8\ g/m$$

$$每米呢坯质量=每米呢坯经纱质量+每米呢坯纬纱质量=229.2+410.8=640\ g/m$$

$$每米成品质量=\frac{每米呢坯质量\times染整净重率}{染整净长率}=\frac{640\times89\%}{93\%}=612.5\ g/m$$

案例三：灯芯绒织物

本面料为印花灯芯绒织物，只分析其组织结构，判断有灯芯条的一面是正面、沿灯芯条的方向是经向。图 2-6(a)中虚线框部分放大后得到(b)，可以看到纱线交织规律，绒纬在被切断之前是纬浮长，地纬与绒纬的比例为 1∶2，地组织为平纹，绒纬的固结方式为 4 根经纱组成的 W 型固结，绘制组织图如图 2-7 所示。

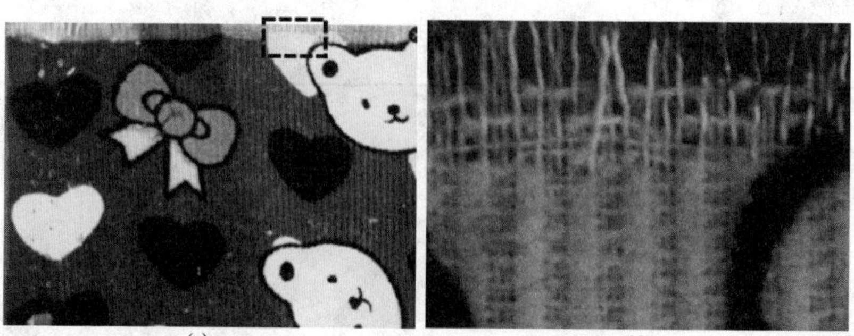

(a)　(b)

图 2-6　灯芯绒织物

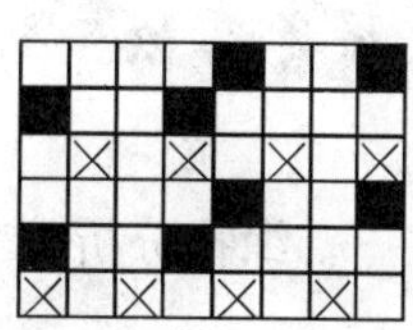

图 2-7　灯芯绒织物组织

◆ 任务实施

给每个小组分配一种简单匹染织物，要求对其进行分析并设计，完成仿样设计任务单。

建议至少进行三次训练。可选择不同类型的简单织物，如丝织物中的绉类、毛织物中的缩绒类、棉织物中的贡缎类，对学生进行强化训练，填写仿样设计任务单(表 2-2)。

表 2-2 简单坯布与匹染织物的仿样设计任务单

<table>
<tr><td rowspan="10">织物基本规格</td><td rowspan="2">线密度</td><td>经纱(tex)</td><td></td><td colspan="2" rowspan="10"></td></tr>
<tr><td>纬纱(tex)</td><td></td></tr>
<tr><td rowspan="2">经密</td><td>坯布[根/(10 cm)]</td><td></td></tr>
<tr><td>上机[根/(10 cm)]</td><td></td></tr>
<tr><td rowspan="2">纬密</td><td>坯布[根/(10 cm)]</td><td></td></tr>
<tr><td>上机[根/(10 cm)]</td><td></td></tr>
<tr><td rowspan="2">幅宽</td><td>坯布(cm)</td><td></td></tr>
<tr><td>上机(cm)</td><td></td></tr>
<tr><td rowspan="2">匹长</td><td>坯布(m)</td><td></td></tr>
<tr><td>整经(m)</td><td></td></tr>
<tr><td rowspan="8">织物上机参数</td><td rowspan="2">织缩率</td><td>经向(%)</td><td></td><td>筘齿穿入数</td><td></td></tr>
<tr><td>纬向(%)</td><td></td><td>筘号[齿/(10 cm)]</td><td></td></tr>
<tr><td rowspan="2">回丝率</td><td>经向(%)</td><td></td><td>总经根数</td><td></td></tr>
<tr><td>纬向(%)</td><td></td><td>其中边纱根数</td><td></td></tr>
<tr><td>纹板与穿综</td><td colspan="4"></td></tr>
<tr><td rowspan="3">用纱量</td><td>经纱(g/m)</td><td colspan="3"></td></tr>
<tr><td>纬纱(g/m)</td><td colspan="3"></td></tr>
<tr><td>织物(g/m)</td><td colspan="3"></td></tr>
</table>

◆ 相关知识

一、织物分析

(一) 辨识成品样和坯布样

主要看有没有经过退浆、漂白、染色、起毛等后整理。

（二）织物正反面鉴别

1. 根据织物的外观特征识别

一般来说，织物的正面光洁，织纹清晰，疵点少，光泽好。有边字的面料，可以通过边字加以判断。

2. 根据织物的组织结构识别

斜纹组织的斜纹方向与经纱配合，一般经纱为单纱的织物正面为左斜纹，经纱为股线的织物正面为右斜纹，但牛仔织物除外，它们一般为右斜纹。缎纹织物的正面平整、光洁、明亮，但丝织物中的绉缎除外。

有些织物的正反面效果非常接近，可以不用刻意区分。

（三）织物经纬向鉴别

机织物由经纬两个系统的纱线按照一定规律交织而成，因此有经纬向之分。判别方法：

(1) 根据织物密度和纱线细度识别，一般经密纬疏、经细纬粗。特殊织物如横贡缎除外。

(2) 根据织物的布边、浆料、筘痕识别，沿布边、筘痕方向为经向，有浆料的方向为经向。

(3) 根据织物的伸缩性识别，一般织物经向的伸缩性较小、纬向的伸缩性较大。

(4) 根据纱线结构和品质识别，通常纱线细、品质好的纱线为经纱；若经纬纱有股线和单纱，则股线为经；棉毛或棉麻交织品，以棉为经纱；桑蚕丝与其他纱线（棉、麻、绢、人造丝等）交织，桑蚕丝为经纱。

（四）经纬纱线鉴别

1. 纱线类型

首先判断纱线是单纱还是股线，如果是股线再分析股数和加捻情况，如果是单纱则判断是长丝纱线还是短纤维纱线。可以采用退捻的方法加以判断，将纱线退捻的同时进行拉伸，如果纱线解体被拉断，说明是短纤维纱线；如果纤维松散但是没有被拉断，则说明是长丝纱线。需要注意是否为特殊纱线，如新型纺纱线或长丝仿短纤纱。

2. 纱线捻度测定

(1) 捻度仪测定法是精确测量法，对经纱或纬纱分别测 5～10 次，取平均值。

(2) 感官测定法。实物小或没有捻度仪时，可利用感官测定法来估算纱线捻度范围为强捻、中捻或弱捻。具体操作步骤如下：

取一定长度的经纬纱，如 2～5 cm，以长些为好。在其两端用小铁夹子夹住（夹实夹紧），一手拿起一端夹子，另一端自然下垂，则经纬纱自动退捻，计数所退圈数，并在放大镜下观察捻度是否退尽，记下捻回数。最后按下式计算捻度：

$$\text{捻度}(\text{T/cm})=\frac{\text{退捻数(个)}}{\text{丝线长度(cm)}}$$

重复测试五次以上，求平均值。在认真、准确的前提下，要求误差控制在±1～2 T/cm。

3. 纱线细度

纱线细度的表示方法：

标准单位：特克斯（tex），对应的物理量为线密度（Tt），是指在公定回潮率下 1000 m 长的纱线具有的质量（g）。特克斯值与纱线粗细成正比，其值越大，纱线越粗。

常用单位：

旦尼尔(den)：一种定长制单位，对应的物理量为纤度(N_{den})，是指在公定回潮率下9000 m长的纱线具有的质量(g)。旦尼尔值与纱线粗细成正比，其值越大，纱线越粗。

公支：一种定重制单位，对应的物理量为公制支数(N_m)，是指在公定回潮率下质量为1 g的纱线具有的长度(m)。公支值与纱线粗细成反比，其值越大，纱线越细。

英支(^{S})：一种定重制单位，对应的物理量为英制支数(N_e)，是指在英制公定回潮率下质量为1 lb的纱线具有的长度为840 yd的倍数。英支值与纱线粗细成反比，其值越高，纱线越细。

上述单位之间的换算：

英支与特克斯换算：$Tt=\frac{590.5}{N_e}$。

英支与旦尼尔换算：$N_{den}=5315/N_e$。

公支与旦尼尔换算：$N_{den}=9000/N_m$。

由上面两个公式可推出：$N_e=0.591\ N_m$，$N_m=1.692\ N_e$。

分特克斯与旦尼尔换算：1 den=1.1 dtex。

(1) 称重法。此方法可分为精确测量和粗略测量。其中精确测量要考虑浆料、回潮率对纱线质量的影响，适用于对纱线细度要求非常高的情况。

检查经纱是否上浆，若是，则先对织物进行退浆处理；然后从10 cm×10 cm的织物中，取出10根经纱和10根纬纱，分别称重，得到经纬纱的实际质量，再把它们放入烘箱内烘干后称重，测出各自的实际回潮率。粗略测量可不考虑回潮率。

$$Tt=\frac{g(1-a)(1+W_{\varphi})}{1+W}$$

式中：g——10根经纬纱的实际质量，mg；

a——经纬纱缩率，%；

W——经纬纱的实际回潮率，%；

W_{φ}——经纬纱的公定回潮率，%。

(2) 比较测定法。在放大镜下，将待测纱线与已知细度纱线进行比较，根据常用纱线规格来确定纱线细度。比较时要采用相同类型的纱线，需要将待测纱线与样纱同时向左或向右捻实后进行比较(因为纱线的蓬松程度可能有差异)。

无论何种原料，都有比较固定的纱线细度规格，也就是通常所说的常规规格。采用估算办法测得的纱线细度规格，不可能非常精确，只是确定了一个大致范围。因此用上述办法测得纱线细度后，还需要进行靠档处理，如能将纱线细度折算成常规细度，生产过程可以缩短，生产成本也可以降低。常用原料的纱线常用规格见表2-3。

表2-3 常用原料纱线的常用规格

棉纱	10^S, 16^S, 21^S, 32^S, 40^S, 50^S, 60^S, 80^S, 100^S, $32^S/2$, $40^S/2$, $60^S/2$, $80^S/2$, $100^S/2$
桑蚕丝	13/15 den, 20/22 den, 28/30 den, 40/44 den
涤纶长丝	30 den, 50 den, 68 den, 75 den, 100 den, 115 den, 150 den, 300 den

续表

锦纶长丝	40 den，70 den，140 den
黏胶长丝	75 den，120 den，150 den
黏胶短纤	10^S，20^S，30^S，40^S
亚麻	6^S，9^S，14^S，17^S，21^S，25^S 或 10 公支，15 公支，24 公支，28 公支，36 公支，42 公支
羊毛	20 公支，26 公支，32 公支，36 公支，48 公支，52 公支，60 公支，80 公支
桑绢丝	210 公支/2，140 公支/2，120 公支/2，80 公支/2，60 公支/2
桑䌷丝	17 公支，25 公支，27 公支，33 公支

上述在计算双股纱规格时，其公制支数或英制支数均按一半计，如 $32^S/2$ 按 $16^S/1$ 计。以上为常用规格，可能有客户会要求常用规格以外的细度。对于短纤维，这比较容易做到，但是对于长丝，由于其纺丝工艺比较复杂，调整细度所需的成本较高，因此较难满足客户要求。

上述原料中，涤纶纤维的种类最多，除了细度变化外，形态变化也较多，如：按光泽分，有大有光丝、半消光丝、全消光丝；按截面分，有圆形丝、三角形丝、三叶形丝、骨形丝等；按表面形状分，有普通长丝（牵伸丝）、低弹丝、高弹丝；按单丝纤度分，有普通纤度丝（单丝纤度在 1.5 den 以上）、细旦丝（单丝纤度在 0.8～1.2 den）、超细旦丝（单丝纤度在 0.8 den 以下）；按性能分，有普通涤丝和改性涤丝（改染色性能、改吸湿性能等）。

生产不同的产品，应选用不同的原料，如：生产仿丝产品宜使用细旦丝；生产起绒产品（桃皮绒、麂皮绒、高级仪器擦拭布等）宜使用超细旦丝；生产仿色织布（仿毛产品）宜使用改性涤丝；等等。

涤纶长丝中单丝的有关信息在纱线规格中亦能体现出来。如常用的 75 den/36 F、75 den/72 F、100 den/96 F、150 den/144 F，斜线前面的数值表示涤纶长丝的纤度，斜线后面的数值表示该涤纶长丝包含的单丝根数，它等同于该涤纶长丝的纺丝加工中使用的喷丝板上的喷丝孔个数。例如“36F”表示纺丝时使用的喷丝板上有 36 个喷丝孔，由此纺制得到的长丝包含 36 根单丝。长丝的纤度值（如“75”）除以单丝根数（如“36”），即可得单丝纤度（如“2.08 den”）。

比较时先确定待测纱线与样纱哪个粗、哪个细，再取 2 根或多根较细纱线与 1 根较粗纱线进行比较，或者取 3 根较细纱线与 2 根较粗纱线进行比较，通过反复比较来确定待测纱线与样纱粗细最接近时的根数，最终确定待测纱线的细度。

（3）清点根数法。桑蚕丝和柞蚕丝细度可用清点单丝根数的方法比较准确地进行测定。天然丝由 2 根单丝合成，而每根单丝的平均细度，桑蚕丝为 3.07 dtex（2.766 den）、柞蚕丝为 5.55 dtex（5 den）。将在放大镜下查得的单丝根数除以 2 就是组成这根丝线的茧粒数（桑蚕丝织物都经过练染、脱胶，茧丝中的 2 根单丝已彼此分离），再用茧粒数乘 1 根茧丝的平均细度就是待求的这根丝线的细度。

4. 纱线原料

纤维鉴别一般分两步进行。首先对织物进行总体观察，如色泽、质地、粗细、轻重、厚薄、组织结构、手感等，凭感官和经验初步分辨大概采用哪种纤维原料织成，是纯织还是交织，是天然纤维还是化学纤维，是纤维素纤维还是蛋白质纤维，是再生纤维还是合成纤维，是长丝还是短纤维，等。

此方法对特征明显的织物很有效，但对属性相近的纤维，如合成纤维中的涤纶和锦纶，则很难分辨清楚。这时必须用精确的鉴别方法,即借助仪器、溶液和试剂等进行鉴别,其结论才可靠。

(1) 简易鉴别法。利用简易条件鉴别纤维的方法,特点是方便、迅速、省时、随时随地可以进行。常用经验法和燃烧法。

① 鉴别桑蚕丝原料。纯桑蚕丝织物表面细腻、光滑、质地轻柔,除缎类织物表面较光亮外,一般都较柔和恬静,手触时有凉爽滑润之感,尤其在夏季感觉更舒适。

绉类及绡类织物,尤其是平素织物,因部分丝线加捻起皱,织物的弹性、抗皱性及悬垂性良好。纯桑蚕丝织物有特殊的丝鸣感,燃烧时有较浓的烧毛发气味,并发出"噗噗"的响声。对桑蚕丝与其他纤维丝线交织或混捻的产品,应分别鉴别各系统或股线。

桑绢丝织物表面色泽偏深黄且光泽较暗,绒毛布满于绸面,质地较厚重,手感粗糙,强力较高。

桑䌷丝织物的色泽更深,绸面上有大小不规则、布局较自然、均匀的疙瘩,燃烧特征同桑蚕丝。

注:涤纶仿真丝产品在外观上与真丝织物没什么区别,但其手感粗硬、不够柔软,飘逸感和服用性能不如桑蚕丝织物。可借助燃烧法鉴别。

② 鉴别棉纱原料。棉织物表面有较密的绒毛,且纱线条干不匀、有糙点,织物强力较高,光泽暗淡,很容易产生折皱,保形性不好。

③ 鉴别羊毛原料。毛织物的手感滑爽挺括,贴近皮肤有温暖感,绒毛感强,强力、弹性、悬垂性或抗皱性非常好。其燃烧特征同蚕丝。

纯毛织品不多,羊毛主要用于与涤纶等纤维混纺。鉴别纯毛织品,用简易法即可,而毛混纺或混捻织品的原料鉴别应借助显微镜或其他精确鉴别法。

④ 鉴别黏胶丝原料。丝织物中用有光黏胶丝做经纬线的居多,而半光或无光黏胶丝的用量少。黏胶丝产品大多光泽明亮,色泽鲜艳,手感滑爽,纯织产品在湿度较高的场合穿着时有潮湿感,弹性较差,较易起皱。利用其湿强极低的特点,即可将其与其他化纤区分。具体做法:抽出1根丝线,中间用水浸湿,手掐住丝线两端轻轻拉扯,如恰好在湿润处断开则一定是黏胶丝,否则就是其他纤维。为了精确起见,湿润处不要位于丝线的正中间部位,可偏左或偏右一些。无论是黏胶长丝还是黏胶短纤,其燃烧速度都比棉快,其他燃烧特征与棉相似。

⑤ 鉴别涤纶原料。涤纶的最大特点是硬挺,弹性好,不易折皱,手感较粗硬。涤纶织物中毛型感较强的织物大部分采用涤弹丝、涤网络丝或与其他纤维混纺或混捻的纱线交织而成。涤弹丝丝条弯曲蓬松,涤网络丝表面有等距离的黏结点。如果已确定为混纺纱线,可用显微镜或其他化学方法分析出每种纤维的属性及混纺比。

⑥ 鉴别锦纶原料。锦纶织物的特点是绸面光滑而且较亮,手感滑腻,强力高,身骨柔软,抗折皱性不如涤纶织物,用手轻轻揉搓就会产生折皱,且折皱在短时间内不易回复。

锦纶与涤纶的某些性能尤其是外观很相似,很难区分,可从抗皱及吸色程度等方面加以区别。一般锦纶织物用手攥紧后再松开,织物上会留有浅显的折痕,而涤纶织物没有或很不明显。吸色法鉴别的简易做法:同时将两种丝线蘸上相同的墨水,吸色深的为锦纶,浅的则是涤纶。此时,如果仍不能确定,应采用精确鉴别法进一步鉴别。

(2) 精确鉴别法。

① 物理鉴别法。主要借助显微镜来观察纤维的截面和纵向形态特征。

物理鉴别法分析混纺比一般采用拆分法和截面法。拆分法是指外观差异较大的纤维混纺织品可以用手工拆分、分别称重，计算各组分的混合百分率。截面法是将纱线的截面放大，通过测量不同纤维的横截面积，并结合纤维密度来计算各组分的混合百分率。

② 化学溶解法。将纤维或纱线浸在某种溶液中，观察其溶解情况。此法适用于各种纺织材料。选用适当的溶剂，使混纺织物中的一种纤维溶解，称取留下的纤维质量，计算混合百分率。

此外还有试剂着色法，如锦纶遇碘-碘化钾溶液呈黑褐色，而涤纶则不染色等。

（五）测定织物的经密和纬密

织物单位长度内的经纬纱根数，称为织物密度。织物密度分经密和纬密，常用 P_j、P_w 表示，有公制密度和英制密度之分。公制密度是指 10 cm 长度内的纱线根数。英制密度是指 1 英寸长度内的纱线根数。机织物设计行业还使用经纬向密度之和，常用 T 表示，指 1 英寸^2 织物内所含有的纱线根数，即经向和纬向的英制密度之和。

常用的经纬密度测定方法有两种。

1. 直接测定法

直接测定法即利用织物密度分析镜进行分析。密度分析镜的刻度尺长度为 5 cm，镜头下的玻璃片上刻有一条红线。分析织物密度时，移动镜头，使玻璃片上的红线和刻度尺上的零点同时对准相邻两根纱线中间，以此为起点，边移动镜头边计数纱线根数，直到 5 cm 刻度线为止。将数出的纱线根数乘 2 便得到 10 cm 长度内的纱线根数。

计数纱线根数时，要以两根相邻纱线间隙的中央为起点，若计数到止点时红线落在纱线上超过 0.5 根而不足 1 根，按 0.75 根计；若不足 0.5 根，则按 0.25 根计(图 2-8)。一般应测试 3～4 个数据，然后取算术平均值作为测定结果。

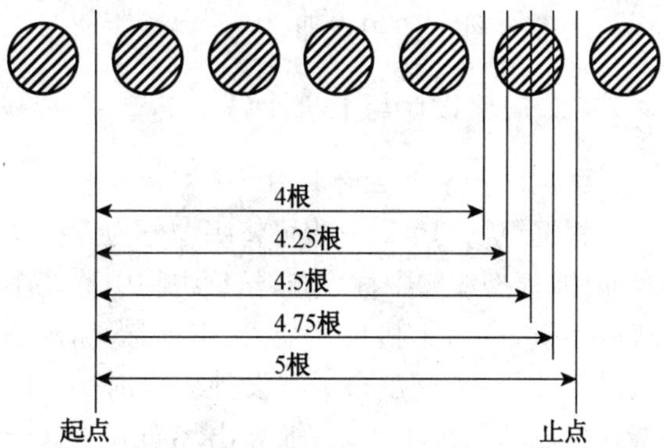

图 2-8　计数纱线根数示意

2. 间接测定法

这种方法适用于密度大、纱线线密度小的规则组织织物。首先分析得出织物组织及其组织循环经纱数 R_j 和组织循纬纱数 R_w，然后再测算经纬密度，有两种方法。一是测算 10 cm 长度内的组织循环个数。沿纬向 10 cm 长度内，测出组织循环个数为 n_j，则 $P_j = R_j \times n_j$。同理可求出纬密。二是测量多个组织循环的尺寸。在大多数情况下，10 cm 长度内的组织循环数不是整数，而测量整数个组织循环的长度更加准确。取组织循环个数为 n_j，测出其沿织物纬向的长度 L_j，则 $P_j = \dfrac{R_j \times n_j}{L_j} \times 10$。

（六）分析织物组织

第一步，观察。观察织物表面有没有经过特殊处理。如果经过起毛、缩绒整理，需要进行表面处理，露出织物纹路，再根据经纬组织点数判断织物是同面组织、经面组织还是纬面组织。如果是同面组织，分析是不是平纹，再观察有没有明显的纹路与斜向。如果有明显的斜向，一般是斜纹或加强缎纹组织；如果表面光滑看不出纹路，一般是缎纹组织。

第二步，分析。密度较小的简单组织可以直接用肉眼或在照布镜下观察，记录经纬纱交织规律；复杂组织可用拆纱法分析，记录每一格组织点的沉浮规律，直到出现循环为止。需要注意：

(1) 拆纱时应拆密度较大的一组纱线，一般拆经纱、留纬纱，边分析边在方格纸上记录。

(2) 分析时一定要注意固定起始纱线，可用颜色笔在起始纱线上做记号或者用剪刀将起始纱线剪短一些。

(3) 纱线分析方向和组织记录方向要一致，比如拆纱从右往左，记录组织点也要从右往左；观察组织点沉浮规律从下往上，记录组织点也要从下往上。

(4) 对一些组织循环较明显的组织，可用笔做上记号，以提高分析效率，因为在微观分析组织点沉浮规律时很难同时掌握是否已经达到循环。

(5) 对于缎纹组织，不用拆出一个循环，确定枚数和飞数即可。

(6) 简单绉组织(即组织循环经纬纱数较小)可按单经单纬织物处理。用省综法设计的绉组织，组织循环经纬纱数较大，通常为几十至上百根，且多为偶数。

分析方法：绉组织使用综片数一般为 6、8、10、12，拨取 20 根左右的经纱，发现后面各根经纱与前面某根经纱的沉浮规律相同。20 根之后的经纱的组织点不必点在方格纸上，点出第 16～20 根经纱的组织点即可。

二、规格设计与上机计算

(一) 织物的三种状态

根据织物的生产过程可将织物分为三种状态：上机、坯布和成品(图 2-9)，其中坯布有各种叫法，棉型织物中称坯布，丝型织物中称坯绸，毛型织物中称呢坯。织物三种状态的尺寸和规格不同，一般上机尺寸最大、密度最小，成品尺寸最小、密度最大。设计织物时一般根据成品的规格要求，推算出坯布和上机规格。

图 2-9　织物的三种状态

(二) 成品幅宽与成品匹长的确定

1. 成品幅宽的确定

成品幅宽主要根据织物的用途、机械设备的可能性、加工过程中的幅缩情况及制织过程中的经济效果等因素，在品种设计时确定。

(1) 用途。服用织物幅宽以 110～160 cm 为宜，如 114、120、150、160 cm；窗帘幅宽一般为 280 cm；床上用品幅宽一般为 150～300 cm；土工布幅宽一般在 300 cm 以上。

(2) 织造。对织机来说，主要决定于织机的规格及型号。有梭织机幅宽为 110、145 及 160 cm，片梭织机幅宽可达 540 cm。无梭织机常用幅宽有 170、210、230、260、280、300、320、350 cm。

(3) 染整。定形机的幅宽可达 380 cm。

(4) 服装加工。一般来说，机械式裁剪要求的幅宽大些，以适应生产工艺的要求。

2. 成品匹长的确定

成品匹长主要根据织物用途、织物单位长度质量、织物厚度及织物的卷装容量等因素确定。棉织物匹长多为 30～40 m，精纺毛织物匹长为 50～70 m，粗纺毛织物匹长为 30～40 m，长毛绒匹长为25～35 m，丝织物匹长为20～50 m，麻类夏布匹长为1～35 m。为了提高生产效率，便于印花加工，在生产中常采用联匹的方式，即几匹布一起落下，一般厚织物采用2～3联匹，中厚织物采用3～4联匹，薄型织物采用4～5联匹。从加工整理及使用角度来看，增加匹长可减少浪费，因此在可能的范围内应采用大卷装。

（三）非弹力织物的幅宽、长度与密度的计算

计算之前先搞清楚织物各种状态之间的关系。上机和坯布之间相差织造工序，织造工序有织造缩率、上机长度缩率。成品和坯布之间相差后整理工序，后整理工序有后整理缩率，指原长与缩短之后的长度之差对原长的比率，有时用净长率、净宽率表示，净长率是缩短之后的长度对原长的比率，即长度缩率＝1－净长率。同时要注意缩率的不同表示方法（表2-4），三种表示方法不同，但含义相同。

表2-4　缩率的不同表示方法

表示方法一	表示方法二	表示方法三
织造长度缩率	经向织缩率	1－织造净长率
织造幅缩率	纬向织缩率	1－织造净宽率
后整理长度缩率	经向后整理缩率	1－染整净长率
后整理幅缩率	纬向后整理缩率	1－染整净宽率

1. 幅宽计算

$$坯布幅宽=\frac{成品幅宽}{1-后整理幅缩率}$$

$$初算幅宽=\frac{坯布幅宽}{1-织造幅缩率}$$

对于丝型织物，一般按下式计算其筘内幅：

$$筘内幅=\frac{成品内幅}{(1-织造幅缩率)\times(1-染整幅缩率)}$$

先按上述公式计算得到初算筘幅，然后确定筘号，再对筘幅进行修正，得到修正筘幅。如果初算筘幅与修正筘幅之间的差值≤0.6 cm，一般不需要再次修正；如果两者差值大于0.6 cm，需要再次修正，至两者差值符合要求为止。

2. 匹长计算

$$坯布匹长=\frac{成品匹长}{1-经向后整理缩率}$$

$$整经匹长=\frac{坯布匹长}{1-经向织缩率}$$

染整长度缩率一般为1%～3%；织造长度缩率，平纹在10%以内，斜纹、缎纹为7%～8%。

3. 密度计算

$$坯布经密=成品经密\times(1-纬向染整缩率)$$

$$坯布纬密=成品纬密\times(1-经向染整缩率)$$

$$上机经密=坯布经密\times(1-纬向织造缩率)$$

$$上机纬密=坯布纬密\times(1-坯布下机长度缩率)$$

（四）弹力织物的幅宽、匹长与密度的计算

1. 氨纶纬弹织物

氨纶纬弹织物在织造、染整过程中其宽度变化如图 2-10 所示。中厚型纬弹织物的纬向织缩率约 10%，包覆纤维的永久性收缩率为 5%～8%，弹性伸长率可根据下式计算：

坯布幅宽＝上机幅宽（筘幅）＝坯布经密＝机上经密＝坯布经密×（1－纬向织缩率）

2. 氨纶经弹织物

氨纶经弹织物在织造、染整加工中其长度会收缩（图 2-11），要求印染采用松式加工。

坯布匹长＝整经匹长＝坯布纬密＝机上纬密＝坯布纬密×（1－经向织缩率）

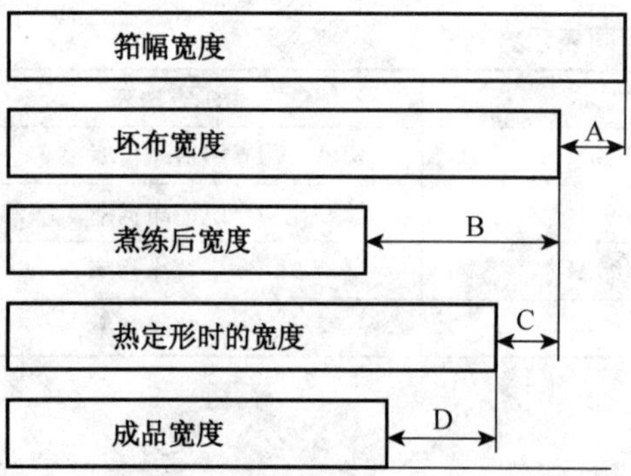

图 2-10　纬弹织物宽度变化示意

A—织缩量；B—煮练加工收缩量；
C—包覆纤维的永久收缩量；D—弹性伸长量

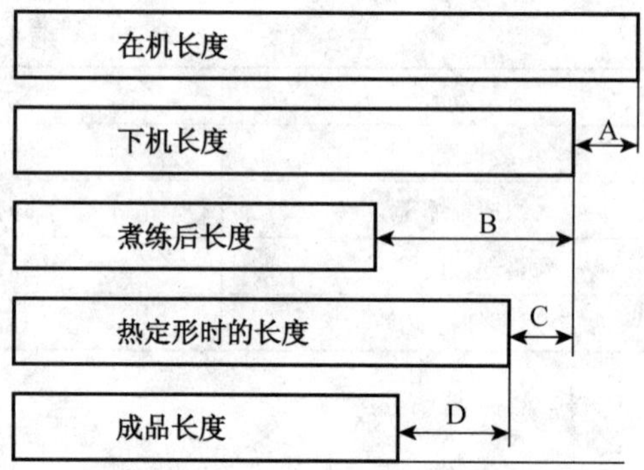

图 2-11　经弹织物长度变化示意

A—织缩量；B—煮练加工收缩量；
C—包覆纤维的永久收缩量；D—弹性伸长量

（五）钢筘的设计

1. 筘号的选择

筘号是指单位长度内的筘齿数，有公制和英制之分。公制筘号是指每 10 cm 内的筘齿数；英制筘号是指每 2 英寸内的筘齿数。筘号决定经纱在机上的排列密度。简单织物可以根据上机经密计算筘号。

$$\text{公制筘号}=\frac{\text{上机经密}}{\text{筘齿穿入数}};\quad \text{英制筘号}=\frac{\text{公制筘号}}{10}\times 2.54\times 2$$

对于丝织物，有时会先计算内经根数和内筘幅，再按下式计算筘号：

$$\text{筘号}=\frac{\text{内经根数}}{\text{内筘幅}\times\text{穿入数}}$$

为了不使筘号规格过分繁杂，便于钢筘的生产管理和产品间的统一使用，一般公制筘号修正为整数或 5 的倍数，有时会根据实际情况选择最接近的筘号。

2. 筘齿穿入数的设计

相邻筘齿间穿几根经丝叫作几穿筘或几穿入，以少为好，一般为 2～8。1 穿入需要很大的筘号才能制织，但筘号大，制作精度高，目前还达不到这种要求，也不利于断经、过筘操作。穿

入数越大，筘齿所隔经纱的筘路越明显，经纱排列不均匀，影响绸面效果。

决定织物筘齿穿入数的主要因素：

(1) 经纱的细度和密度。筘齿穿入数随织物经密的增加而增多，而且受经纱细度的影响，为防止穿入数不当而造成织造时经纱相互带夹，经纱越粗，穿入数应越少。

(2) 经纱原料。采用的经纱原料不同，性能、强度及生产工艺也各不相同。一般桑蚕丝较细、强度高，特别是生丝含有丝胶，不易擦毛和断裂，故允许采用的最大筘号为 39 齿/cm，若用 4 穿入，机上经密最大可达 156 根/cm。黏胶丝较粗，强度较低，故允许采用的最大筘号为 32 齿/cm，如果用 4 穿入，最大机上经密达 128 根/cm。为了提高经密，少数缎类织物采用 6～8 穿入，以减少筘号。合纤丝极易产生静电，为减少经纱与钢筘摩擦，最大筘号不应超过 27 齿/cm。

(3) 组织结构。通常，筘齿穿入数应选择基础组织的组织循环经纱数或其倍数和约数，减少使织物出现规律性很强的穿筘痕迹。

筘痕俗称筘路，是一种由穿筘留下的纵向、横向或斜向痕迹，对织物外观的影响较大。设计人员应分析产生筘痕的原因，并设法克服或削弱这种痕迹。经分析，穿入不同筘齿的相邻两组经纱，因受到筘齿的阻隔，会出现比其他部位的经纱间隔大的空隙。与纬纱交织后，筘齿两侧的纬浮点显露的浮长会超过其他部位的纬浮长。如果缎纹组织采用的穿入数与飞数相同，则显露的浮长会形成规律，从而产生斜向的筘痕，因此不宜采用。

（六） 经纱根数计算

对于棉型、麻型、毛型织物，其经纱根数常按以下公式计算：

$$总经根数=成品经密\times成品幅宽+边经根数\times\left(1-\frac{内经穿入数}{边经穿入数}\right)$$

或者：

$$总经根数=坯布经密\times坯布幅宽+边经根数\times\left(1-\frac{内经穿入数}{边经穿入数}\right)$$

当内经穿入数与边经穿入数相同时，上述两式可简化如下：

$$总经根数=成品经密\times成品幅宽$$

或者：

$$总经根数=坯布经密\times坯布幅宽$$

丝型织物的边部常单独设计，其内经根数和边经根数需分别计算，公式如下：

$$总经根数=内经根数+边经根数$$
$$内经根数=成品经密\times成品内幅$$
$$边经根数=成品边经密\times边幅\times2$$
$$修正内经根数=筘内幅\times筘号\times筘齿穿入数$$

（七） 布边设计

(1) 边组织：一般为平纹或重平。

(2) 边经密：一般比布身略高(折入边除外)。

(3) 边幅：成品边幅一般为布身幅宽的 0.5%～1.5%，通常为 0.5～1 cm。

有时为了节约成本，布边会用一些剩余原料，并且边经根数较为固定，比如选择 24 根×2、36 根×2、40 根×2、48 根×2、50 根×2、56 根×2、60 根×2 等。

（八） 筘幅计算

确定总经根数和筘号之后，一般需要再次计算筘幅（即上机幅宽）。棉型、麻型、毛型织物的筘幅常用以下公式进行计算：

$$筘幅=\frac{总经根数-边经根数\times\left(1-\frac{内经穿入数}{边经穿入数}\right)}{内经穿入数\times筘号(公制)}\times10$$

当内经穿入数与边经穿入数相等时，上式可简化如下：

$$筘幅=\frac{总经根数}{地经穿入数\times筘号(公制)}\times10$$

丝型织物的筘幅常用以下公式进行计算：

$$筘幅=内筘幅+边筘幅$$

$$内筘幅=\frac{内经根数}{内经穿入数\times筘号(每厘米筘齿数)}$$

$$边筘幅=\frac{边经根数}{边经穿入数\times筘号(每厘米筘齿数)}$$

（九） 核算综丝密度与上机图设计

先不考虑综丝密度，画出上机图，再根据上机图核算综丝密度，参考表 2-5，如果综丝密度过大，则调整穿综。

表 2-5 综丝允许密度

纱线细度		综丝密度(根/cm)
线密度(tex)	英制支数(^{S})	
19.7～36.9	16～30	4～10
14.8～36.9	30～40	10～12
7.4～14.8	40～80	12～14

计算综丝密度，需要先计算每片综框上的综丝根数，具体的计算公式如下：

$$每片综框上的综丝根数=\frac{内经根数}{穿综循环数}\times每个穿综循环中穿入该片综框的综丝根数$$

$$综丝密度=\frac{每片综框上的综丝根数}{综框宽度}=\frac{每片综框上的综丝根数}{筘幅+2\ cm}$$

（十） 织物用纱量估算

织物用纱量常用每米织物的用纱量表示。织物用纱量估算，对于原料准备和原料成本核算，都有非常重要的意义。织物用纱量的计算思路是，先计算每米织物中的经纬纱质量，再考虑生产过程中产生的回丝量，得到每米织物的经、纬纱用量。每米织物中的经纬纱质量可通过纱线根数乘每根纱线质量进行计算，而每根纱线质量可以根据纱线长度与纱线细度（即材料长

度与其质量的关系)进行计算。具体的计算公式如下:

$$\text{每米织物用纱量(g)}=\text{每米织物经纱用量}+\text{每米织物纬纱用量}$$

$$\text{每米织物经纱用量(g)}=\text{总经根数}\times\frac{1\ \text{m}}{1-\text{经纱织缩率}}\times\frac{\text{经纱线密度(tex)}}{1000\ \text{m}}\times\frac{1}{(1-\text{经纱回丝率})}$$

$$=\frac{\text{总经根数}\times\text{经纱线密度(tex)}}{1000\times(1-\text{经纱回丝率})}$$

$$\text{每米织物纬纱用量(g)}=\text{坯布纬密[根/(10 cm)]}\times10\times\frac{\text{上机幅宽(cm)}}{100}\times\frac{\text{纬纱线密度(tex)}}{1000\ \text{m}}\times\frac{1}{(1-\text{经纱回丝率})}$$

$$=\frac{\text{坯布纬密}\times\text{上机幅宽}\times\text{纬纱线密度(tex)}}{10\ 000\times(1-\text{经纱回丝率})}$$

采用以上公式进行计算时,根据实际情况,还需要考虑一些缩折率。比如棉织物的经纬纱用量计算,需要再乘"(1+放码损失率)";如果纱线加强捻,需要再除以"(1−捻缩率)"。再比如丝织物的经纬纱用量计算,需要再除以"(1−其他工艺缩率)";如果有浆纱,经纱用量需要再除以"(1+浆伸率)"。各种缩折率一般根据相似历史品种进行选择,并不断积累。回丝率是指加工过程中产生的回丝量对总用纱量的百分比,经纱回丝率可取 0.4%,纬纱回丝率可取 1%;放码损失率可取 1.25%。常见本色棉布的织造缩率可参考表 2-6。

表 2-6　常见本色棉布的织造缩率

织物名称	织造缩率(%)	
	经纱	纬纱
粗平布	7.0～12.5	5.5～8
中平布	5.0～8.6	7 左右
细平布	3.5～13	5～7
纱府绸	7.5～16.5	1.5～4
半线府绸	10.5～16	1～4
线府绸	10～12	2 左右
纱斜纹	3.5～10	4.5～7.5
半线斜纹	7～12.0	5 左右
纱哔叽	5～6	6～7
半线哔叽	6～12	3.5～5
纱华达呢	10 左右	1.5～3.5
半线华达呢	10 左右	2.5 左右

(续表)

织物名称	织造缩率(%)	
	经纱	纬纱
全线华达呢	10 左右	2.5 左右
纱卡其	8～11	4 左右
半线卡其	8.5～14	2 左右
全线卡其	8.5～14	2 左右
直贡	4～7	2.5～5
横贡	3～4.5	5.5 左右
羽绸	7 左右	4.3 左右
麻纱	2 左右	7.5 左右
绉纹布	6.5	5.5
灯芯绒	4～8	6～7

◆ 设计理论积累——织物紧度概念

当比较两种组织相同、经纱线密度不同的织物时，不能单用织物的经纬向密度 P_j 和 P_w 来评定织物的紧密程度，而应采用织物相对密度指标即织物紧度。

织物的经向紧度 E_j、纬向紧度 E_w 和总紧度 E，是以织物中的经纱或纬纱的覆盖面积或经纬纱的总覆盖面积对织物全部面积的比值表示的。在织物组织相同的条件下，织物紧度越大，表示织物越紧密。

设：E_j——织物经向紧度，%；E_w——织物纬向紧度，%；E——织物总紧度，%；d_j——经纱直径，mm；d_w——纬纱直径，mm；Tt_j——经纱线密度，tex；Tt_w——纬纱线密度，tex；P_j——织物经向密度，根/(10 cm)；P_w——织物纬向密度，根/(10 cm)；C——纱线直径系数。

图 2-12 所示为织物中经纬纱交织情况，现取(a)中的一个小单元 $ABCD$，放大后如(b)所示。其中 $ABEG$ 表示 1 根经纱，$AHID$ 表示 1 根纬纱，$AHFG$ 表示经纱和纬纱重叠的部分，$EFIC$ 为织物的空隙部分，可见 $AG=d_j$，$ID=d_w$。根据织物密度概念，10 cm(即 100 mm)长度内的经纱根数为 P_j，则每 2 根经纱之间的长度 $AD=\frac{100}{P_j}$ mm，同理 $CD=\frac{100}{P_w}$ mm。

$$E_j=\frac{\text{经纱的投影面积}ABEG}{\text{织物的投影面积}ABCD}\times 100\%=\frac{AG\times AB}{AD\times AB}=\frac{d_j\times\frac{100}{P_w}}{\frac{100}{P_j}\times\frac{100}{P_w}}\times 100\%$$

$$=d_j\times P_j=CP_j\sqrt{\text{Tt}_j}$$

$$E_w=\frac{\text{纬纱的投影面积}ABEG}{\text{织物的投影面积}ABCD}\times 100\%$$

$$=\frac{ID\times AD}{CD\times AD}=\frac{d_w\times\frac{100}{P_j}}{\frac{100}{P_w}\times\frac{100}{P_j}}\times 100\%=d_w\times P_w=CP_w\sqrt{Tt_w}$$

$$E=\frac{经纱投影面积\,ABEG+纬纱投影面积\,ADIH-经纬纱重叠面积\,AGFH}{织物投影面积\,ABCD}\times 100\%$$

$$=E_j+E_w-\frac{d_j\times d_w}{\frac{100}{P_j}\times\frac{100}{P_w}}\times 100\%=E_j+E_w-\frac{d_jP_j\times d_wP_w}{100}$$

$$=E_j+E_w-\frac{E_j\times E_w}{100}$$

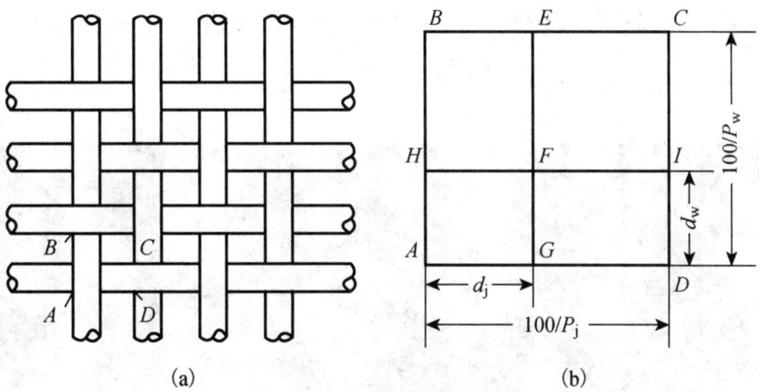

图 2-12　织物紧度示意

任务二　素织色织物仿样设计

知识点： 1. 熟悉色织物的概念、常见色织物的分类与应用、色织物的生产工艺流程。
2. 掌握素织色织物条型、格型的仿制方法。
3. 掌握素织色织物的劈花方法和上机工艺计算方法。

技能点： 1. 能够对来样色织物进行分类。
2. 能够仿制设计素织色织物的条型、格型。
3. 能够对素织色织物进行劈花和上机工艺设计。
4. 能够编制素织色织物的工艺单。

◆ 情境引入

客户来样为素织色织布，要求布幅 147 cm、匹长 120 m。试进行色织物上机规格及生产工艺设计。

◆ 任务分析

对素织色织物进行仿样设计，应完成以下工作：

(1) 分析经纬纱原料、规格。

(2) 分析经纬色纱排列。

(3) 分析经纬密度、织物组织。

(4) 对色织物进行合理劈花。

(5) 设计并计算色织物上机规格。

(6) 设计色织物生产工艺流程。

◆ 做中学、做中教

教师与学生共同完成一种素织色织物的仿样设计，边做边学、边做边教。

案例一：色织条子布(图 2-13)

图 2-13　色织条子布

1. 经纬纱原料、规格分析

通过拆纱分析，可知经纬纱都为短纤维纱线，Z 捻，燃烧时有少量粉末，并有烧纸的气味，故判断为纤维素纤维纱线。然后用比较法得到经纬纱线密度在 184.5 dtex(32^S)左右。

2. 色纱排列分析

经分析经纱有五种。色纱排列根数较少，可以用直接测量法，经分析得到色纱排列为 13 浅蓝、2 乳白、13 浅蓝、12 乳白、2 暗红、12 乳白、13 深蓝、2 乳白、13 深蓝、12 乳白、2 暗红、12 乳白、13 咖啡、2 乳白、13 咖啡、12 乳白、2 暗红、12 乳白、13 藏青、2 乳白、13 藏青、12 乳白、2 暗红、12 乳白，共 216 根，其中乳白 104 根、浅蓝 26 根、深蓝 26 根、咖啡 26 根、藏青 26 跟、暗红 8 跟。纬纱一种，乳白。

3. 织物组织分析

织物表面有明显斜向，初步判断为斜纹组织。拆出第一根经纱，其运动规律为 4 上 4 下；拆出第二根经纱，发现飞数为 1；斜纹纹路右斜且平直清晰，飞数没有变化，确定组织为$\frac{4}{4}$右斜纹。

4. 织物密度分析

测量经向 2 个色纱循环的长度为 7.4 cm，共 216×2＝432 根，故成品经密为$\frac{432}{7.4}\times 10=$583.8 根/(10 cm)；纬向 20 个组织循环的长度为 3.7 cm，共 20×8＝160 根，故成品纬密为$\frac{160}{3.7}\times 10=432.4$ 根/(10 cm)。

5. 成品规格与缩率确定

客户要求成品幅宽 147 cm，设内幅 146 cm，边幅 0.5×2＝1 cm，匹长 120 m，取经向织缩率 5%、纬向织缩率 6.5%、后整理幅缩率 4.5%、后整理伸长率 1%、坯布下机长度缩率 3%。

6. 幅宽、匹长、密度计算

$$坯布匹长=\frac{成品匹长}{1+后整理伸长率}=\frac{120}{1+1\%}=118.8\text{ m}$$

$$整经匹长=\frac{坯布匹长}{1-经向织缩率}=\frac{118.8}{1-5\%}=125.1\text{ m}$$

$$坯布幅宽=\frac{成品幅宽}{1-后整理幅缩率}=\frac{147}{1-4.5\%}=153.9\text{ cm}$$

$$上机幅宽=\frac{坯布幅宽}{1-纬向织缩率}=\frac{153.9}{1-6.5\%}=164.6\text{ cm}$$

坯布经密＝成品经密×(1－后整理幅缩率)＝583.8×(1－4.5%)＝557.5 根/(10 cm)

上机经密＝坯布经密×(1－纬向织缩率)＝557.5×(1－6.5%)＝521.3 根/(10 cm)

坯布纬密＝成品纬密×(1＋后整理伸长率)＝432.4×(1＋1%)＝436.7 根/(10 cm)

上机纬密＝坯布纬密×(1－坯布下机长度缩率)＝436.7×(1－3%)＝423.6 根/(10 cm)

7. 筘号计算

可选择组织循环纱线数 8 的约数 2 或 4，经密较大，可选择 4 穿入，则

$$筘号=\frac{上机经密}{筘齿穿入数}=\frac{521.3}{4}=130.3，取\ 130\ 齿/(10\text{ cm})$$

8. 总经根数

$$内经根数=成品内幅\times\frac{成品经密}{10}=146\times\frac{583.8}{10}=8\,523.5，修正为筘齿穿入数的倍数\ 8524$$

$$每边经纱根数=0.5\times\frac{583.8}{10}=29.2，取\ 28$$

总经根数＝8524＋28×2＝8580

9. 全幅花数和加头根数

$$全幅花数=\frac{内经根数}{一个色纱循环的经纱数}=\frac{8524}{216}=39.5，取\ 39$$

加头根数＝内经根数－全幅花数×一个色纱循环的经纱数＝8524－39×216＝100

10. 劈花

加头根数大于最宽浅色条经纱根数12，故选择一个中区“13浅蓝2乳白13浅蓝12乳白2暗红12乳白13深蓝2乳白13深蓝”，共82根，<100，而82＋12×2>100，满足要求，故加头为“10＋82＋8”，即“10乳白13浅蓝2乳白13浅蓝12乳白2暗红12乳白13深蓝2乳白13深蓝8乳白”。

中区的开始就是整幅的开始，故整花部分的劈花为“10乳白13浅蓝2乳白13浅蓝12乳白2暗红12乳白13深蓝2乳白13深蓝12乳白2暗红12乳白13咖啡2乳白13咖啡12乳白2暗红12乳白13藏青2乳白13藏青12乳白2暗红2乳白”，如图2-4与表2-7所示。

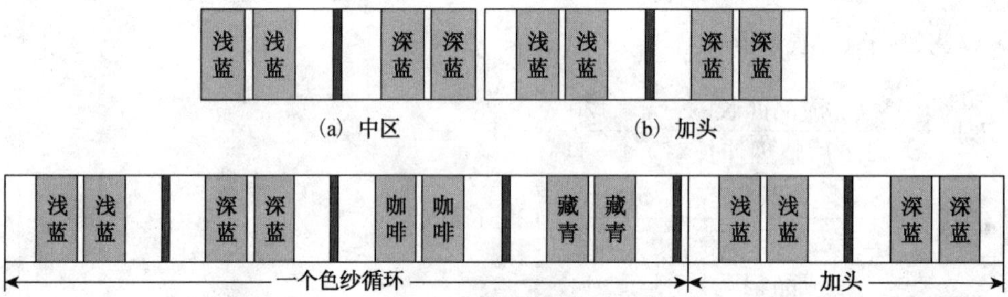

(a) 中区　(b) 加头

(c) 一个色纱循环与加头

图2-14　色织条子布劈花

表2-7　色织条子布劈花

左边	全幅39花＋加头100	右边
28白	(10乳白13浅蓝2乳白13浅蓝12乳白2暗红12乳白13深蓝2乳白13深蓝12乳白2暗红12乳白13咖啡2乳白13咖啡12乳白2暗红12乳白13藏青2乳白13藏青12乳白2暗红2乳白)×39＋加头(10乳白13浅蓝2乳白13浅蓝12乳白2暗红12乳白13深蓝2乳白13深蓝8乳白)	28白

11. 全幅经纱根数与用纱量

全幅经纱根数＝一个色纱循环的经纱根数×全幅花数＋加头经纱根数＋边部经纱根数

白色经纱根数＝104×39＋46＋28×2＝4158

浅蓝色经纱根数＝26×39＋26＝1040

深蓝色经纱根数＝26×39＋26＝1040

咖啡色经纱根数＝26×39＝1014

深蓝色经纱根数＝26×39＝1014

暗红色经纱根数＝8×39＋2＝314

计算后核算，4158＋1040＋1040＋1014＋1014＋314＝8580，与总经根数一致。

$$色纱用纱量=\frac{色纱根数\times经纱线密度\times(1+放码损失率)}{1000\times(1-经纱织缩率)\times(1-经纱染整缩率)\times(1+经纱伸长率)\times(1-纱经回丝率)}$$

案例二:色织格子布(图 2-15)

图 2-15　色织格子布

1. 织物分析

分析得织物的经纬密度分别为 275.6、220.5 根/(10 cm),经纱为 18.5 tex×2 棉纱,纬纱为 37 tex 棉纱。

经纱排列:26 白 14 黑 26 白 4 黑 3 白 4 黑 2 白 3 黑 1 白 84 黑 1 白 3 黑 2 白 4 黑 3 白 4 黑。

纬纱排列:22 白 10 黑 22 白 3 黑 2 白 4 黑 1 白 2 黑 1 白 72 黑 1 白 2 黑 1 白 4 黑 2 白 3 黑。

组织为$\frac{2}{2}$斜纹。

2. 筘号计算

根据组织和面料特点,设计筘齿穿入数为 4,取后整理幅缩率 5.3%、织造幅缩率 4%,则

$$筘号=\frac{上机经密}{筘齿穿入数}=\frac{成品经密\times(1-后整理幅缩率)\times(1-织造幅缩率)}{筘齿穿入数}$$

$$=\frac{275.6\times(1-5.3\%)\times(1-4.4\%)}{4}=62.2,取 62 齿/(10 cm)$$

3. 总经根数

设计成品幅宽 145 cm,边幅 0.5 cm×2,则

$$内经根数=成品经密\times成品幅宽=27.56\times144=3\,968.6,取 3968$$

可通过增加边经筘齿穿入数来适当增加边经密度,可选择 6 穿入,则

$$边经根数=筘号\times筘齿穿入数\times边幅/10=62\times6\times0.5/10=18.6,取每边 18 根$$

4. 全幅花数与加头数

$$全幅花数=\frac{内经根数}{一个循环的经纱数}=\frac{3968}{184}=21.6$$

则全幅花数 21。

$$加头数=内经根数-全幅花数\times一个循环的经纱数=3968-21\times184=104$$

5. 劈花

加头数 104 大于最宽色条经纱数 84,故选择一个中区“1 白 3 黑 2 白 4 黑 3 白 4 黑 26 白 14 黑 26 白 4 黑 3 白 4 黑 2 白 3 黑 1 白”,共 100 根,<104,且 100+84×2>104,满足要求,故加头为“2+100+2”,即“2 黑 1 白 3 黑 2 白 4 黑 3 白 4 黑 26 白 14 黑 26 白 4 黑 3 白 4 黑 2 白 3 黑 1 白 2 黑”。中区的开始就是整幅的开始,故整花部分的劈花为“2 黑 1 白 3 黑 2 白 4 黑 3 白 4 黑 26 白 14 黑 26 白 4 黑 3 白 4 黑 2 白 3 黑 1 白 82 黑”,如图 2-16 所示。

一个循环与加头

图 2-16　色织格子布劈花

◆ 任务实施

给每小组分配 2～4 种素织色织物，完成织物规格分析及上机工艺计算，填写仿样设计任务单(表 2-8)。

表 2-8　素织色织物仿样设计任务单

经纱规格				
纬纱规格				
成品经密		成品纬密		
成品幅宽		成品花幅		
总经根数		一花根数		
全幅花数		加头数		

劈花：
整花排列：

加头排列：
边纱排列：
全幅每种色纱根数 A 根　B 根　C 根　D 根　E 根

◆ 相关知识

一、色织物概念

色织物是指采用染色纱线、色纺纱线或花色、花式纱线织制而成的织物(图 2-17)。

图 2-17　色织物

色织物具有以下基本特征：

(1) 采用原纱染色或纤维染色，染料渗透性好。利用各种不同色彩的纱线，再配以组织的变化，可构成各种不同的花纹图案，立体感强，布面丰满。色织物不但可仿典雅华贵的高档毛织物，又可仿凉爽飘逸、透视感强的丝绸织物，还可仿庄重、高雅、大方的麻织物，其价格却低于毛织物和丝织产品。因此，色织物具有经济、实用、美观、大方的特点。

(2) 可同时采用几种不同性能的纤维组合，运用不同线密度、不同色泽的纱线进行交织、交并，为丰富花色品种提供了良好的条件。

(3) 利用色纱和花式纱线及各种组织变化，可以部分弥补原料品质的不足，即使品质较差的原纱，经过巧妙的运用，也能织出优美的织物。还可利用低档原料，经烧毛、丝光、漂白、树脂整理等加工，制成仿毛及仿丝绸的高档产品。

(4) 小批量、多品种生产，生产周期短，花样易于不断翻新，能根据季节特点供应各种花色产品。

二、色织物分类

色织物按组织结构可分为素织色织物、小提花色织物和大提花色织物。

（一）素织色织物

素织色织物指由单一的原组织、简单的变化组织构成的色织物。由于组织单一，织物的花纹效果比较单一，主要是通过经纬向色纱排列构成的条格或具有简单几何花型的配色模纹（图2-18）。

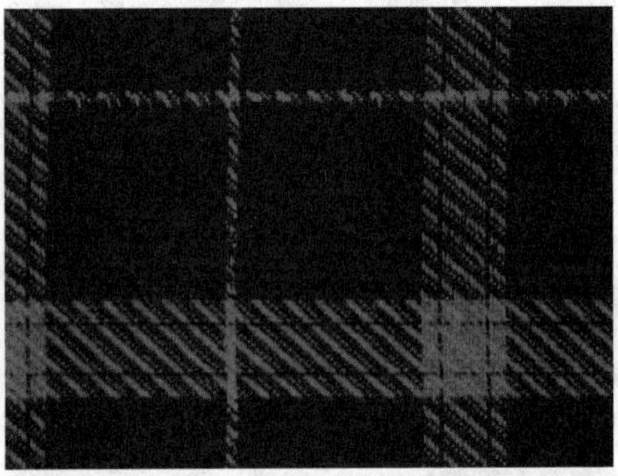

图 2-18　素织色织物

（二）小提花色织物

小提花色织物采用联合组织、复杂组织等，织物具有小型花纹，与经纬色纱配合，可产生精致巧妙的花纹效果。小提花色织物在多臂织机上织制，不同运动规律的经纱由不同的综片控制，因此一个花纹循环内不同运动规律的经纱数受织机的综片数的限制。为了控制所用综片数，小提花色织物的花纹常常比较抽象（图 2-19）。

图 2-19　小提花色织物

（三）大提花色织物

大提花色织物的一个花纹循环内不同运动规律的经纱数远远超过多臂织机的综片数，需要在大提花织机上织制。不同运动规律的经纱由单独运动的纹针控制，可以有几千甚至上万根，因此，大提花色织物具有大型花纹，一般由两种或两种以上的组织在花、地的不同部位分布而形成，可以包含从简单到复杂的各类组织（图 2-20）。

图 2-20 大提花色织物

三、花式纱线

（一） 花式纱线种类

花式纱线的种类很多，按其基本结构及纺制方法，可分为三大类。

1. 花式纱

花式纱是在传统的前纺工序（如梳棉）采用特种纺纱工艺，或在环锭细纱机上略加改造，或采用新型纺纱方法纺成的单纱，如包芯纱、包覆纱、竹节纱、棉结纱、疙瘩纱等。这类纱可直接用于织造，也可加捻成花式线再织造。

2. 花式线

花式线一般在花式捻线机或普通捻线机上纺制。在花式捻线机上纺制的有结子线、竹节线、环圈线、断丝线、扭结线等，还可由这些花型交替纺制成各种复杂的花式线，如结子环圈线、结子竹节线、双圈竹节线、扭结竹节线等。在普通捻线机上纺制的有双色或多色花式线、粗结线、棉结线、断丝线等，还有用花式纱与花式纱、花式纱与普通纱捻合而成的花式线。普通捻线机纺制的花式线也称为匀捻花式线。

3. 变形花式纱

这类花式纱是指由长丝经喷气变形法加工而成的长丝花式纱，其外形结构类似短纤花式纱，品种也很多，如竹节丝、结子丝、圈结丝、包芯丝、雪花丝、粗粒丝等。

（二） 主要花式线设计

1. 结子线

（1）结子线的分类。按结子的形状分，有圆形、椭圆形或长形结子线。这些不同形状的结子既可单独存在，也可同时出现在一根线上。按结子间的隔距分，有等隔距和不等隔距结子线。按结子颜色分，有单色、双色和三色结子线。

结子线一般做花经使用，制成织物后在织物表面形成各种各样的花纹。为使织物表面底色调和，芯纱的颜色应与织物的底色协调，使花色结子在布面上呈现醒目的小型斑点或彩云状的花纹。

（2）结子线的设计要点。

① 喂送比设计。芯纱与饰纱的喂送比按结子自身结构的紧密程度而定，还与饰纱本身是否用作定纱有关。

② 结子分布。结子的分布状态与成形凸轮的外形有关。其规律是凸轮降弧的时间角越大，结子间距越小；凸轮升弧的时间角越小，结子间距就越大。

瓣数少的凸轮制成的结子线用作纬纱时，结子在织物表面易呈现呆板的图形。为防止这种情况，应采用瓣数较多的奇数瓣成形凸轮。

2. 环圈线

(1) 环圈线的种类。环圈线俗称毛巾线，可分为两种：一种为花环线，其环圈形状圆整、透孔明显；另一种为毛圈线，其环圈不圆整、透孔不明显。当毛圈绞结抱合（饰纱捻度大时）且长度较大时，称为辫子线。如将环圈与结子线组合便构成环圈结子线。

环圈线用于棉织物，织物透气性好，没有极光，有高贵华丽之感；用于中长纤维织物，织物毛型感增强，布面丰满，挺而不硬，抗折皱性强。如用腈纶膨体纱起圈，织出的中长纤维织物具有粗犷、坚固、厚实的感觉。

(2) 环圈线的形成。采用两对罗拉的送纱装置，不用成形凸轮。通常，输出饰纱的前罗拉速度远大于输出芯纱的后罗拉速度，所以，经头道捻线机的半制品，其外形是饰纱松弛地卷在芯纱上。接着，将头道半制品经二道捻线机加工。二道为反向加捻，饰纱受到退捻作用。由于捻度减少，松弛的饰纱便形成花环。最后，将二道捻线机输出的半制品和一根定纱并合加捻，捻向与二道相同，花环便被定纱固定，得到最终产品。

(3) 设计要点。环圈线设计最重要的是选择芯纱与饰纱的输送比例。此比例过小，环圈短，织物不够丰满，布面效应也差；比例过大，环圈长，织物丰满，但布面效应不一定好，且用纱量增加。设计时应根据织物的要求，经试验选出最佳输送比。同时要选择合适的色泽，可用强烈的对比色调，使层次分明、对比度强；或用近似色和同色调，增加织物的毛型感。

3. 断丝线

当一个系统的纱线两端被切断而缠结在其他系统的纱线中时，称为断丝线。断丝线按结构特征与纺制方法的不同，可分为两种。一种为普通断丝线，它由一般花式捻线机一次或两次捻制而成，纱体外面有不少纱尾外露，具有天鹅绒状的毛茸。另外，它是在两根加捻的股线中断续地加入短片段人造丝或低捻毛纱而形成的，短片段人造丝是通过牵伸将长丝拉断而得的。此类断丝线可与不同花式线组合成断丝结子线、断丝毛圈线等。另外一种为特殊断丝线，也称雪尼尔线或螺旋长绒线、绳绒线，其结构如瓶刷状，织成衣料或装饰布，好似丝绒一般。饰纱以打圈形式和两根芯纱同时喂入，在两根芯纱加捻的同时，用刀将打成圈状的饰纱连续割断成半圈，因此，饰纱成为短段纱，被夹在芯纱捻回中，饰纱与芯纱的轴心线垂直，毛茸为竖起状，其长度可调节。

四、色织物生产工艺流程

（一） 色织物织造工艺流程

1. 染色纱线

经纱：
- 绞纱→染色→浆纱→络筒→整经→穿结经
- 筒纱、管纱→松式络筒→染色→倒筒→整经→浆纱→穿结经
- 筒纱→整经→经轴染色→浆纱→穿结经

纬纱：
- 绞纱→染色→络筒→（有梭卷纬）→定捻
- 筒纱、管纱→松式络筒→染色→倒筒→（有梭卷纬）→定捻

（以上经纱、纬纱）→织造

2. 股线、花式线等免浆纱线

绞线→染色→络筒→整经→穿结经 }织造
绞线→染色→络筒→(有梭卷纬)→定捻 }

（二） 色织物整理工艺流程

织物的后整理指通过物理、化学或物理和化学联合的方法，改善织物外观和内在品质，提高服用性能或其他应用性能，赋予织物某特殊功能的加工过程。其主要目的有：使织物幅宽整齐均一，尺寸和形态稳定；改善织物外观，提高织物光泽、白度，增强或减弱织物表面绒毛；改善织物手感，采用化学或机械方法使织物获得柔软、滑爽、丰满、硬挺、轻薄或厚实等综合性触摸感觉；提高织物耐用性能，采用化学方法，防止日光、大气或微生物等对纤维的损伤或侵蚀，延长织物使用寿命；赋予织物特殊性能，包括使织物具有某种防护性能或其他特种功能。

1. 常规色织物整理工艺流程

坯布检验→烧毛→退浆→丝光→拉幅定形→预缩→验布→分等→成包。

2. 其他色织物整理工艺流程

(1) 绒类色织物整理工艺流程。

坯布检验→烧毛→退浆→轧光→(磨)起绒→拉幅定形→预缩→验布→验码→成包。

(2) 灯芯绒织物整理工艺流程。

轧碱缩幅(喷汽缩幅)→割绒→检验修补→退浆→烘干→刷绒→烧毛→煮练→漂白→染色→拉幅定型→预缩→验布→分等→成包。

在灯芯绒织物的整个染整加工过程中，应始终保持顺毛加工，这样才能使织物具有良好的绒面和光泽。

五、条型、格型的仿制

（一） 对照法

这是最简单的仿制方法。对照样布的规格，分析其一花循环内每条格宽度及对应的纱线根数，依次记录各色条格在成布上的对应纱线根数。

（二） 测量推算法

仿制纸板花稿或大格型样品，求各色条纱线排列根数，主要步骤：

(1) 测量各色条宽度，精确到 1 mm。

(2) 计算各色条根数＝织物密度×色条宽度。

(3) 修正经纬纱根数。

注意：测量要准确，计算时“织物密度”与“色条宽度”的单位正确。

图 2-21　格型仿制样品

[例 1]　图 2-21 所示来样，测得其密度为 44.1 根/cm×27.6 根/cm，色条宽度为经向灰 1.5 cm、白 0.4 cm，纬向灰 1.6 cm、白 0.4 cm。用测量推算法确定织物经纬向一花色纱根数。

解　经向色纱根数：灰＝44.1×1.5≈66，白＝44.1×0.4 ≈18

纬向色纱根数：灰＝27.6×1.6≈44，白＝27.6×0.4 ≈11

六、色织物上机工艺参数设计

根据客户要求的成布幅宽，推算出坯布幅宽；确定经纬织缩率；确定筘号、上机筘幅；确定总经根数、全幅花数与加头数；合理劈花，确定全幅经纱排列；设计穿综、穿筘工艺；根据成布匹长计算浆纱墨印长度；计算各色用纱量等。素织色织物的长度、幅度、密度、总经根数、筘号计算与简单匹染织物一样，下面重点介绍不同之处。

2-2-1 色纱循环与一花根数

（一）分析经纬色纱排列，确定一花经纬纱根数

一花经纱根数，即一个配色循环内的经纱根数，等于一个配色循环内各色条经纱根数之和。

各色条经纱根数＝色条宽度×该色条的经密

要注意上式中色条宽度与经密的公制、英制单位是否统一。计算时，要根据组织循环经纱数、穿综、穿筘、一花经纱根数等做适当修正。修正时，有些色条根数增加，则其他色条根数可以减少，使一花经纱根数基本一致。采用同样方法可求得一花纬纱根数。

2-2-2 全幅花数与加头数

（二）求全幅花数和加头数

全幅花数指布身内完整的花纹循环个数。加头数指布身内不满一花的经纱根数，也称零花根数。所以，按“（总经根数－边经根数）/一花经纱根数”计算得到的数值的整数部分即全幅花数，而加头数＝总经根数－边经根数－一花经纱根数×全幅花数。

［例 2］ 某色条府绸，规格为“14.6 tex×14.6 tex　472.5 根/(10 cm)×275.5 根/(10 cm)”，每边 32 根，经向一花色纱排列为“蓝 38 白 9 蓝 2 白 2 蓝 2 白 9 红 4 白 9 蓝 2 白 2 蓝 2 白 9”（图 2-22），按以下总经根数分别求全幅花数和加头数：

（1）总经根数＝5464；(2)总经根数＝5474；(3)总经根数＝5526。

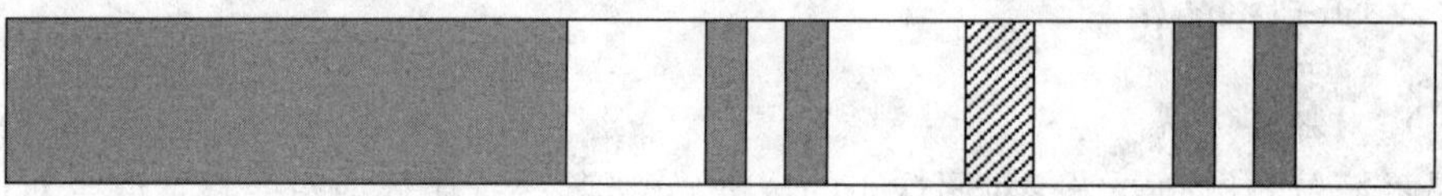

图 2-22　色条府绸色纱排列

解　一花经纱根数＝各色条根数之和＝38＋9＋2＋2＋2＋9＋4＋9＋2＋2＋2＋9＝90

（1）总经根数＝5464 时，

$$\frac{5464-32\times 2}{90}=5400/90=60$$

则全幅花数为 60 花，加头数为 0。

（2）总经根数＝5474 时，

$$\frac{5474-32\times 2}{90}=5420/90\approx 60.2$$

则全幅花数为 60 花，

$$加头数=5474-32\times 2-90\times 60=10$$

（3）总经根数＝5526 时，

$$\frac{5526-32\times 2}{90}=5462/90\approx 60.7$$

则全幅花数为 60 花，

$$加头数=5526-32\times2-90\times60=62$$

（三）劈花，确定全幅经纱排列起讫位置

1. 劈花的含义、目的与原则

确定经纱配色循环的起讫位置称为劈花。劈花以一花为单位。

劈花的目的是使整幅织物的色经排列尽量对称，使织物外观美观，且利于拼幅、拼花及裁剪时节约用料。

劈花原则主要有：

(1) 劈花位置宜选择较宽色条。

(2) 劈花位置宜选择组织较紧密的部分，不宜选择提花、缎条等松组织处或泡泡纱的起泡部分，这些组织需离布边 1～1.5 cm，以保证织物在织造中不被边撑拉破及在大整理中不被夹头拉坏。不能满足上述要求时，可适当增加边经根数。

(3) 劈花要兼顾各组织的穿筘要求、操作便利等。

2. 劈花的方法

由于加头数不同，劈花方法和位置也不同。

(1) 加头数为 0，全幅花数为整花，劈花时只需以最宽色条的中点分界：

中点右边的第一根经纱为全幅布身经纱起点(最左)；

中点左边的相邻一根经纱为全幅布身经纱讫点(最右)。

2-2-3 劈花 1

[例 3] 上例中，经向一花色纱排列如下：

蓝 38、白 9、蓝 2、白 2、蓝 2、白 9、红 4、白 9、蓝 2、白 2、蓝 2、白 9，90 根/花

总经根数为 5464 时，全幅花数为 60 整花，加头数为 0，以最宽色条"蓝 38"的中点分界，分为"蓝 20"和"蓝 18"，则全幅经纱排列见表 2-9 与图 2-23。

表 2-9　加头数为 0 时的劈花

左边	90 根/花，全幅 60 花	加头	右边
32	蓝 20，白 9，蓝 2，白 2，蓝 2，白 9，红 4，白 9，蓝 2，白 2，蓝 2，白 9，蓝 18	0	32

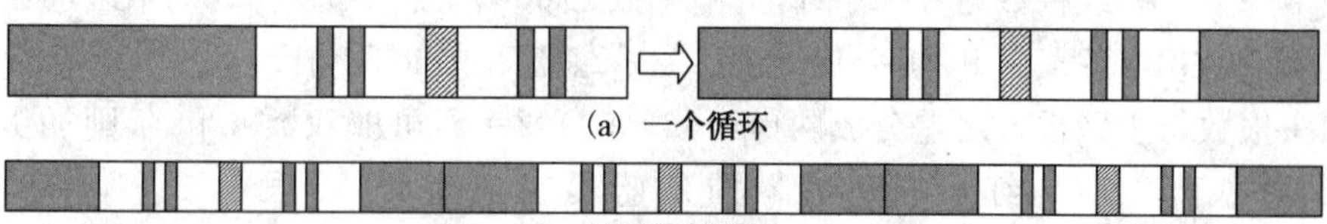

(a) 一个循环

(b) 多个循环

图 2-23　加头数为 0 时的劈花

(2) 加头数<最宽色条经纱根数，则

$$(加头数+最宽色条经纱根数)\div2=一个等份$$

自最宽色条最右向左数一个等份，即得布身最左的经纱起点；

自最宽色条最左向右数一个等份，即得布身最右的经纱讫点。

2-2-4 劈花 2

[例 4] [例 2]中，总经根数为 5474 时，全幅花数为 60 花，加头数 10 根，最宽色条蓝 38+加头

数 10＝48，一个等份＝48/2＝24。

最宽色条中的蓝 24 根为全幅布身经纱排列的起点，也是一花经纱排列的起点。一花经纱排列的终点则为一花经纱排列中起点前的那根经纱，38－24＝14，即最宽色条中“蓝 14”为一花经纱排列的终点，故一花经纱排列顺序为“蓝 24、白 9、蓝 2、白 2、蓝 2、白 9、红 4、白 9、蓝 2、白 2、蓝 2、白 9、蓝 14”，重复 60 个循环后，加头“蓝 10”。这自然形成了全幅布身经纱排列靠近右边的色条为“蓝 14＋蓝 10”，即“蓝 24”，与靠近左边的全幅布身经纱排列的起点“蓝 24”对称，则全幅经纱排列见表 2-10 与图 2-24。

表 2-10　加头数＜最宽色条经纱数时的劈花

左边	90 根/花，全幅 60 花	加头	右边
32	蓝 24，白 9，蓝 2，白 2，蓝 2，白 9，红 4，白 9，蓝 2，白 2，蓝 2，白 9，蓝 14	10	32

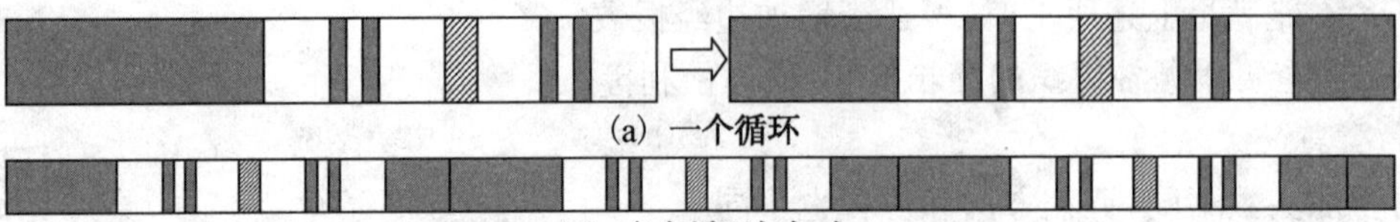

(a) 一个循环

(b) 多个循环与加头

图 2-24　加头数＜最宽色条经纱数时的劈花

2-2-5 劈花 3

(3) 加头数＞最宽色条经纱根数，选择一个中区（由连续排列的多个色条组成），须同时满足：

中区根数（包含的各色条经纱根数之和）＜加头数；

中区根数＋与中区相邻的窄色条经纱根数×2＞加头数。

当符合以上条件的中区不止一个时，宜选最小中区，使接近布边的色条尽可能宽。选花型对称的中区时，整幅经纱排列易于形成较好的对称性。

将加头根数与中区根数之差分成两份，则加头为中区两边加根数差，加头的起始位置就是整幅的起始位置。

[例 5]　[例 2]中，总经根数为 5 526 时，全幅花数为 60 花，加头数为 62，则中区选：

白 9、蓝 2、白 2、蓝 2、白 9、红 4、白 9、蓝 2、白 2、蓝 2、白 9（52 根）

将加头根数与中区根数之差分成两份：(62－52)/2＝5，可取双数 6 和 4，则加头为“蓝 6、白 9、蓝 2、白 2、蓝 2、白 9、红 4、白 9、蓝 2、白 2、蓝 2、白 9、蓝 4”（62 根）。

加头的起始位置就是整幅的起始位置，一花经纱排列的终点则为一花经纱排列起点前的那根经纱，38－6＝32，即“蓝 32”为一花经纱排列的终点，故一花经纱排列顺序为“蓝 6、白 9、蓝 2、白 2、蓝 2、白 9、红 4、白 9、蓝 2、白 2、蓝 2、白 9、蓝 32”。

重复 60 个循环后，加上加头数 62，则全幅经纱排列见表 2-11 与图 2-25。

表 2-11　加头数＞最宽色条经纱数时的劈花

左边	全幅 60 花＋加头 62	右边
32	（蓝 6，白 9，蓝 2，白 2，蓝 2，白 9，红 4，白 9，蓝 2，白 2，蓝 2，白 9，蓝 32）×60＋ 加头（蓝 6，白 9，蓝 2，白 2，蓝 2，白 9，红 4，白 9，蓝 2，白 2，蓝 2，白 9，蓝 4）	32

(a) 中区排列 (b) 加头排列 (c) 整花排列

(d) 多个循环与加头

图 2-25 加头数>最宽色条经纱数时的劈花

2-2-6 每种色纱根数计算

（四） 每种色纱根数计算

每种色纱根数＝一花中该色纱根数×全幅花数＋加头中该色纱根数＋边经中该色纱根数

以下二维码为部分劈花与色纱排列分析与设计微课，以便为读者更好地进行织物分析与设计提供参考。

2-2-7 劈花与色纱根数一　2-2-8 劈花与色纱根数二　2-2-9 劈花与色纱根数三　2-2-10 劈花与色纱根数四　2-2-11 劈花与色纱根数五

（五） 用纱量计算

1. 千米坯布用纱量

坯布经纱用量(kg/km)＝

$$\frac{\text{分色分线密度经纱根数}\times\text{经纱线密度}\times(1+\text{放码率})}{1000\times(1-\text{经纱织缩率})\times(1-\text{经纱染整缩率})\times(1+\text{经纱伸长率})\times(1-\text{经纱捻缩率})\times(1-\text{经纱回丝率})}$$

其中：$\dfrac{\text{分色分线密度经纱根数}\times 1000}{(1-\text{经纱织缩率})\times(1-\text{经纱染整缩率})\times(1+\text{经纱伸长率})\times(1-\text{经纱捻缩率})}$为1000 m坯布中经纱的原始长度；

$\dfrac{\text{经纱线密度}}{1000}$为1 m长的经纱质量；

$(1+\text{放码率})\times\dfrac{1}{(1-\text{经纱回丝率})}\times\dfrac{1}{1000}$为织造过程中的损失和单位统一。

纬纱用量(kg/km)＝

$$\frac{\text{分色分线密度坯布纬密(根/10 cm)}\times\text{筘幅(cm)}\times(1+\text{放码率})}{10\,000\times(1-\text{纬纱染整缩率})\times(1+\text{纬纱伸长率})\times(1-\text{纬纱捻缩率})\times(1-\text{纬纱回丝率})}$$

其中：分色分线密度坯布纬密(根/10 cm)×10×1000为1000 m坯布中分色分线密度纬纱根数；

$\dfrac{\text{筘幅(cm)}}{100\times(1-\text{纬纱染整缩率})\times(1+\text{纬纱伸长率})\times(1-\text{纬纱捻缩率})}$为1000 m坯布中纬纱的原始长度；

$\dfrac{\text{纬纱线密度}}{1000}$为1 m长的纬纱质量；

$(1+放码率)\times\frac{1}{(1-纬纱回丝率)}\times\frac{1}{1000}$为织造过程中的损失和单位统一。

$$坯布纬密=成品纬密\times(1+后整理伸长率)=\frac{成品纬密}{纬密加工系数}$$

如果经纱或纬纱只有一种线密度，则经纱用量计算公式中的“分色分线密度经纱根数”可用“总经根数”代入，纬纱用量计算公式中的“分色分线密度坯布纬密”可用“坯布纬密”代入，算出各色经（纬）纱总用量，然后再根据各色纱在一花色纱循环中所占比例，分别算出各色纱的用量。

2. 成品用纱量

$$成品经纱(或纬纱)用量[kg/(100\ m)]=\frac{坯布经纱(或纬纱)用量}{1\pm经向(或纬向)后整理伸长率(缩率)}$$

上式中，经后整理后，坯布沿经向伸长用“1＋经向后处理伸长率”，若缩短则用“1－经向后整理缩率”。

设计人员完成上述工艺参数计算后，需要填写工艺单，也称工艺设计书，包括整个生产流程的工艺，各工序的工艺单则分发给相应工序部门以组织生产。

◆ 设计理论积累——色彩基础知识

一、色彩分类

（一）原色、间色与复色

原色是指色彩中不能再分解的基本色彩，或者说不能通过其他颜色混合而成的色彩。颜料三原色为品红（明亮的玫红）、黄（柠檬黄）、青（湖蓝）。色光的三原色为红、绿、蓝，彼此可以合成任何色光，同时混合色光三原色则得到白色光。颜料三原色彼此混合，理论上能得到其他任何色彩。同时混合颜料三原色可得到黑色。但是因为颜料含化学成分，通常颜料混合的种类越多，得到的颜色越浑浊，所以颜料三原色混合的最终结果并不是纯黑色，而是一种污浊的浊黑色。

间色是由两个原色混合得到的色彩。间色只有三种。色光的三间色为品红（明亮的玫红）、黄（柠檬黄）、青（湖蓝）。颜料的三间色为橙（品红加黄）、绿（黄加青）、紫（品红加青）。色光的三间色恰好是颜料的三原色，如图 2-26 所示。

复色是颜料的两个间色或者一种原色与其对应的间色（如红与绿、黄与紫、蓝与橙）混合得到的颜色。复色包含所有的原色成分，由于其中的原色比例不同，因此得到不同的红灰、黄灰、绿灰等色调。

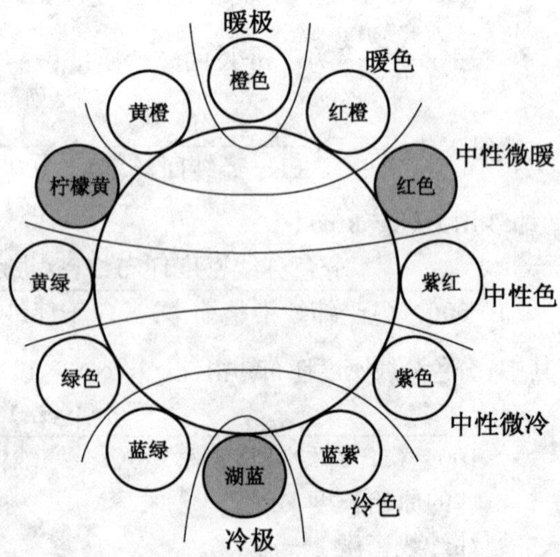

图 2-26　色环图

（二）无彩色与有彩色

黑、白、灰色属于无彩色，从物理学角度看，它们不包括在可见光谱范围，因此不能称之为色彩。有彩色则是无数的，以红、橙、黄、绿、青、蓝、紫为基本色。

二、色彩三属性

（一）色相

色相就是指色彩不同的相貌。它是色彩的首要特征，是区别各种不同色彩的最准确的标准。最初的基本色相为红、橙、黄、绿、蓝、紫。在各色中间插入一个中间色，构成红、红橙、橙、黄橙、黄、黄绿、绿、蓝绿、蓝、蓝紫、紫、红紫十二基本色相。如果进一步找出其中间色，便可以得到二十四个色相。在色相环的圆圈里，各彩调按不同的角度排列，则十二色相环每一色相的间距为 30°，二十四色相环每一色相的间距为 15°。

（二）纯度

纯度指色彩的单纯程度，也就是色彩的鲜艳程度，亦称为彩度、饱和度、鲜艳度或含灰度。它表示颜色中所含有色成分的比例。一个色中混入了其他色，色彩的饱和度降低。色彩由鲜艳变得污浊，即纯度降低。凡有纯度的色必有相应的色相感，有纯度感的色都称为有彩色。

有彩色的纯度划分方法：选出一个纯度较高的色相（如红色），再选一个明度相等的灰色，然后将大红与灰色混合，混合出从红色到灰色的纯度依次递减的纯度序列，得出高纯度色、中纯度色、低纯度色。色彩中，红、橙、黄、绿、青、蓝、紫等基本色相的纯度最高。无彩色没有色相，因此纯度为零。

（三）明度

明度指色的明亮程度或明暗差别，也可称为色的亮度、深浅。对色光而言可以称为光度。在无彩色系中，明度最高的是白色，最低的是黑色，白色与黑色之间存在一系列的灰色。在有彩色系中，最明亮的是黄色，最暗的是紫色，红、绿色为中间明度。色彩的明度变化往往会影响纯度，如红色中加入黑色明度降低，同时纯度也降低；如果红色中加白色则明度提高，但纯度降低。

有彩色的色相、纯度和明度三特征是不可分割的，应用时必须同时考虑这三个因素。

三、色彩视知觉

（一）色彩的冷暖感

虽然色彩本身不具有温度，但不同的色彩会使人产生不同的温度感。这是由于人体本身的经验习惯所造成的一种视觉感受。比如太阳、火焰的温度高，使人体有温暖的感觉，太阳和火焰的红色、橙色、黄色就容易使人产生联想，因而具有温暖的感觉；大海、雪山、冰块等环境使人体寒冷，因而会让人联想到大海、天空、湖泊的蓝色、蓝紫色、蓝绿色就会使人有寒冷的感觉。所以，将红橙色定为最暖色，称为暖极；蓝绿色定为最冷色，称为冷极；距离暖极近的红、橙、黄等称为暖色；距离冷极近的蓝绿、蓝紫等称为冷色。

无彩色中的黑、白，白色反射光线，同时反射热量，而黑色吸收光线，同时也吸收热量。冬季寒冷的时候穿黑色衣服使会使人暖和，夏季天气炎热时则穿白色衣服。因此人们通常也把白色归为冷色，黑色归为暖色。不论冷色还是暖色，加白后都偏冷感，加黑后都偏暖感。色彩的冷暖只是一个相对概念，没有绝对。比如红色是暖色系，但是红色中的大红、朱红比紫红、深红偏暖；大红比玫红暖，但比朱红冷；朱红又比红橙冷。这都是相对而言的。此外，色彩之间的相互影响也会改变色彩的冷暖性质。

（二）色彩的空间感

在二维的平面上可以通过透视原理来获得立体效果。另一方面，运用色彩的冷暖、明暗与纯度及面积对比，也能展现出空间和深浅而获得立体效果。

造成色彩空间感的因素主要是色的前进和后退。在色相上，暖色系的色彩具有前进感，称为前进色；冷色系的色彩具有后退感，称为后退色。低明度的色彩在感觉中的距离比实际距离显得远，有后退感。从纯度上看，纯度越高的颜色越往前，纯度越低的颜色越往后。在人们日常的生活经验中，由于空气中存在粉尘颗粒，远处的物体颜色会显得浑浊晦暗，而近处的物体则鲜艳明亮，所以运用低明度、低纯度的颜色与高明度、高纯度的颜色可以在视觉上制造画面的空间进深感。设计中可以利用色彩的这一特性来产生层次、空间的大小和高低。

但是，色彩的前进与后退还受背景色的影响而变化。在黑色背景中，鲜亮的色向前推进，晦暗的色则融入背景向后退。相反，在白色背景中，深色向前推进，浅色则融入背景。除背景外，颜色的面积也影响色彩的空间感，面积大的色向前，面积小的色向后，大面积色包围下的小面积色会向前进。

（三）色彩的膨胀与收缩

色彩的前进与后退感也会造成色彩的膨胀和收缩感，也就是色彩的大小感觉。从色相上看，具有前进感的暖色系色彩被人感知的尺寸比实际尺寸大，称为膨胀色；具有后退感的冷色系色彩被人感知的尺寸比实际尺寸小，称为收缩色。比如红色和蓝色两个面积一样的圆，红的圆感觉比蓝的圆大。从明度上看，明度越高的色彩所表现的心理尺寸就越大。也就是说，暖色及亮色具有膨胀感，看起来比实际尺寸略大；冷色及暗色具有收缩感，看起来比实际尺寸略小。从纯度上看，纯度越高的暖色所表现出来的心理尺寸越大，纯度越低的冷色表现出来的心理尺寸越小。

根据色彩的这一规律，在应用过程中，如要取得色的平衡，一般暖色系的色和明亮、鲜艳的色的面积要适当小些，冷色、晦暗、低纯度的色的面积要适当大些，以协调和控制设计要素各部分与整体的关系。也可以利用色彩来改变各要素的相对尺度、体积等，取得特殊的设计效果。

（四）色彩的轻重感

一般来说，色彩的轻重感主要由明度决定。明度高的色彩感觉轻，明度低的色彩感觉重。明度相同时，纯度高的比纯度低的色给人的感觉轻。从色相上看，暖色比冷色轻。色相轻重的排列顺序为白、黄、红、灰、绿、蓝、紫、黑。设计构图中除了利用造型上的手法外，还常利用色彩的轻重感来达到平衡及稳定的需要。

（五）色彩的软硬感

色彩的软硬感取决于明度和纯度，与色相的关系不大。高明度而低纯度的色具有柔软感，如粉红色；低明度、高纯度的色具有硬感。在明度相同的情况下，暖色、纯度越低越显得柔软；冷色、纯度越高越显得硬。中性色系的绿色和紫色有柔软感，因为绿色易使人联想到树叶、青草，紫色易使人联想到花卉。在女性用品中可以见到大量不同明度、纯度的紫色，就是因为紫色具有这一特性。无彩色中的白和黑是坚硬色，而灰色是柔软色。另外，对比强烈的配色或色阶差距较大的配色显得硬，对比弱的配色或色阶渐变的配色显得软。

（六）色彩的强弱感

色彩的强弱主要受明度和纯度的影响。高纯度、低明度的色使人感到强烈；低纯度、高明度的色使人感到弱。色彩的强弱与色彩的对比有关，对比强烈、鲜明则强，对比微弱则弱。有彩色与无彩色相比，有彩色强，无彩色弱。

任务三 大循环平素织物仿样设计

知识点： 1. 熟悉大循环平素织物组织分析方法。
2. 掌握不等密织物仿制方法。
3. 掌握大循环平素织物的劈花方法和上机计算方法。

技能点： 1. 能够对大循环平素织物进行基础组织分析并组合。
2. 能够仿制不等密织物，确定筘齿穿入数与各条根数。
3. 能够对大循环平素织物进行劈花和上机工艺设计。
4. 能够编制大循环平素织物的工艺单。

◆ 情境引入

客户来样为大循环平素织物，按要求的布幅和匹长，试进行仿样规格及生产工艺设计。

◆ 任务分析

对大循环平素织物进行仿样设计，应完成以下工作：

(1) 分析经纬纱原料、规格。

(2) 分析经纬密度，看是否为等密织物。

(3) 分析各基础组织并进行合理组合。

(4) 对织物进行合理劈花。

(5) 设计纹板即穿综顺序。

(6) 进行上机工艺计算。

◆ 做中学、做中教

案例一：正反缎纹纵条织物(图 2-27)

2-3-1 大循环之正反缎条格组织分析

1. 观察分析

织物正反面都呈现黑白条纹，并且条纹方向的纱线排列密度大，可判断条纹方向为经向，经纱为白色，纬纱为黑色，白色条纹的反面是黑色条纹，黑色条纹的反面是白色条纹。

2. 经纬纱规格分析

织物手感光滑、硬挺，用燃烧法判断经纬纱线均为涤纶长丝，再通过比较法和测长称重法分析经纬纱细度，并数出单纤维根数，得到经纬纱规格：经纱 150 den/36 F，纬纱 300 den/48 F。

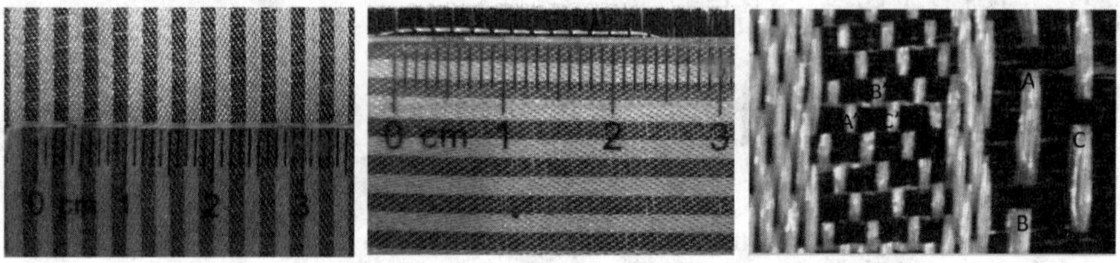

(a) (b) (c)

图 2-27　正反缎纹纵条织物

3. 组织分析

(1) 局部分析。织物正面白条纹位置主要呈现经纱颜色，判断为经面组织，没有明显的斜向纹路，初步判断为缎纹组织，再通过拆纱法分析(拆出 2 根)得到白条纹位置的基础组织为 5 枚 3 飞经面缎纹，黑条纹位置通过反面分析的方法得到其基础组织为 5 枚 3 飞纬面缎纹。

(2) 经纬纱根数与组合分析。此织物的纵条纹较窄，其基础组织循环纱线根数为 5，由此数出每个纵条纹含 3 个基础组织循环，即 15 根经纱，组合时需要注意，为了让条纹更加清晰，经、纬面缎条纹的交接处须设置成底片关系。

4. 织物密度分析

一个花纹组织循环(包括一个白条纹和一个黑条纹)的经纱根数为 30，如图 2-27(a)所示，测量 6 个花纹组织循环，得其尺寸为 2 cm，则经密＝30×6÷2＝90 根/cm；一个基础组织循环的纬纱根数为 5，如图 2-27(b)所示，测量 10 个基础组织循环，得其尺寸为 1.8 cm，则纬密＝5×10÷1.8＝27.8 根/cm。

5. 纺织 CAD 设计

(1) 新建意匠。分别输入经纬线格数、密度，新建意匠，如图 2-28(a)所示。

(2) 绘制纹样。保留 0 号色为纬面缎纹条，用 1 号色绘制经面缎纹条，如图 2-28(b)所示。

(3) 上机图。利用“纹针组织表”工具，分别对应 0 号色与 1 号色的组织，利用“生成组织图”工具得到组织图，利用多臂机菜单中的“按组织图穿综”生成穿综和纹板图，如图 2-28(c)所示。

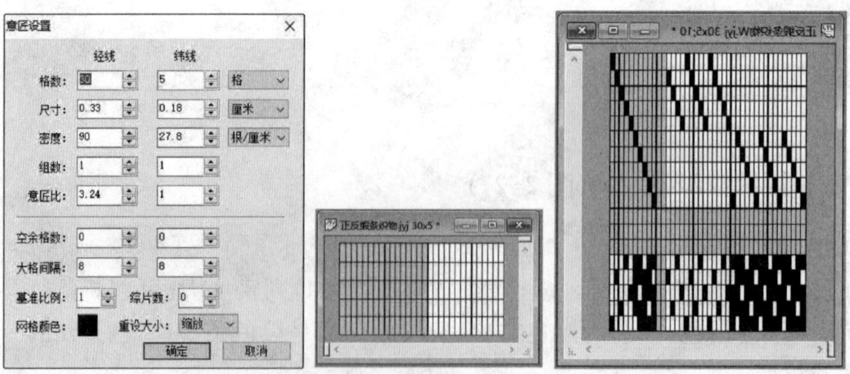

(a) (b) (c)

图 2-28　正反缎纹纵条织物的纺织 CAD 制作

案例二:纵条纹织物(图 2-29)

2-3-2 不等经密织物仿样设计案例二

(1) 观察织物表面,经过染色和印花处理,说明此织物属于成品布。

(2) 根据经密纬疏、布边和印花的字母方向,判断经纬向。

(3) 织物密度分析。一个循环宽度为透孔 2.5 mm、平纹 15 mm、菱形 3 mm,共 35.5 mm。测量联合组织织物的密度之前,要确定是等密织物还是非等密织物。测得透孔条纹的宽度 2.5 mm、经纱 15 根,菱形条纹的宽度 3 mm、经纱 18 根,18 根平纹经纱的宽度为 4.5 mm,可见不是等密织物。可以推算透孔处经密$=\frac{15}{2.5}\times 100=600$ 根/(10 cm),同理算得菱形条纹和平纹的经密分别为 600 根/(10 cm)和 400 根/(10 cm)。

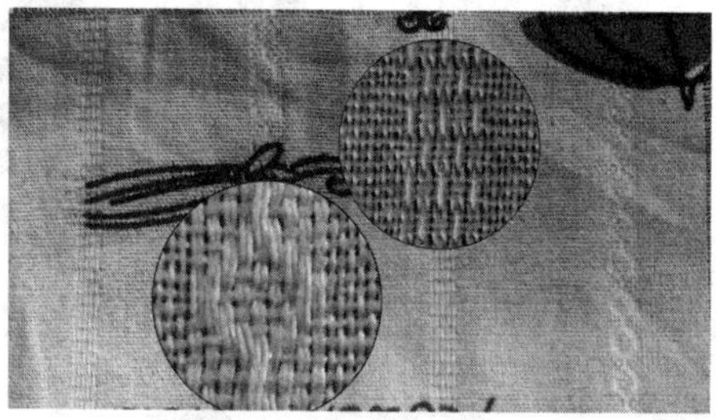

图 2-29　纵条纹织物

(4) 上机幅宽。量取织物成品幅宽为 120 cm,取后整理幅缩率 6.5%、纬纱织缩率 5%,则

$$上机幅宽=\frac{成品幅宽}{(1-后整理幅缩率)(1-纬纱织缩率)}=\frac{120}{(1-6.5\%)(1-5\%)}=135.1\ \text{cm}$$

(5) 织物组织分析。

① 通过初步观察,得此织物为纵条组织织物。

② 分析得各条纹组织为平纹、透孔和菱形斜纹。透孔为 3 根,透孔组织可以在平纹的基础上增减组织点而得到(图 2-30)。分析菱形斜纹时,可以先找到以对称轴为边界的部分组织(图 2-31),然后向右、向上或向下画出剩余的部分,这样能快速、准确地画出组织。

图 2-30　透孔组织绘制

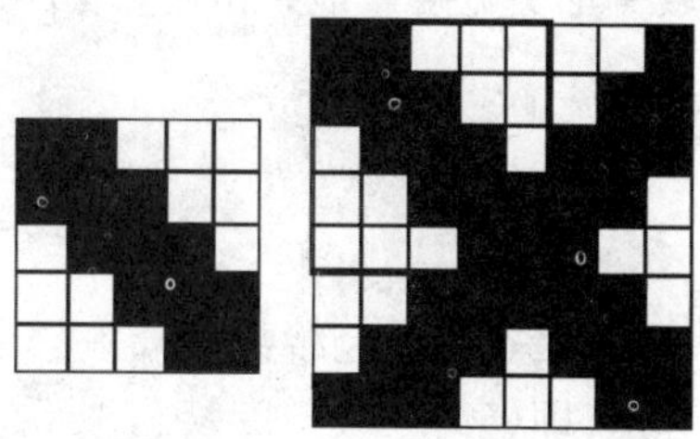

图 2-31　菱形斜纹组织绘制

③ 每条经纱数确定。透孔和菱形斜纹的根数可以根据基础组织的个数直接数出,透孔部分 15 根;菱形部分相邻 2 根经纱的运动规律一致,共 9×2=18 根(图 2-32)。

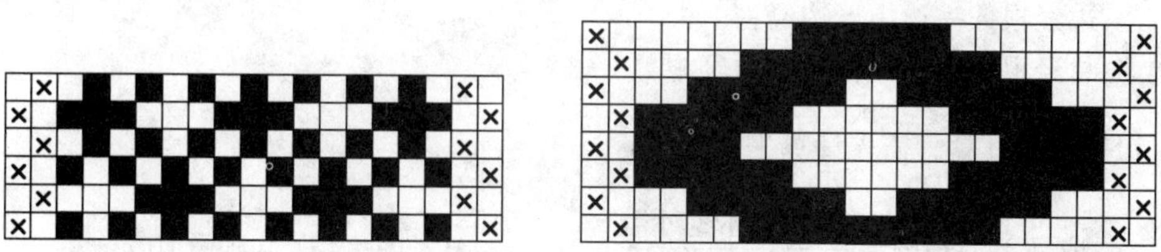

图 2-32　纵条纹织物各条根数

④ 组合。要注意透孔必须与平纹配合，而此织物中的菱形斜纹与平纹交界处可以不考虑，平纹根数＝宽度×平纹密度＝1.5×400/10＝60。组合后的组织图如图 2-33 所示。

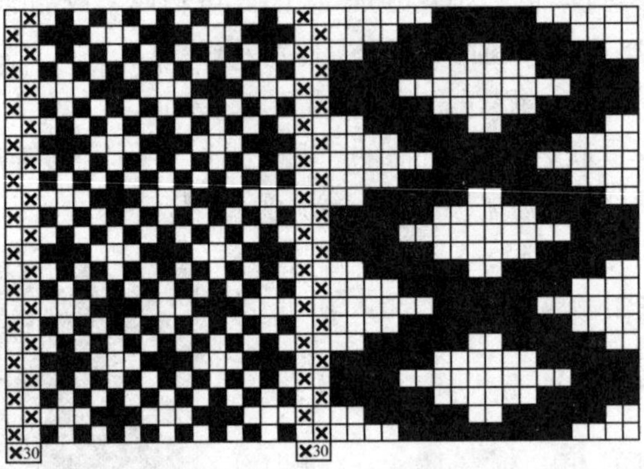

图 2-33 纵条纹织物组织图

(6) 全幅花数、加头数、内经根数计算与劈花。

可以采用两种方法：一是根据宽度计算；二是根据根数计算。

① 根据宽度计算。

a. 全幅花数

成品幅宽 120 cm，内幅 118.4 cm，边幅 0.8 cm，则

$$全幅花数=\frac{成品内幅}{一个循环宽度}=\frac{118.4}{3.55}=33.4，取 33 花$$

b. 加头宽度＝成品内幅－全幅花数×一个循环宽度＝118.4－33×3.55＝1.25 cm

$$加头数=加头宽度\times 地条密度(即平纹组织密度)=1.25\times\frac{400}{10}=50$$

c. 劈花

$$加头数<最宽地条经纱数$$

(加头数＋最宽地条经纱数)÷2＝一个等份，自最宽地条的最右处向左数一个等份，得布身最左的起点，即(50＋60)÷2＝55，取 56 为一个循环的起点，则“56 地、18 菱形斜纹、60 地、15 透孔、4 地”为一个循环，33 个循环加头 50 根地部。

d. 总经根数计算

内经根数＝全幅花数×一个循环经纱数＋加头数＝33×153＋50＝5099

边经根数＝边幅×边经密

总经根数＝内经根数＋边经根数

② 根据根数计算。需先计算平均经密，

$$成品平均经密=\frac{一个循环经纱数}{一个循环宽度}\times 10=\frac{153}{3.55}\times 10=431.0 根/(10 cm)$$

a. 内经根数

$$内经根数=成品平均经密\times成品内幅/10=431\times118.4/10=5103$$

b. 全幅花数

$$全幅花数=\frac{内经根数}{一个循环经纱数}=\frac{5103}{153}=33.4，取33花$$

c. 加头数

$$加头数=内经根数-全幅花数\times一个循环经纱数=5103-33\times153=54$$

d. 劈花

$$加头数<最宽地条经纱数$$

(加头数＋最宽地条经纱数)÷2＝一个等份，自最宽地条的最右处向左数一个等份，得布身最左的起点，即(54＋60)÷2＝57，取58为一个循环的起点，则"58地、18菱形斜纹、60地、15透孔、2地"为一个循环，33个循环加头54根地部。

两种方法理论上应该相等，但是由于计算取舍，可能稍有不同。设计者可根据习惯选择其中之一。

(7) 穿综、穿筘与纹板图。观察发现经纱有9种不同的运动规律，以平纹规律运动的经纱最多，菱形斜纹组织对应的经纱比透孔组织对应的经纱要多一些，所以平纹组织放最前面，然后是菱形斜纹，最后是透孔，纹板图如图2-34所示。筘齿穿入数的确定依据是经密之比等于筘齿穿入数之比，透孔和蜂巢部分与地部的筘齿穿入数之比＝600∶400＝3∶2，可分别选择3穿入和2穿入。

图2-34　调整前(左)和调整后(右)纹板图

穿综和穿筘：

整花部分：$\frac{(1,\ 2)\times28}{2穿入}$，$\frac{3,\ 3,\ 4,\ 4,\ 5,\ 5,\ 6,\ 6,\ 7,\ 7,\ 6,\ 6,\ 5,\ 5,\ 4,\ 4,\ 3,\ 3}{3穿入}$，

$\frac{(2,\ 1)\times30}{2穿入}$，$\frac{(2,\ 8,\ 2,\ 1,\ 9,\ 1)\times22,\ 8,\ 2}{3穿入}$，$\frac{(1,\ 2)\times2}{2穿入}$

加头部分：$\frac{(1,\ 2)\times25}{2穿入}$

边部：每边48根，$\frac{(1,\ 2)\times24}{3穿入}$(边部密度应大于地部密度)

核算综丝密度，此织物织造时穿入第1、2片综片上的综丝数最多，

$$\begin{aligned}穿入第1片综片的综丝数&=一花穿入本综片的综丝数\times全幅花数+\\&\quad加头穿入本综片的综丝数+布边穿入本综片的综丝数\\&=64\times33+25+48=2\ 185\end{aligned}$$

$$\text{第 1 片综片的综丝密度}=\frac{\text{本综片上的综丝数}}{\text{综框宽度}}=\frac{\text{本综片上的综丝数}}{\text{上机幅宽}+2}$$

$$=\frac{2\ 185}{137.1}=15.9\ \text{根/cm}$$

综丝密度偏大，故平纹部分增加 2 片综片，穿综、穿筘调整如下：

$$\text{整花部分}:\frac{(1,\ 2,\ 3,\ 4)\times 14}{2\ \text{穿入}},\ \frac{5,\ 5,\ 6,\ 6,\ 7,\ 7,\ 8,\ 8,\ 9,\ 9,\ 8,\ 8,\ 7,\ 7,\ 6,\ 6,\ 5,\ 5}{3\ \text{穿入}},$$

$$\frac{(4,\ 3,\ 2,\ 1)\times 15}{2\ \text{穿入}},\ \frac{(2,\ 10,\ 2,\ 1,\ 11,\ 1)\times 22,\ 10,\ 2}{3\ \text{穿入}},\ \frac{1,\ 2,\ 3,\ 4}{2\ \text{穿入}}$$

$$\text{加头部分}:\frac{(1,\ 2,\ 3,\ 4)\times 12\ 1,\ 2}{2\ \text{穿入}}$$

$$\text{边部}:\text{每边 48 根},\frac{(1,\ 2,\ 3,\ 4)\times 12}{3\ \text{穿入}}$$

(8) 筘号计算。

$$\text{一花筘齿数}=\text{每条筘齿数之和}=28+6+30+5+2=71$$

$$\text{全幅筘齿数}=\text{一花筘齿数}\times\text{全幅花数}+\text{加头筘齿数}+\text{布边筘齿数}$$

$$=71\times 33+25+32=2\ 400$$

$$\text{筘号}=\frac{\text{全幅筘齿数}}{\text{上机幅宽}}=\frac{2\ 400}{135.1}\times 10=177.4,\text{取 178 齿/(10 cm)}$$

2-3-3 大循环织物组织分析一

2-3-4 大循环等密织物筘齿穿入数、总经根数计算

案例三：平纹地经纬浮长小提花织物(图 2-35)

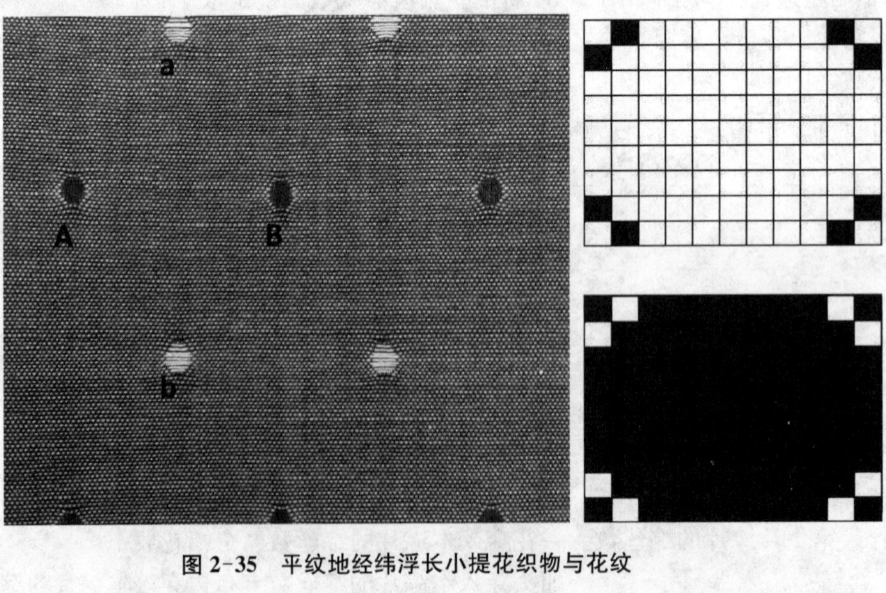

图 2-35 平纹地经纬浮长小提花织物与花纹

1. 平纹与提花配合

本面料的重点是平纹与小花纹的配合。两个花纹之间间隔平纹根数的确定，可以先假设

不间隔，看平纹能否连续：如果花纹沿经向或纬向错开，能连续则间隔偶数根平纹，不能连续则间隔奇数根平纹；如果花纹沿经向和纬向都错开，能连续则经纬纱都间隔偶数或奇数根平纹，不能连续则经纬纱中一个间隔奇数根平纹而另一个间隔偶数根平纹。可以看出 A 与 B 不能连续，故 A 与 B 之间间隔奇数根经纱，A 与 b 也不能连续，因此 A 与 b 之间如果间隔奇数根经纱，则必须间隔偶数根纬纱，如图 2-36(a)所示；如果间隔偶数根经纱，则必须间隔奇数根纬纱，如图 2-36(b)所示。

2-3-5　大循环等密织物全幅花数加头数计算与劈花

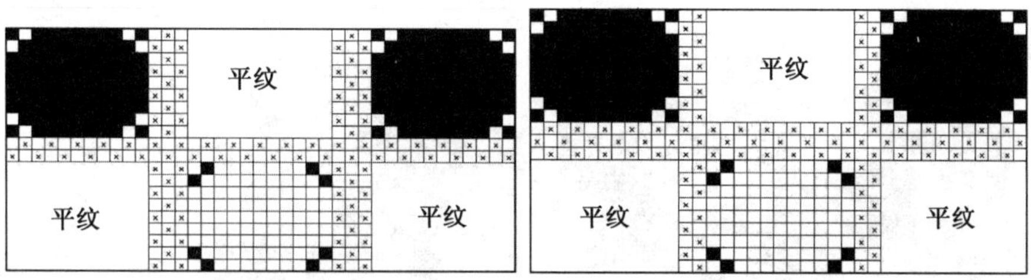

(a) 奇数根经纱、偶数根纬纱　　(b) 偶数根经纱、奇数根纬纱

图 2-36　平纹与小提花的配合

2. 组织循环确定

测得织物密度为 42.9 根/cm×25 根/cm，一个循环宽度、长度分别为 2.05 cm、3.40 cm，则一个循环的经纱根数为 42.9×2.05=87.9，取 88，因经纬花纹为菱形排列，一个循环的花型分布如图 2-37 所示。经浮长花纹和纬浮长花纹的经纱根数都为 11，则间隔平纹的经纱根数为(88−11−11)÷2=33，它为奇数。根据平纹与花纹的配合规律，相邻花纹间隔平纹的纬纱数为偶数才能保持平纹的连续性。通过计算得到一个循环的纬纱根数为 25×3.40=85，要保证整个循环的平纹地部连续，一个循环的纬纱根数需要取 84 或 86。如果取 84，则纬向间隔平纹根数为(84−9−9)÷2=31，它为奇数，不能保持平纹连续；如果取 86，纬向间隔平纹根数为(86−9−9)÷2=32，它为偶数，能够保持平纹连续。织物一个循环中各部分的纱线根数如图 2-37 所示。

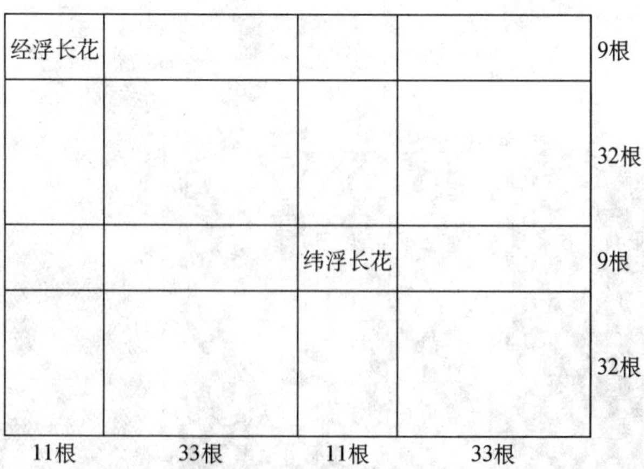

图 2-37　平纹地经纬浮长小提花织物一个循环的纱线根数

3. 纺织 CAD 设计

(1) 意匠图绘制。新建意匠纵横格数为 11×9，填充 1 号色，用 2 号色绘制组织点，如图 2-38(a)所示；将背景色设定为 0 号色，调整意匠纵横格数为 88×43，如图 2-38(b)所示；纵向连续两个循环，水平跳接后形成两个经浮长小花，选择其中一个经浮长小花，设置前景色与背景色取反，完成意匠图，如图 2-38(c)所示。

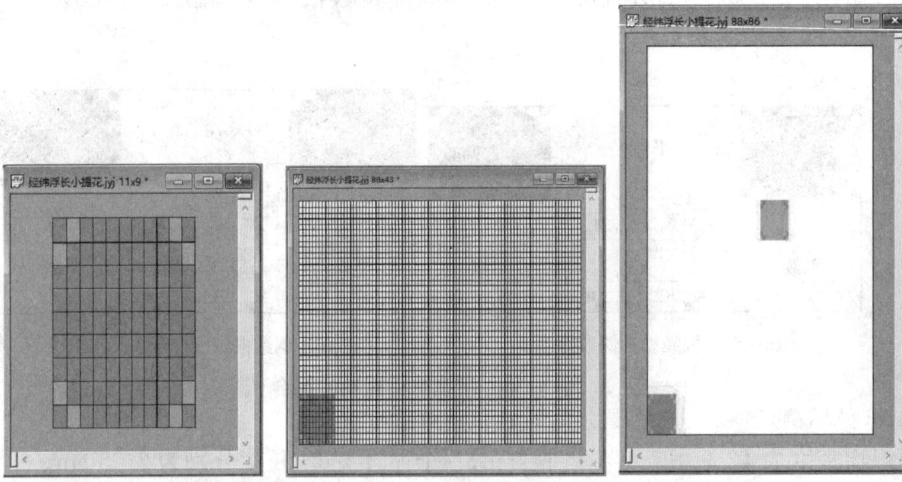

(a) (b) (c)

图 2-38　平纹地经纬浮长小提花织物的纺织 CAD 意匠绘制

(2) 对应组织。纹针组织表对应组织，0 号色对应平纹组织，1 号色对应经组织点，2 号色对应纬组织点。平纹的起点，可以先用显示组织检查其是否合适，显示组织局部如图 2-39(a)、(b)所示，平纹连续。

(3) 上机图。生成组织图，用接回头调整经向起点，保证平纹的经纱穿在前面综框，按组织图穿综，生成上机图，如图 2-39(c)所示。

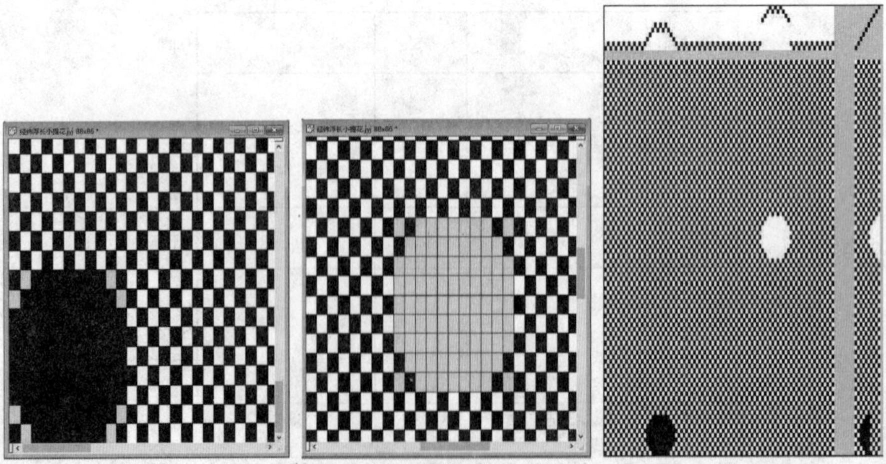

(a) (b) (c)

图 2-39　平纹地经纬浮长小提花织物显示组织局部与上机图

案例四：菱形小提花织物(图 2-40)

图 2-40　菱形小提花织物

1. 观察分析

此织物为平纹地菱形小提花织物，其花型是在平纹组织的基础上去掉部分经组织点成为纬浮长而形成的。这种情况下，计算间隔经纬纱根数相对复杂，可以采用在平纹地上增减组织点的方式直接绘制组织图。

2. 经纬纱循环数确定

通过分析得织物密度为 28 根/cm×16.7 根/cm，纹样宽度、长度分别为 1.65 cm、2.7 cm，再通过计算得经纱循环根数为 28×1.65=46.2，纬纱循环根数为 16.7×2.7=45.1，应为平纹组织循环纱线根数的倍数，因此均取 46 根。

3. 纺织 CAD 设计

(1) 意匠图绘制。新建意匠纵横格数为 46×23，铺上平纹组织，在其局部去掉一些经组织点形成花型，纵向连续 2 个循环，水平跳接后得到整个组织循环，如图 2-41 所示。

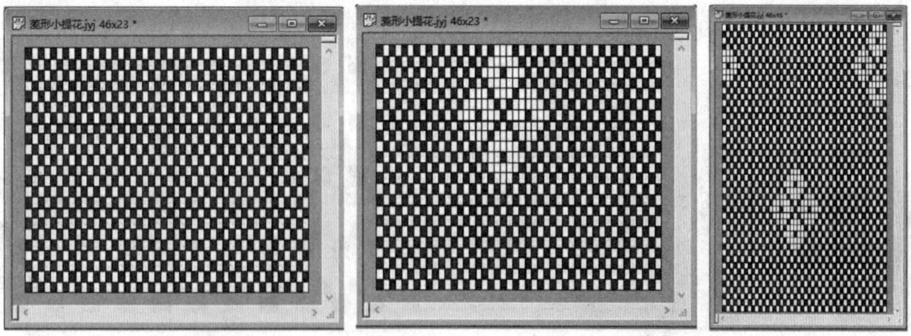

图 2-41　菱形小提花织物的纺织 CAD 意匠图绘制

(2) 上机图。用“接回头”工具调整经向起点，保证平纹的经纱穿入前面综框，按组织图穿综，生成上机图，如图 2-42 所示。

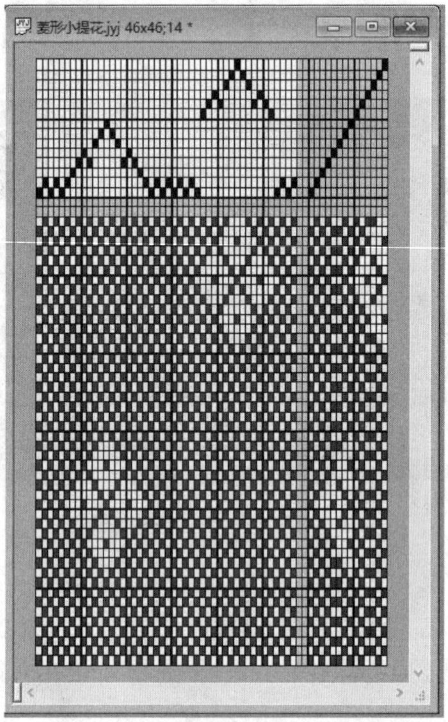

图 2-42　菱形小提花织物上机图

案例五：剪花小提花织物

（1）此织物为纬纱剪花小提花织物，属于染色成品布。

（2）此织物为等经密、不等纬密织物。

（3）纹样特点为平纹地上起剪花小花，一个循环如图 2-43 中方框所示。

（4）分析一个小花组织（图 2-44）。

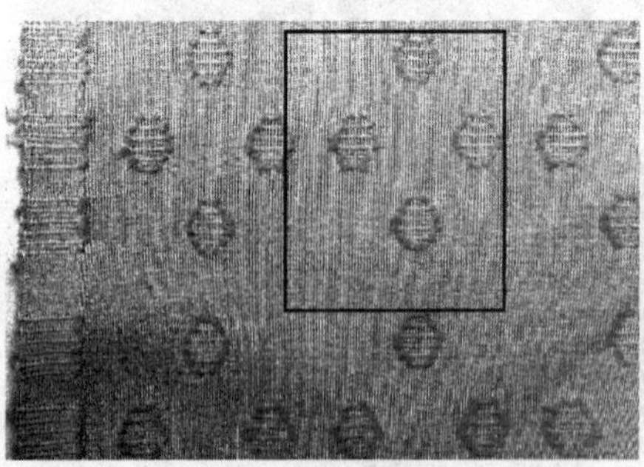

图 2-43　剪花小提花织物

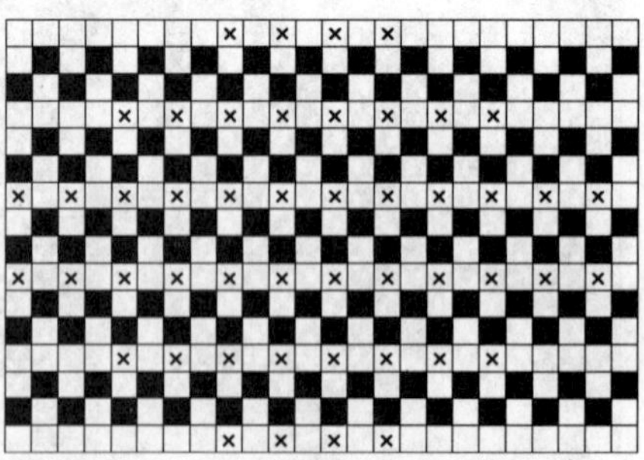

图 2-44　一个小花组织

（5）确定花纹排列。可以直接数出，也可根据密度求出。根据密度计算时要注意花与地部平纹的配合，要保持地部平纹的连续性，花纹之间的平纹根数为偶数，确定一个循环的经纬纱数，如图 2-45 所示。

（6）劈花。此织物也需要安排花纹的起讫位置（略）。

(7) 纹板与穿综。纬密的控制需要加停撬。

内经穿综顺序(未考虑劈花):3, 1, 3, 1, 4, 1, 4, 1, 5, 1, 5, 1, 5, 1, 5, 1, 4, 1, 4, 1, 3, 1, 3, 1, (2, 1)×7, 6, 1, 6, 1, 7, 1, 7, 1, 8, 1, 8, 1, 8, 1, 8, 1, (2, 1)×7, 3, 1, 3, 1, 4, 1, 4, 1, 5, 1, 5, 1, 5, 1, 5, 1, 4, 1, 4, 1, 3, 1, 3, 1, (2, 1)×14。

(8) 纬剪花布边设计。布边部分需要将剪花纬固定,故边部需要增加 1 片综,如图 2-46 所示第 9 片综,设布边经纱 48 根,则穿综顺序为(9, 1)×24。

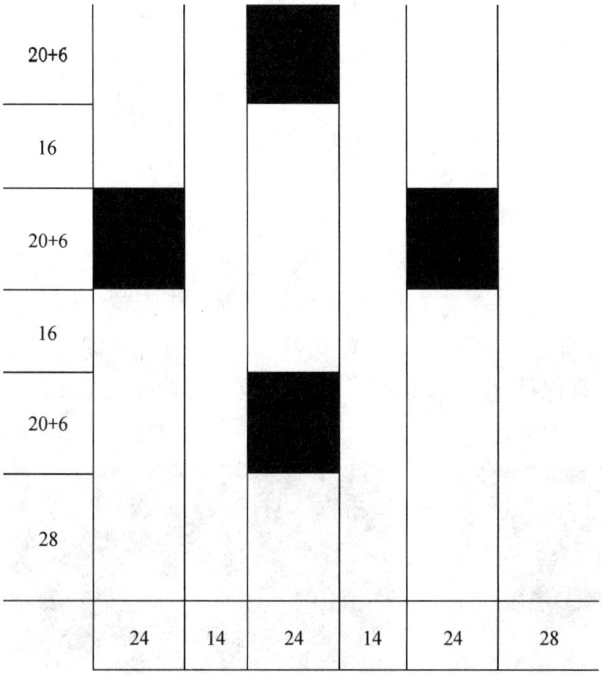

图 2-45　剪花小提花织物花型排列

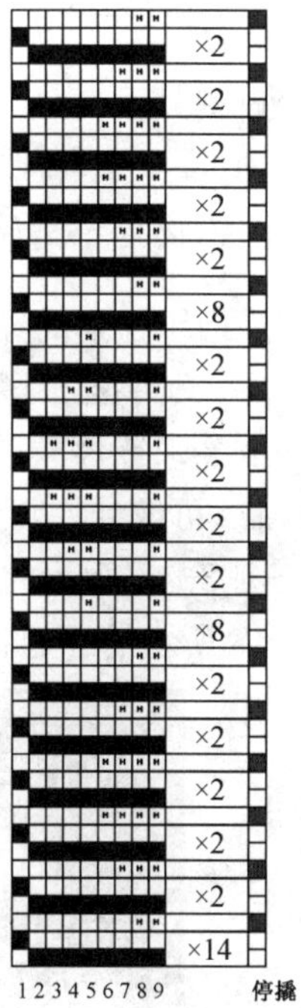

图 2-46　剪花小提花织物纹板图

◆ 任务实施

每小组 2～4 种大循环平素织物,完成织物规格分析及上机工艺计算,填写仿样设计任务单(表 2-12)。

表 2-12　大循环平素织物仿样设计任务单

经纱规格				
纬纱规格				
成品经密		成品纬密		
成品幅宽		上机幅宽		
筘号		上机纬密		
总经根数		一花经纱数		

劈花:全幅花数、加头数

续表

全幅筘齿数
纹板与穿综顺序(包括布边的所有经纱):

◆ 相关知识

一、等密织物与不等密织物

等经密是指织物中的经向密度均等,又叫平筘织物;不等经密是指织物中的经向密度不相等,又叫花筘织物,可采用不同穿入数来实现。纬密的变化采用投空纬、增加织机的卷取或停卷(停撬)的方法,使织物局部纬密减少或增加。利用密度的稀密变化,可设计特殊外观效果的织物。典型的不等密织物有体现细密不同的条子,如图 2-47 所示的缎条绡,还有保持地部密度相同的小花纹,如局部经二重,如图 2-48 所示的经起花织物。

2-3-6 等密织物与不等密织物

图 2-47 缎条绡

图 2-48 经起花织物

二、不等密织物分析

(一) 筘齿穿入数确定

以下二维码为部分织物是否等密分析与不等经密织物分析与设计微课,以便为读者更好地进行织物分析与设计提供参考。

2-3-7 是否等经密分析一

2-3-8 是否等经密分析二

2-3-9 不等经密织物仿样设计案例三

2-3-10 不等经密织物分析一(1)

2-3-11 不等经密织物分析一(2)

根据密度比即筘齿穿入数之比的原则，通过密度推算法确定各组织纱线根数及筘齿穿入数。设计步骤：

(1) 测量原样品织物各组织相同宽度下的经纱根数。

(2) 求得原样品织物各组织相同宽度下的经纱根数之比（或密度之比），推算各组织的筘齿穿入数。

(3) 确定各色条经纱数（一般修正为筘齿穿入数的整数倍）。

［**例 1**］　根据图 2-49 所示的织物花型排列，求各组织的筘齿穿入数。

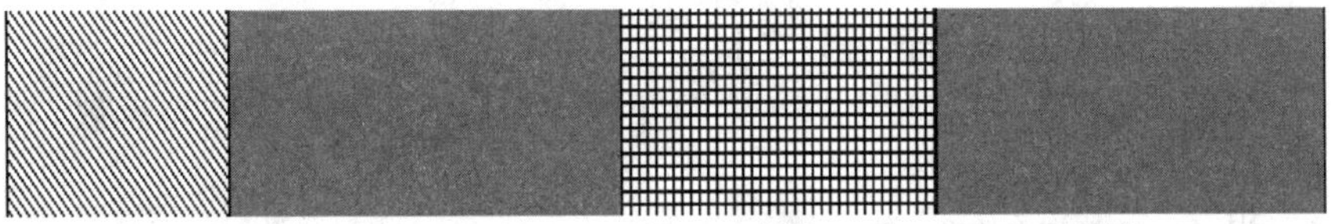

图 2-49　不等密织物花型排列

解　测得缎纹处 8 mm 有经纱 25 根，平纹处 8 mm 有经纱 15 根，即相同宽度下缎纹经纱根数：平纹经纱根数＝25：15＝5：3，可得若平纹处筘齿穿入数为 3，则缎纹处筘齿穿入数为 5。测得提花处 11.5 mm 有经纱 30 根，平纹处 11.5 mm 有经纱 22 根，即相同宽度下提花经纱根数：平纹经纱根数＝30：22≈4：3，可得若平纹处筘齿穿入数为 3，则提花处筘齿穿入数为 4。所以各组织的筘齿穿入数：平纹 3，提花 4，缎纹 5。

（二）　穿综工艺确定

1. 确定综片数，画出纹板图

根据织物组织、纱线线密度、经密、织机开口形式等因素，并依据穿综原则，确定需用综片数，安排综片顺序，并画出纹板图。确定穿综时应遵循以下原则：

(1) 不同交织规律的经纱必须穿入不同的综片（列）内；相同交织规律的经纱一般穿入同一片综，也可穿入不同的综片（列）中。

(2) 穿入同一片综的综丝不能过多，综丝密度需要控制在一定范围内，否则会造成开口不清、经纱易断头。

(3) 在可能的情况下，尽量少用综片，因为随着综片数的增多，会增加织造的难度。

(4) 交织频繁、提升次数多的经纱穿入前面的综片；反之，穿入后面的综片。

(5) 穿入经纱多的综片放在前面，穿入经纱少的综片放在后面。

(6) 安排综片时，有时还要根据穿综效率、织造工艺等情况综合考虑，灵活掌握。

根据织物组织结构和确定的纹板图，正确表达全幅经纱的穿综穿筘方法，可采用文字，也可画出完整的连边上机图。筘齿穿入数与组织、织物密度、经纬纱线密度、设备、产品质量要求等有关。粗线密度纱的筘齿穿入数不能太多，密度大的织物的筘齿穿入数可选大些，稀薄织物的筘齿穿入数可选小些。

2. 计算每片综上的综丝数，核算综丝密度

穿综方法确定后，算出各综片上所穿综丝根数，进而核算综丝密度是否在适当范围内。

各综片上的综丝数＝每花穿入本综片的综丝数×全幅花数＋加头部分穿入本综片的综丝数＋边纱部分穿入本综片的综丝数

$$综丝密度(根/cm)=\frac{各综片上的综丝数}{上机筘幅(cm)+2}$$

当综丝密度超过以上参考数据时，须增加综片数，以减少每片综上的综丝密度，保证织造顺利。

（三）筘号确定

1. 方法一

先求出全幅筘齿数，再计算筘号。

一花筘齿数=每条筘齿数之和

全幅筘齿数=一花筘齿数×全幅花数+加头筘齿数+布边筘齿数

$$筘号=\frac{全幅筘齿数}{上机幅宽}$$

2. 方法二

根据某一条经密进行计算。

$$筘号=\frac{地部上机经密}{地部筘齿穿入数}或\frac{花部上机经密}{花部筘齿穿入数}$$

地部上机经密可由地部成品经密与织造和后整理缩率求得。

◆ 设计理论积累——相似织物设计

一、相似织物概述

（一）相似织物的概念

两种或两种以上相同组织的织物，如果其经纬纱构成的空间关系具有几何上的相似性质，称为相似织物。

（二）相似织物之间的相关参数

相似织物之间各织物的厚度 τ、质量 G、经纬纱的线密度 Tt_j 和 Tt_w、经纬纱的密度 P_j 和 P_w、织缩率等存在相应的内在关系。这些关系是相似织物设计的基础。

（三）相似织物设计法的适用范围

相似织物的设计方法主要用于仿样设计，如将原样变厚或变薄、面密度变小或变大，在采用不同原料的仿样工作中有重要作用。

二、相似织物特性

（一）相似织物的几何结构形态

图 2-50 所示为相似织物的几何结构切片，(a)和(b)分别为两种相似织物的切片。

（二）相似织物的织缩率关系

如图 2-50 所示，由相似织物的概念，有 $\triangle ABC \sim \triangle A_1B_1C_1$，则

$$\frac{P_j}{P_w}=\frac{P_{j1}}{P_{w1}}$$

式中：P_j、P_{j1}——相似织物的经密，根/(10 cm)；

P_w、P_{w1}——相似织物的纬密，根/(10 cm)。

$$\frac{AB}{AC}=\frac{A_1B_1}{A_1C_1},\ 1-\frac{AB}{AC}=1-\frac{A_1B_1}{A_1C_1}$$

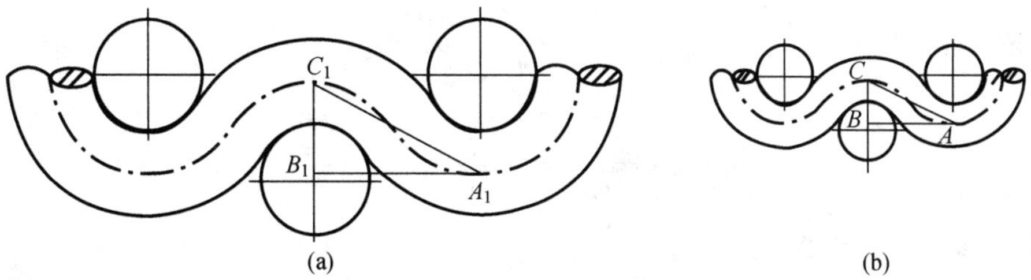

图 2-50　相似织物的几何结构切片

对于紧密结构织物或密度较大或过小的织物，AC 近似为纱线长(宽)、AB 为织物长(宽)。$1-\frac{AB}{AC}=a$，$1-\frac{A_1B_1}{A_1C_1}=a_1$，显然 $a_1=a$，a、a_1 的物理含义是相似织物的织缩率。所以，相似织物的织缩率相等。

（三）　相似织物的紧度关系

由图 2-50 可以得出：$AB=\frac{100}{P}$，$A_1B_1=\frac{100}{P_1}$，P、P_1 分别为相似织物的密度值。

根据织物结构相理论，BC 为织物的屈曲波高，同结构相的屈曲波高可用常数 n 乘纱线直径 d 表示。由 $\triangle ABC\sim\triangle A_1B_1C_1$，代入各相关量，可得 $\frac{nd}{\frac{100}{P}}=\frac{nd_1}{\frac{100}{P_1}}$，即 $Pd=P_1d_1$。再根据紧度的定义可得 $E=E_1$，所以，相似织物的紧度相等。

（四）　相似织物的质量关系

一平方米织物经纱质量 $G_j=\frac{10\times P_j\times Tt_j}{1000\times(1-a_j)}$，$G_{j1}=\frac{10\times P_{j1}\times Tt_{j1}}{1000\times(1-a_{j1})}$

一平方米织物纬纱质量 $G_w=\frac{10\times P_w\times Tt_w}{1000\times(1-a_w)}$，$G_{w1}=\frac{10\times P_{w1}\times Tt_{w1}}{1000\times(1-a_{w1})}$

因为相似织物的织缩率相同，可得

$$\frac{G_j}{G_{j1}}=\frac{P_jTt_j}{P_{j1}Tt_{j1}},\ \frac{G_w}{G_{w1}}=\frac{P_wTt_w}{P_{w1}Tt_{w1}}$$

由紧度相等，$Pd=P_1d_1$，即 $Pk_d\sqrt{Tt}=P_1k_{d1}\sqrt{Tt_1}$。当经纬纱为同种原料时，$k_d=k_{d_j}=k_{d_w}$，$k_{d_1}=k_{d_{j1}}=k_{d_{w1}}$，可得

$$\frac{Tt}{Tt_1}=\frac{k_{d_1}^2P_1^2}{k_d^2P^2},\ \frac{P}{P_1}=\frac{k_{d_1}\sqrt{Tt_1}}{k_d\sqrt{Tt}}$$

$$\frac{G_j}{G_{j1}}=\frac{P_j \mathrm{Tt}_j}{P_{j1}\mathrm{Tt}_{j1}}=\frac{P_j k_{d_1}^2 P_{j1}^2}{P_{j1} k_d^2 P_j^2}=\frac{k_{d1}^2 P_{j1}}{k_d^2 P_j}$$

$$\frac{G_j}{G_{j1}}=\frac{P_j \mathrm{Tt}_j}{P_{j1}\mathrm{Tt}_{j1}}=\frac{k_{d_1}\sqrt{\mathrm{Tt}_{j1}}\,\mathrm{Tt}_j}{k_d\sqrt{\mathrm{Tt}_j}\,\mathrm{Tt}_{j1}}=\frac{k_{d_1}\sqrt{\mathrm{Tt}_j}}{k_d\sqrt{\mathrm{Tt}_{j1}}}$$

由相似织物的概念得 $\frac{P_j}{P_w}=\frac{P_{j1}}{P_{w1}}$，即$\frac{P_j}{P_{j1}}=\frac{P_w}{P_{w1}}$，故$\frac{G_j}{G_{j1}}=\frac{G_w}{G_{w1}}$，可得$\frac{G_j+G_w}{G_{j1}+G_{w1}}$，即

$$\frac{G}{G_1}=\frac{G_j}{G_{j1}}=\frac{G_w}{G_{w1}}=\frac{k_{d_1}^2 P_{j1}}{k_d^2 P_j}=\frac{k_{d_1}\sqrt{\mathrm{Tt}_j}}{k_d\sqrt{\mathrm{Tt}_{j1}}}$$

（五） 相似织物的厚度关系

相似织物中，$\tau=h+d=\eta d+d=d(1+\eta)$，$\tau_1=h_1+d_1=\eta_1 d_1+d_1=d_1(1+\eta_1)$

式中：h、h_1——相似织物的屈曲波高，mm；

η、η_1——相似织物的阶差系数；

d、d_1——相似织物的纱线直径，mm。

在相似织物的关系中，相似织物的结构相相同，$1+\eta_1=1+\eta$，所以$\frac{\tau}{\tau_1}=\frac{d}{d_1}$

三、相似织物总规律

（一） 参数规律

相似织物的织缩、经纬向紧度和总紧度相等，经纬密度比不变。

（二） 相似织物规律用于仿样

将相似织物存在的关系归纳简化，当经纬纱原料相同时：

$$\frac{G}{G_1}=\frac{G_j}{G_{j1}}=\frac{G_w}{G_{w1}}=\frac{k_{d_1}^2 P_{j1}}{k_d^2 P_j}=\frac{k_{d_1}\sqrt{\mathrm{Tt}_j}}{k_d\sqrt{\mathrm{Tt}_{j1}}}=\frac{k_{d_1}^2 d_1}{k_d^2 d}=\frac{k_{d_1}^2 \tau_1}{k_d^2 \tau}$$

根据某一织物仿制新织物，在保持组织不变的情况下，不论原料是否变化，均可以求出不同纱线线密度、不同厚度、不同质量、不同密度而织物风格接近的仿样产品的参数。

当仿制的新织物的原料和纺纱方法与之前相同时，$k_d=k_{d1}$，则

$$\frac{G}{G_1}=\frac{G_j}{G_{j1}}=\frac{G_w}{G_{w1}}=\frac{P_{j1}}{P_j}=\frac{P_{w1}}{P_w}=\frac{\sqrt{\mathrm{Tt}_j}}{\sqrt{\mathrm{Tt}_{j1}}}=\frac{\sqrt{\mathrm{Tt}_w}}{\sqrt{\mathrm{Tt}_{w1}}}=\frac{d_1}{d}=\frac{\tau_1}{\tau}$$

四、相似织物设计的应用

（一） 应用范围

（1）降低织物的厚度而保持织物风格。当一个织物风格很好而厚度较厚时，可用该方法使织物厚度降低，生产出薄型而织物风格不变化的仿样产品。

（2）降低织物的面密度而保持织物风格。当一个织物风格好而面密度较大时，可用该方法使织物面密度减小，生产出轻型而织物风格不变化的仿样产品。

(3) 降低织物的密度而保持织物的风格。当一个织物风格很好而密度较大时，可用该方法使织物密度降低，生产出密度较低而织物风格不变化的仿样产品。降低密度时可只降低经密或纬密，也可同时降低经纬密。

(4) 改变织物原材料。用其他原料进行相似织物的仿样，改变原料与不变原料的仿样方法相同。

(二) 应用实例

以线密度为 9.5 tex 的棉纱仿制线密度为 14.5 tex 的棉府绸，府绸规格“14.5×14.5 523×283”。由于两种织物均采用棉纱，直径系数相同，需求出仿制后的织物的经密 P_{j1} 和纬密 P_{w1}。

由于 $\dfrac{P_{j1}}{P_j}=\dfrac{\sqrt{Tt_j}}{\sqrt{Tt_{j1}}}$，

$$P_{j1}=\frac{\sqrt{Tt_j}}{\sqrt{Tt_{j1}}}\times P_j=\frac{\sqrt{14.5}}{\sqrt{9.5}}\times 523=646\text{ 根}/(10\text{ cm})$$

$$P_{w1}=\frac{\sqrt{Tt_w}}{\sqrt{Tt_{w1}}}\times P_w=\frac{\sqrt{14.5}}{\sqrt{9.5}}\times 283=350\text{ 根}/(10\text{ cm})$$

仿制规格为“9.5×9.5 646×350”

任务四 复杂色织物仿样设计

知识点： 1. 熟悉色织物的概念及常见色织物的分类与应用。
2. 掌握色织物组织设计方法。
3. 掌握色织物的等密条型、格型和不等密条型、格型花纹的仿制。
4. 熟练掌握色织物工艺流程设计。

技能点： 1. 能够分析来样色织物的主要结构参数，并正确选择纱线进行仿样设计。
2. 能够进行色织物的分类。
3. 能够进行色织物的等密条型、格型和不等密条型、格型花纹的仿制设计。
4. 能够计算色织物上机规格并设计生产工艺流程。
5. 能够编制色织物工艺单。

◆ 情境引入

客户来样为色织布，要求布幅为 147 cm、匹长 120 m。试进行小提花织物仿样规格及生产工艺设计。

◆ 任务分析

针对来样色织物进行规格及生产工艺设计，应完成以下工作：

(1) 分析经纬纱原料。

(2) 测算经纬纱线密度、结构及织物密度。

(3) 测算经纬纱织缩率。

(4) 分析织物组织及客户要求布幅的主要规格。

(5) 设计并计算色织物上机规格。

(6) 设计色织物生产工艺流程。

◆ 做中学、做中教

案例一:条格起花织物(图 2-51)

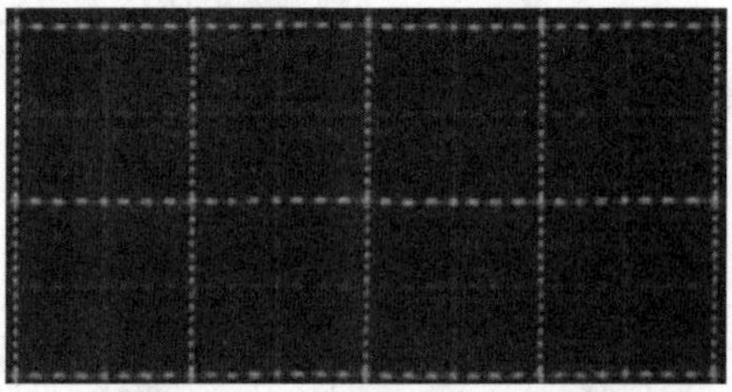

图 2-51 条格起花织物

1. 仿制织物规格

对来样织物进行分析,得仿制织物规格:

经纬纱原料:纯棉。

经纬纱线密度:甲经、甲纬均为 118.1 dtex (50^S),乙经、乙纬、丙经、丙纬均为 184.5 dtex ×2($32^S/2$)。

经纬密度:568 根/(10 cm)×299.5 根/(10 cm)。

要求幅宽:147 cm。

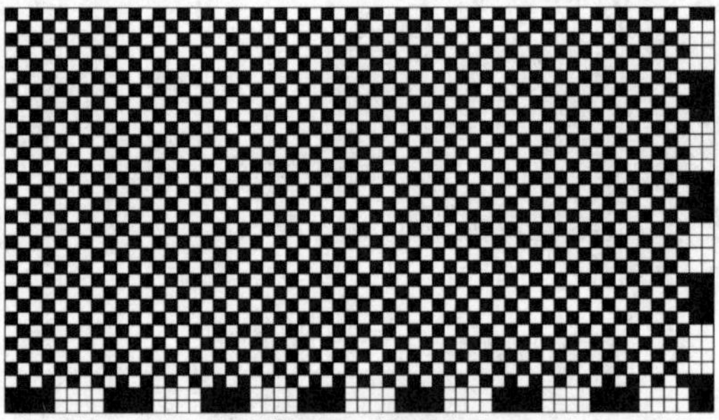

图 2-52 条格起花织物组织图

经色纱排列:甲 56 乙 2 甲 56 丙 2。

纬色纱排列:甲 30 乙 2 甲 30 丙 2。

组织:平纹地加嵌条(图 2-52)。

经纱织缩率 $a_{1j}=7\%$,$a_{2j}=7.63\%$;纬纱织缩率:$a_{1w}=2\%$,$a_{2w}=2.5\%$。

各种缩率取值:染整幅缩率 6.5%;后整理伸长率 1.5%;染缩率,棉单纱 2.0%、棉股线 2.5%;伸长率,经纱 0.6%、经股线 0.8%;回丝率,经纱 0.5%、纬纱 0.6%;棉双股线捻缩率 4%。

2. 规格设计及上机计算

(1) 幅宽计算

$$坯布幅宽=成品幅宽/(1-染整幅缩率)=147/(1-6.5\%)=157.2\ \text{cm}$$

(2) 穿入数与边纱根数确定

测得 2 根嵌条宽度与 4 根地经宽度接近,故可确定甲经(地经)2 穿入,乙经、丙经(嵌条)1 穿入。幅边取 0.5 cm,密度与布身相等,则每边根数为 0.5×56.8=28.4,取 28 根。

(3) 初算总经根数

$$总经根数=成品幅宽\times成品平均经密=147\times56.8=8\ 349.6,修正为 8348 根$$

(4) 初算筘幅

初算筘幅 = 坯布幅宽 ÷ $(1 - a_w)$ = 157.2 ÷ (1 − 2.5%) = 161.2 cm

(5) 全幅花数和加头数

全幅花数=(总经根数 − 边经根数) ÷ 每花经纱根数
= (8348 − 28 × 2) ÷ 116 = 71 花 + 56 根

(6) 劈花

加头数 = 最宽地条经纱根数,则

(加头数 + 最宽地条经纱根数) ÷ 2 = 一个等份

自最宽地条的最右处向左数一个等份,即得布身最左的起点。劈花见表 2-13。

表 2-13　条格起花织物劈花

左边	116 根/花,全幅 71 花	加头 56	右边
28 根	甲 56,乙 2,甲 56,丙 2	甲 56	28 根

(7) 计算筘齿数

一花筘齿数 = 112/2 + 4/1 = 60

全幅筘齿数=一花筘齿数 × 全幅花数 + 加头经纱用筘齿数 + 边纱用筘齿数
= 60 × 71 + 28 + 14 = 4302

(8) 确定筘号

筘号 = 全幅筘齿数×10/上机筘幅(cm) = 4302×10/161.2 = 266.87

修正为 267 齿/(10 cm)。

修正筘幅 = 全幅筘齿数×10/修正后筘号(公制) = 4302×10/267 = 161.12 cm,与初算筘幅相差 0.08 cm,在允许差异范围内。

(9) 确定穿综工艺

初定地部用 4 片综,则每片综上的综丝数为 28 × 71 + 14 + 14 = 2 016 根

$$核算综丝密度 = \frac{每片综上的综丝数}{上机筘幅 + 2} = \frac{2\ 016}{161.2 + 2} = 12.4$$,大于最大允许密度,故地部改用 8 片综。边经用地综。乙经、丙经的数量较少,无需核算,用 1 片综。共 9 片综。

布边穿综顺序:(1, 2, 5, 6)×7

布身穿综顺序:(1, 2, 3, 4, 5, 6, 7, 8)×7, 9×2

纹板图如图 2-53 所示。

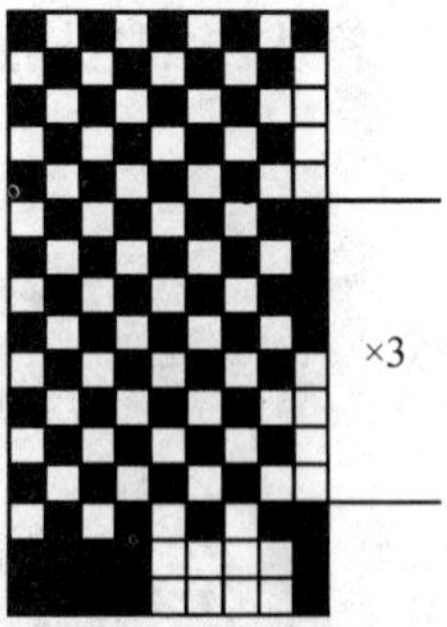

图 2-53　条格起花织物纹板图

(10) 计算整经匹长

$$整经匹长=\frac{成品匹长(m)}{(1+后整理伸长率)\times(1-经纱织缩率)}$$

$$=\frac{30}{(1+1.5\%)\times(1-7.63\%)}=32.0\ m$$

(11) 用纱量计算

经纱分色分线密度根数：

甲经：112×71+56+28×2=8064 根

乙经、丙经都为 2×71=142 根

$$坯布甲经用量=\frac{8064\times11.7}{1000\times(1-7.63\%)\times(1-2\%)\times(1+0.6\%)\times(1-0.5\%)}$$
$$=104.126\ kg/km$$

$$坯布乙经、丙经用量=\frac{142\times(18.2\times2)}{1000\times(1-7\%)\times(1-2.5\%)\times(1+0.6\%)\times(1-0.5\%)\times(1-4\%)}$$
$$=5.932\ kg/km$$

坯布纬密=成品纬密×(1+后整理伸长率)=299.5×1.015=304 根/(10 cm)

分色分线密度坯布纬密：

甲纬：304×(60/64)

乙纬、丙纬：304×(2/64)

$$坯布甲纬用量=\frac{304\times(60/64)\times161.2\times11.7}{10\,000\times(1-2\%)\times(1-0.6\%)}=55.18\ kg/km$$

$$坯布乙纬、丙纬用量=\frac{304\times(2/64)\times161.2\times(18.2\times2)}{10\,000\times(1-2.5\%)\times(1-0.6\%)\times(1-4\%)}=5.991\ kg/km$$

案例二：配色模纹织物(图 2-54)

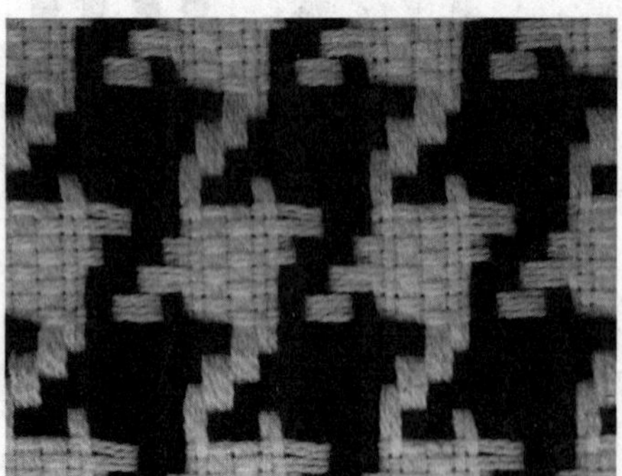

图 2-54　配色模纹织物

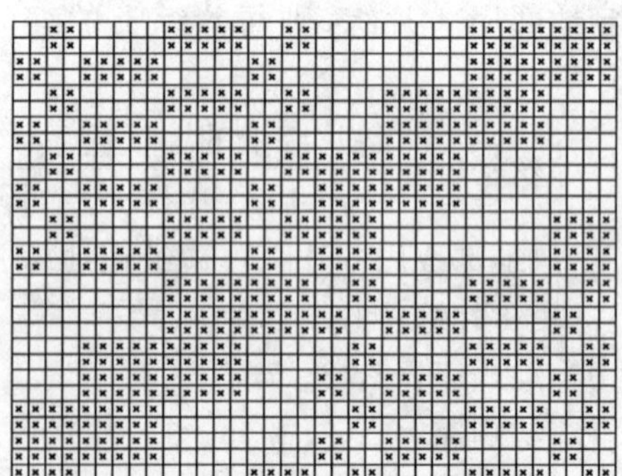

图 2-55　配色模纹织物组织图

1. 色纱排列

经：18 黑、18 白；纬：16 黑、16 白。

2. 组织

需要体现花纹的区域，主要体现花纹，组织结构可疏松些；不体现花纹（经纬纱同色）的区域，组织应不影响花纹效果，可以采用较紧密的组织，以提高织物的牢度（图 2-55）。

3. 配色模纹

先画经纬同色的区域，颜色为经纬纱的颜色；再画经纬不同色的区域，经组织点画经纱的颜色，纬组织点画纬纱的颜色（图 2-56）。

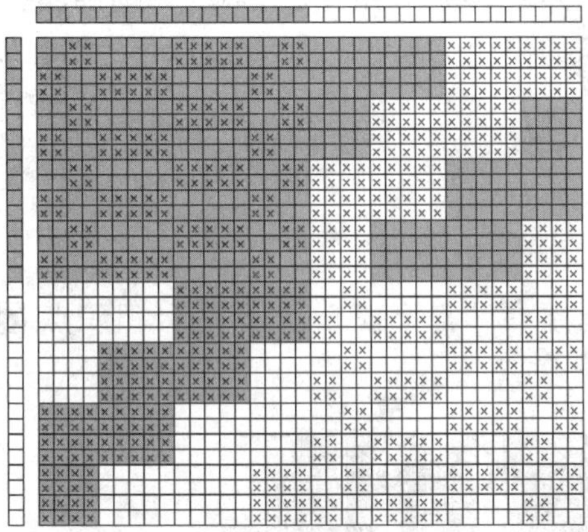

(a) 一个循环

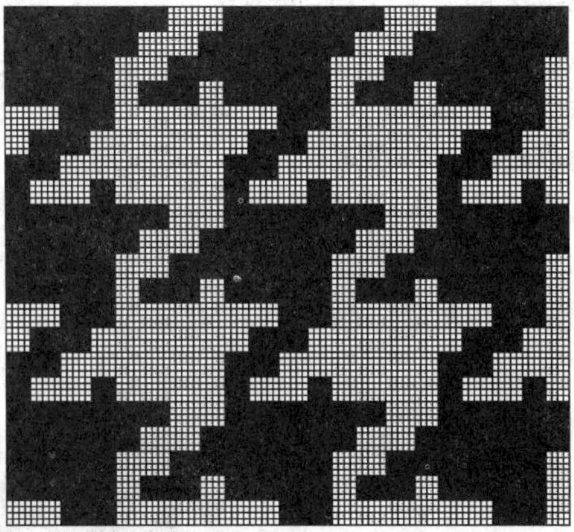

(b) 多个循环

图 2-56　配色模纹

案例三：双层双面异色织物（图 2-57）

图 2-57　双层双面异色织物

1. 表里层排列比

通过分析表里层密度来确定。如表里层密度相等，则确定表里层排列比为 1∶1。

2. 色纱排列

经：表层 5 灰 5 白，里层全为灰色；

纬：表层 5 灰 5 白，里层全为白色。

因表里层排列比为 1∶1，故经纱排列为“10 灰，(1 灰 1 白)×5”，纬纱排列为“(1 灰 1 白)×5，10 白”。

3. 组织

表里层都为平纹，有接结点。对于双层双面异色织物，在组合表里层组织时要注意色纱与组织的配合，特别是不同色纱 1∶1 排列的位置，如经纱 1 灰 1 白排列处，白色经纱在表层；纬纱 1 灰 1 白排列处，灰色在表层。

画双层组织图可以按照以下步骤进行：

(1) 先画表层组织 ■。

(2) 再画出里层组织 ■。

(3) 画出表里层的关系。表层经纱遇到里层纬纱都要提升，即都为经组织点 ●，如图 2-58所示。

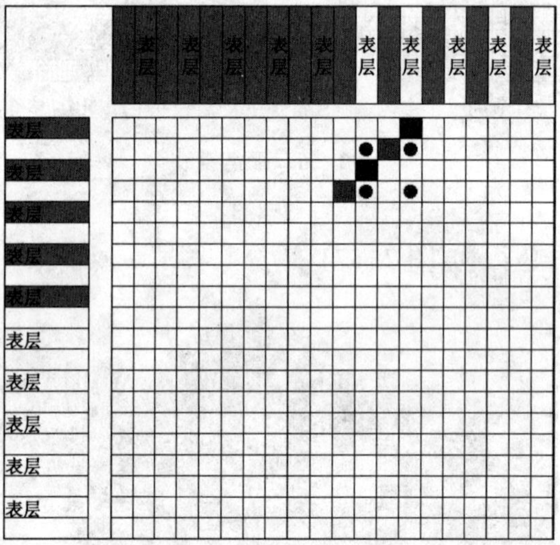

图 2-58　不加接结点组织绘制

(4) 由组织连续性画出一个色纱排列的组织，如图 2-59 所示。

(5) 加接结点。观察本面料接结点为里经接表纬，即如果不考虑接结点，里经对表纬为纬组织点，加接结点后成为经组织点▲，而接结点间隔 4 个色经循环 80 根，3 个色纬循环 60 根，如图 2-59 所示，故纹板图如图 2-60 所示。纬纱排列由下向上为：(11 白 1 灰 1 白 1 灰 1 白 1 灰 1 白 1 灰 1 白 1 灰)×3。穿综顺序对应色纱排列：

灰	灰	灰	灰	灰	灰	灰	灰	灰	灰	灰	白	灰	白	灰	白	灰	白	灰	白
5	2	3	4	1	2	3	4	1	2	3	4	1	2	3	4	1	2	3	4
灰	灰	灰	灰	灰	灰	灰	灰	灰	灰	灰	白	灰	白	灰	白	灰	白	灰	白
1	2	3	4	1	2	3	4	1	2	3	4	1	2	3	4	1	2	3	4

×3

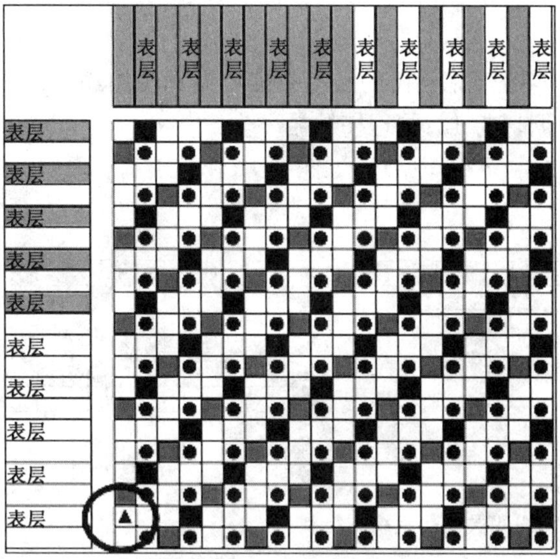

图 2-59　加接结点组织绘制

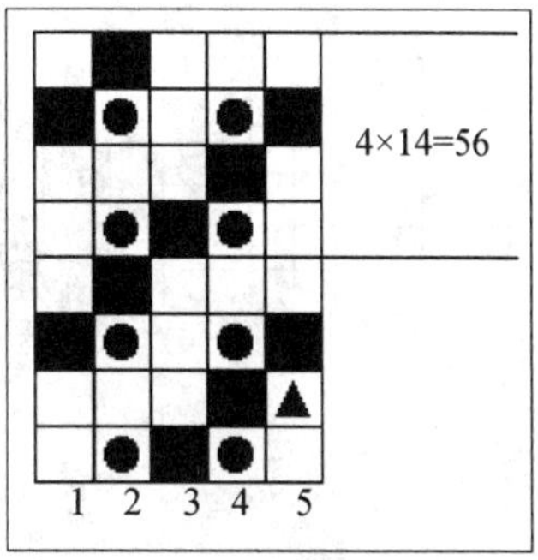

图 2-60　双层双面异色织物纹板图

案例四:仿编织双层织物

仿编织双层织物的特点是表层用比较粗的纱线交织成平纹,因为纱线粗、密度小,有类似编织的效果,而里层一般采用较细、颜色与表层相近的纱线,起固结表层纱线的作用,接结点非常密集,如图 2-61 所示。

(a)　　(b)

图 2-61　仿编织双层面料

以图 2-61(a)中的织物为例进行分析:

1. 排列比

本面料虽然是双层交织,但接结点非常密集,可以观察织物反面,或者拆出一定数量的纱线分析其比例。此面料经纱排列比为粗经(表经):细经(里经)为 1:5,纬纱排列比为粗纬

(表纬)∶细纬(里纬)为 1∶2。

2. 组织

(1) 确定组织循环。表组织经纱循环与表经排列比的最小公倍数为 2,里组织经纱循环与里经排列比的最小公倍数为 10,表里经纱循环为 12;同理纬纱循环为 6。

(2) 绘制表组织平纹,如图 2-62(a);绘制里组织平纹,如图 2-62(b);绘制表里层关系,如图 2-62(c)。

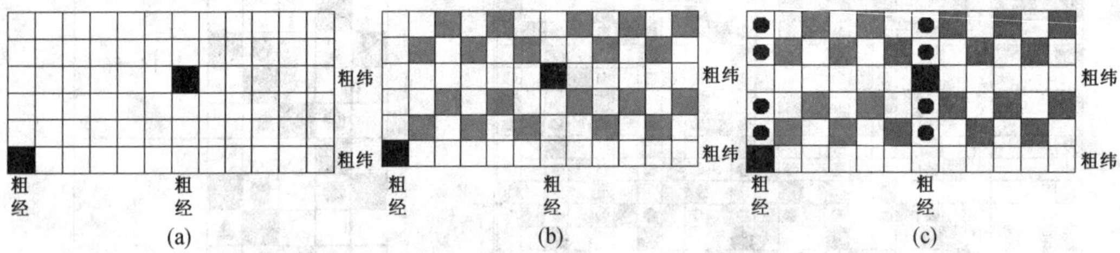

图 2-62 仿编织双层面料组织图绘制

案例五:小提花毛巾织物(图 2-63)

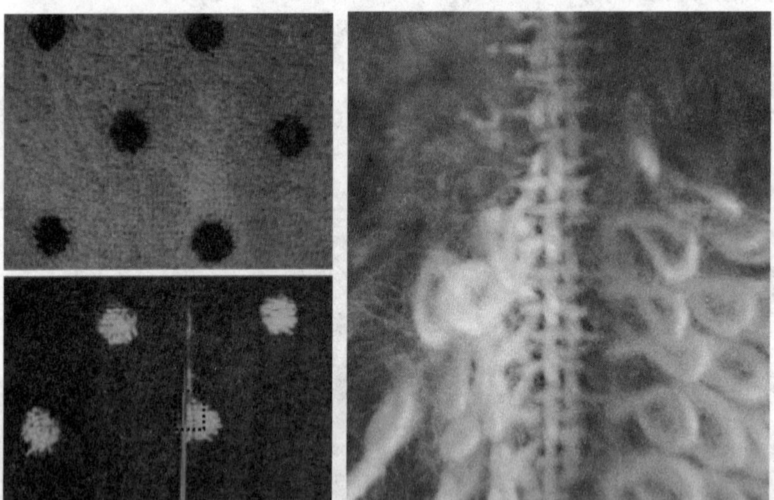

图 2-63 小提花毛巾织物

通过观察发现此毛巾织物为表里交换双面小提花毛巾织物。分析时,因毛巾织物的特殊结构,容易把毛经拉直,不方便采用拆纱法分析,可以用分析针将毛圈往两边拨开,如图 2-63 所示,这样可以看到毛巾组织的交织规律。可以看出地经与毛经的排列比为 2∶2,深浅两种颜色的毛经表里交换,为三纬毛巾。沿经向和纬向拨开表层毛圈,计数毛圈个数,分析得经纬密度为 286 根/(10 cm)×187 根/(10 cm)。经测量得一个循环的宽度×长度为 4.76 cm×5.8 cm,可以计算色经循环数$\left(\frac{28.6\times4.76}{4}=34\right)$和纬纱循环数$\left(\frac{18.7\times5.8}{3}=36\right)$。小花纹部位的纹样及表层不同颜色的毛圈所对应的组织如图 2-64 所示。毛经穿入前综、地经穿入后综，纹板图如 2-64 所示，穿综顺序如下：

$\frac{\text{地}}{15}$，$\frac{\text{地}}{16}$，$\frac{\text{深毛}}{3}$，$\frac{\text{浅毛}}{4}$，$\frac{\text{地}}{15}$，$\frac{\text{地}}{16}$，$\frac{\text{深毛}}{5}$，$\frac{\text{浅毛}}{6}$，$\frac{\text{地}}{15}$，$\frac{\text{地}}{16}$，$\frac{\text{深毛}}{3}$，$\frac{\text{浅毛}}{4}$，$\left(\frac{\text{地}}{15}，\frac{\text{地}}{16}，\frac{\text{深毛}}{7}，\frac{\text{浅毛}}{8}\right)\times 3$，$\frac{\text{地}}{15}$，$\frac{\text{地}}{16}$，$\frac{\text{深毛}}{5}$，$\frac{\text{浅毛}}{6}$，$\frac{\text{地}}{15}$，$\frac{\text{地}}{16}$，$\frac{\text{深毛}}{3}$，$\frac{\text{浅毛}}{4}$，$\left(\frac{\text{地}}{15}，\frac{\text{地}}{16}，\frac{\text{深毛}}{1}，\frac{\text{浅毛}}{2}\right)\times 9$，$\frac{\text{地}}{15}$，$\frac{\text{地}}{16}$，$\frac{\text{深毛}}{9}$，$\frac{\text{浅毛}}{10}$，$\frac{\text{地}}{15}$，$\frac{\text{地}}{16}$，$\frac{\text{深毛}}{11}$，$\frac{\text{浅毛}}{12}$，$\frac{\text{地}}{15}$，$\frac{\text{地}}{16}$，$\frac{\text{深毛}}{3}$，$\frac{\text{浅毛}}{4}$，$\left(\frac{\text{地}}{15}，\frac{\text{地}}{16}，\frac{\text{深毛}}{13}，\frac{\text{浅毛}}{14}\right)\times 3$，$\frac{\text{地}}{15}$，$\frac{\text{地}}{16}$，$\frac{\text{深毛}}{11}$，$\frac{\text{浅毛}}{12}$，$\frac{\text{地}}{15}$，$\frac{\text{地}}{16}$，$\frac{\text{深毛}}{9}$，$\frac{\text{浅毛}}{10}$，$\left(\frac{\text{地}}{15}，\frac{\text{地}}{16}，\frac{\text{深毛}}{1}，\frac{\text{浅毛}}{2}\right)$

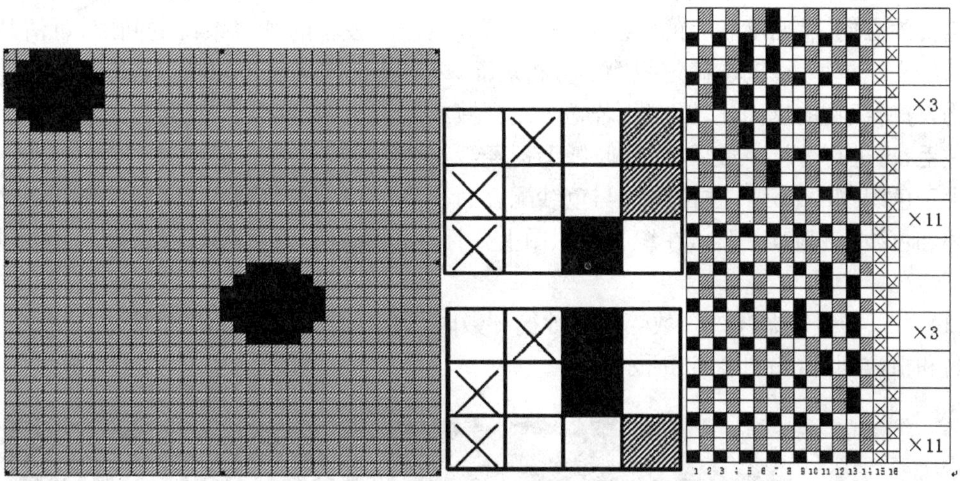

图 2-64　小提花毛巾织物纹样、局部组织与纹板图

复杂色织物中，双层织物的应用广泛。以下二维码为部分表里换层双层织物和表里接结双层织物的分析与设计微课内容，以便为读者更好地进行面料分析和创新设计提供参考。

2-4-1　表里换层 1

2-4-2　表里换层 2

2-4-3　表里换层 3-1

2-4-4　表里换层 3-2

2-4-5　表里换层 3-3

2-4-6　表里接结双层织物分析一

2-4-7　表里接结双层织物分析二

◆ 任务实施

每小组一种色织棉型织物，完成织物规格分析及上机工艺计算，并在半自动打样机上织出10 cm×15 cm的小样。

◆ 相关知识

一、分析色织物组织及色纱循环

分析色织物组织，即经纬纱的交织规律，常用的分析工具是照布镜、分析针、剪刀及彩纸等。用彩纸的目的是在分析织物时有适当的背景衬托，少费眼力。分析深色织物时，可用白纸衬托；分析浅色织物时，用黑纸衬托。采用拆纱分析法，将织物拆解后正确了解其结构。首先，应确定拆纱方向，将密度较大的纱线系统拆开，利用密度较小的纱线系统的间隙，可清楚地看到经纬纱交织规律。其次，确定织物的分析表面，以看清织物组织为原则。若是经面或纬面组织织物，分析织物的反面比较方便；若是表面刮绒或缩绒织物，则分析时应先去除织物表面的部分绒毛，再进行分析。最后，在意匠纸上把经纱与纬纱的交织规律记录。

由于色织物的外观往往由组织与色纱配合而得到，因此，在分析色织物组织时，必须使组织循环和色纱排列循环配合，在织物组织图上要标注出色纱的颜色和循环规律。分析时大致有以下情况：

（1）当织物组织循环纱线数等于色纱循环数时，画出组织图后，在经纱下方、纬纱左方，标出色名和根数即可，如图2-65所示。

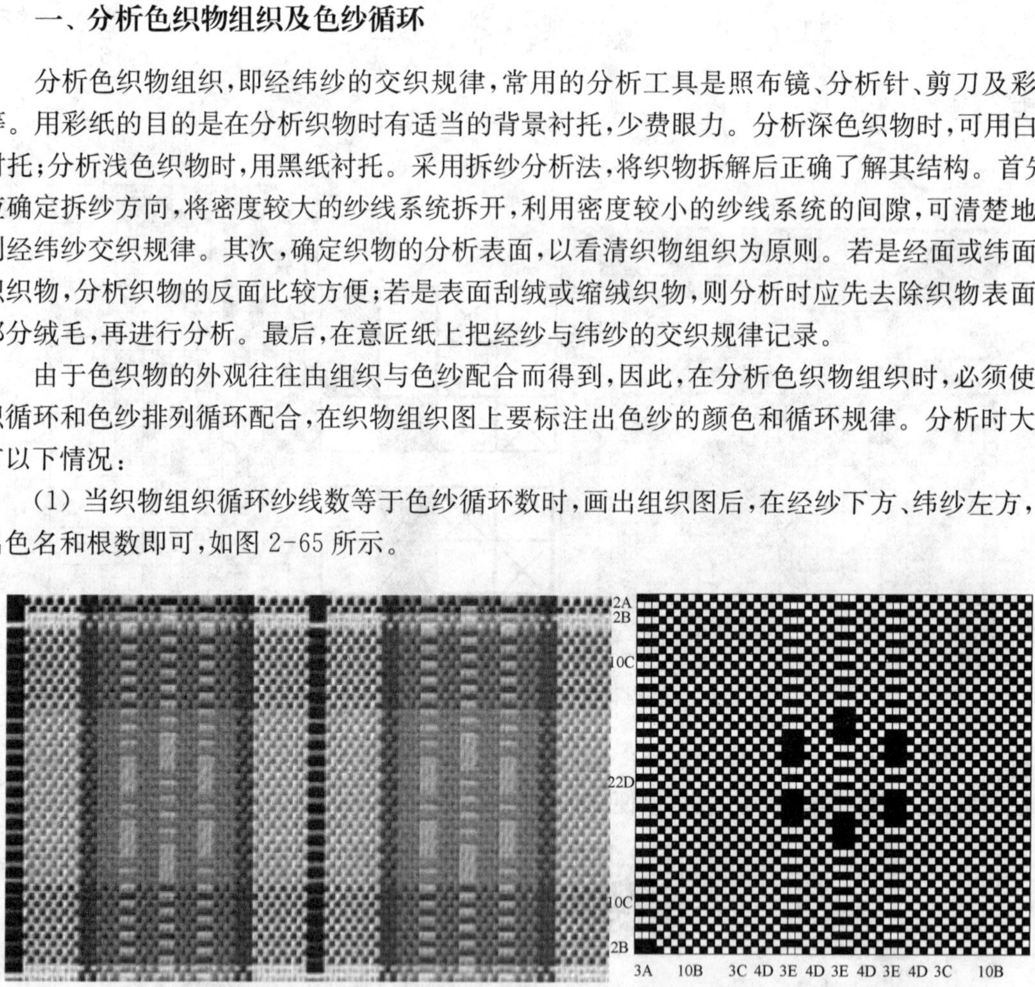

图2-65 组织循环纱线数等于色纱循环数时的组织图表示方法

（2）当织物组织循环纱线数不等于色纱循环数时，往往是色纱循环数大于组织循环纱线数。绘组织图时，其经纱根数应为组织循环经纱数与色经纱循环数的最小公倍数，纬纱根数应为组织循环纬纱数与色纬纱循环数的最小公倍数。在分析织物组织的同时，应记录各纱线对应的颜色，直到组织循环和色纱循环均达到重复为止。织物组织和色纱的配合关系要综合组织循环和色纱排列循环两个因素，在组织图上，要标注出色纱的颜色，即在经纱下方或上方、纬纱左方标注色号及根数和循环规律。

二、色织物工艺设计

根据客户要求的织物成品幅宽，推算出坯布幅宽；确定经纬织缩率；确定筘号、上机筘幅；确定总经根数、全幅花数与加头数；合理劈花，确定全幅经纱排列；设计穿综穿筘工艺；根据成品匹长要求计算浆纱墨印长度；计算分色用纱量等。

项目练习题

1. 鉴别经纬纱原料的常用方法有哪些？
2. 公制筘号与制筘号的定义分别是什么？如何转换？
3. 根据经纬组织点数，织物组织怎样分类？
4. 什么是劈花，劈花的原则是什么？
5. $\frac{3}{1}\nearrow$斜纹、$\frac{5}{2}$经面缎纹、$\frac{8}{3}$经面缎纹的反面组织分别是什么？
6. 纵条纹组织织物中，各种组织的交错次数存在差异时，在实际生产中常采用哪些措施？
7. 常用区分织物正反面的方法有哪些？
8. 常用区分织物经纬向的方法有哪些？
9. 试述织物分析过程。
10. 某织物成品幅宽为57～58英寸，经纬纱细度为$80^S/2$，织物组织为平纹，成品经密为140根/英寸，成品纬密为80根/英寸，成品匹长为60 m。（已知：经纱织缩率＝8%，纬纱织缩率＝5.7%，整理长缩率＝2%，整理幅缩率＝10%，整理重耗＝4%）请计算：

(1) 总经根数；

(2) 坯布幅宽、机上幅宽；

(3) 坯布经密、坯布纬密、机上经密；

(4) 坯布匹长；

(5) 每米织物的经纬纱用量。

11. 某纯棉双面卡其坯布规格为“18.2 tex×18.2 tex，590根/(10 cm)×433根/(10 cm)”，3联匹的长度为90 m，喷气织机双幅织造，布幅为119.38×2 cm，双幅间空25筘，边经60×2根，地经、边经每筘入数均为3。试进行相关的规格、技术设计和计算。（根据经验，取经纱织缩率为12%，纬纱织缩率为4%，自然缩率与放码损失率为1.25%，经纱总伸长率为1.25%，经纱回丝率为0.263%，纬纱回丝率为0.647%）
12. 某织物的成品幅宽为149 cm，织物面密度为281 g/m²，经纬纱线密度为25.6 tex×2，织物组织为平纹，成品经密为260根/(10 cm)，成品纬密为240根/(10 cm)，成品匹长为60 m。（已知：经纱织缩率＝8%，纬纱织缩率＝5.7%，整理长缩率＝2%，整理幅缩率＝10%，整理重耗＝4%）请计算：

(1) 总经根数；

(2) 坯布幅宽、机上幅宽；

(3) 坯布经密、坯布纬密、机上经密；

(4) 坯布匹长；

(5) 每米织物经纬纱用量。

13. 某色织物采用$\frac{2}{1}$斜纹组织，总经根数3636，边纱36根。色经排列如下，试进行劈花。

浅蓝	漂白	浅绿	漂白	浅蓝	漂白	深蓝	漂白	浅绿	漂白
24	6	45	12	45	6	18	33	276	33

14. 某色织物配色为红50根、黄10根、白10根，内经根数2090。试进行劈花。

15. 以线密度为9.5 tex的棉纱仿制线密度为14.5 tex的棉府绸，原府绸规格为“14.5×14.5　523×283”。求新产品的织物规格。

项目三

平素小花纹织物创新设计

任务一 小提花织物创新设计

知识点: 1. 掌握经纬面对比小提花织物的设计方法。

2. 掌握平纹透孔小提花织物的设计方法。

3. 掌握小提花织物上机参数的确定方法。

技能点: 1. 能够创新设计小提花织物组织。

2. 能够设计小提花织物的上机参数。

3. 能够上机织出小提花织物小样。

◆ 情境引入

设计一款汉字双喜的小提花面料,要求织物规格为“29 tex×29 tex 323 根/(10 cm)×205 根/(10 cm) 幅宽 260 cm”,确定上机工艺参数。

◆ 做中学、做中教

案例一:经纬面对比小提花织物

1. 确定纹样及尺寸

设计双喜纹样,一个循环的纹样尺寸如图 3-1 所示。

2. 确定基础组织

用经纬面对比来体现花与地,通过观察,不同交织规律的纵条有 4 种,假设最多用 16 片综,则每条最多可用 4 片综,可选择$\frac{3}{1}$↖与$\frac{1}{3}$↗2 种 4 枚斜纹组织作为基础组织。

3. 计算一个循环的经纬纱根数

根据密度与纹样尺寸计算,一般取基础组织循环纱线数的倍数(对尺寸有非常严格要求的除外),则每条经纱根数分别为 32.3×1=32.3,取 32 根;32.3×0.6=19.4,取 20 根;32.3×2=64.6,取 64 根。一个循环的经纱根数=32+32+32+20+32+32+32+64=276。纬纱根数分别为 20.5×2=41,取 40 根;20.5×0.6=12.3,取 12 根。一个循环的纬纱根数为 12×14+40=208。

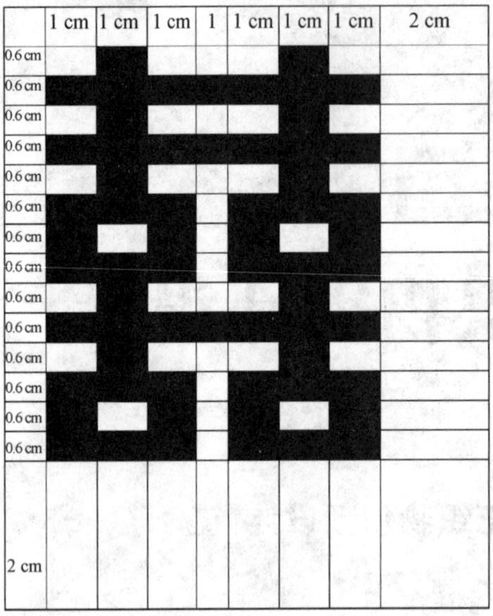

图 3-1　纹样尺寸

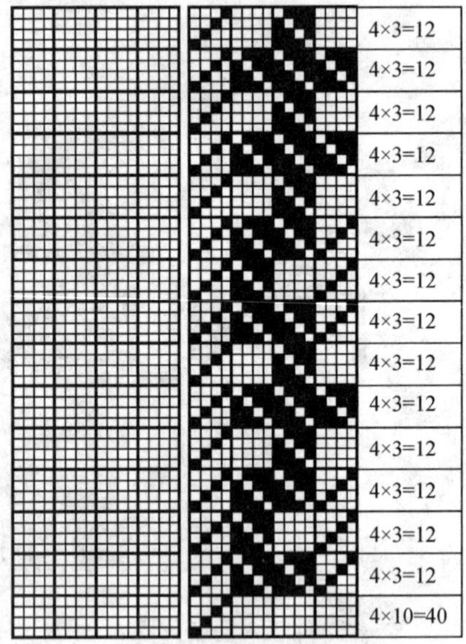

图 3-2　纹板图

4. 纹板与穿综

因为组织循环非常大，可根据经纬面不同将一个循环分成若干区域（图 3-1），经向 8 种、纬向 15 种，共 90 个区域。每个区域分别填绘基础组织，并尽量保证底片关系。每个区域只需画出一个循环并表示清楚即可。可以直接画纹板图，如图 3-2 所示。一个循环的穿综顺序为：(1、2、3、4)×8，(5、6、7、8)×8，(9、10、11、12)×8，(5、6、7、8)×8，(13、14、15、16)×5，(5、6、7、8)×8，(9、10、11、12)×8，(5、6、7、8)×8，(1、2、3、4)×8。

5. 钢筘设计

根据基础组织循环纱线数和织物经密可选择 4 穿入。本面料为色织，并且不经过后整理，

$$筘号=\frac{上机经密}{穿入数}=\frac{成品经密\times(1-纬向织缩率)}{穿入数}=\frac{323\times(1-4\%)}{4}=77.52，取\ 78\ 齿/(10\ cm)。$$

6. 经纱根数计算

幅宽 260 cm，设计边幅 0.5 cm，则内幅 259 cm，故

内经根数＝成品经密×成品内幅＝32.3×259＝8 365.7，取穿入数的倍数 8364 根

边经可增加穿入数为 5 穿入，则

边经根数＝筘号×穿入数×边幅＝7.8×5×0.5＝19.5，取每边 20 根

7. 劈花

$$全幅花数=\frac{内经根数}{一花经纱根数}=\frac{8364}{276}=30.3，取\ 30\ 花$$

加头数＝8364－276×30＝84，大于最宽地条经纱数 64，但是找不到合适的中区，这时可适当调整每花经纱根数，在喜字之间的空白处加一个基础组织循环经纱数 4 根，则此处地条经纱根数由 64 调整为 68，一花经纱根数调整为 280，此时

$$全幅花数=\frac{内经根数}{一花经纱根数}=\frac{8364}{280}=29.9，取\ 29\ 花$$

加头数＝8 364－280×29＝244，大于最宽地条经纱数 64，可取双喜字部分的 212 根经纱作为中区，则加头为：16 根地，212 根双喜花纹，16 根地。整花排列为：16 根地，212 根双喜花纹，52 根地。图 3-3 所示为 3 个整花与加头。

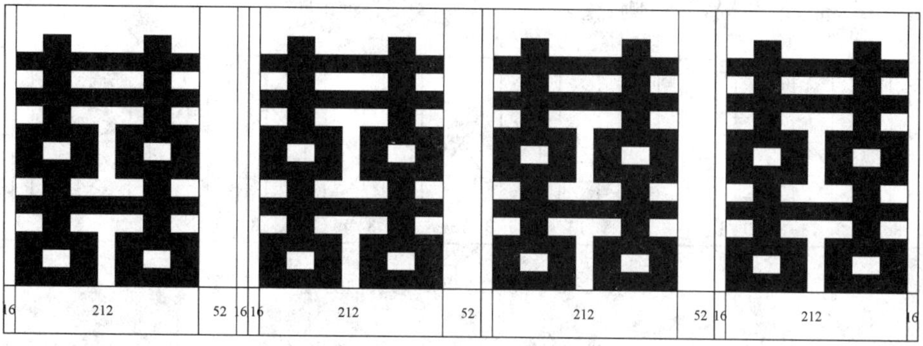

图 3-3　双喜字小提花劈花

案例二：平纹地小提花织物

设计平纹地小提花织物，要求在小样机上织出宽度 12 cm、长度大于 15 cm 的小样。

1. 根据织物用途和实训室条件确定织物密度和经纬纱规格

选择 250 den 涤纶网络丝作为经纱，平纹组织经密为 250～300 根/(10 cm)。根据实训室条件选择钢筘规格，可选择 140 齿/(10 cm)的钢筘，2 穿入，则上机经密为 280 根/(10 cm)。纬密可小于经密 20%，为 280×(1－20%)＝224 根/(10 cm)。

2. 设计小花纹形状与排列形式

为了保证平纹地部的连续性，可在方格纸上或者电子方格中填绘平纹组织点，再采用局部增加或减少平纹经组织点的方法来设计花纹。如图 3-4 所示，去掉灰色的经组织点，得到菱形花纹，花型部分最少用 6 片综。可以采用菱形排列，如图 3-5 所示，这样加上平纹后在织物经密不是特别大的情况下可以用 14 片综进行织造。

图 3-4　小花纹形状设计

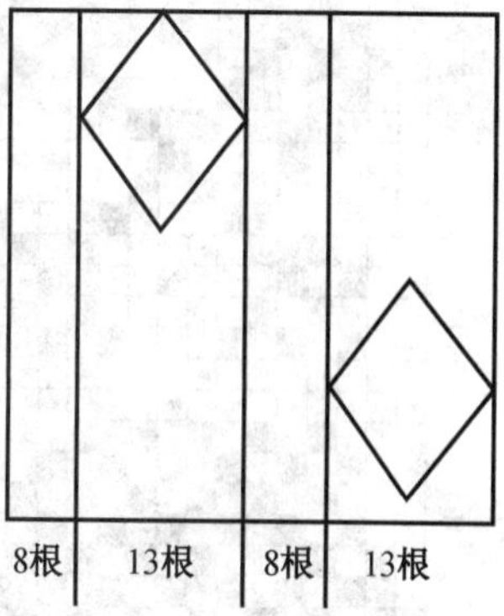

图 3-5　小花纹排列设计

3. 花型尺寸与整幅排列设计与计算

(1) 上机筘幅＝成品幅宽/0.95＝12.6 cm

(2) 总经根数＝筘号×穿入数×上机筘幅＝14×2×12.6＝352.8，取 352 根

(3) 边经根数＝经密×0.5＝14，取 14×2＝28 根

(4) 花型尺寸，13 根经纱，中间间隔 8 根平纹，菱形排列，一个循环 42 根。

(5) 小样劈花，全幅花数 $=\frac{352-28}{42}=7.7$，菱形排列半花，整幅更加美观，可用 7.5 花，$7.5\times42=315$ 根，余 9 根，放右侧，整幅基本对称，如图 3-6 所示。

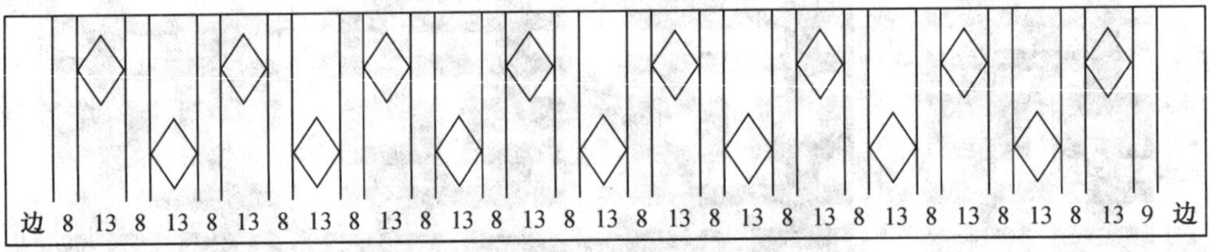

图 3-6　平纹地小提花织物劈花

(6) 纹板与穿综。要注意平纹地部的连续性，确定一个循环中两个花型间隔的经纱数与纬纱数。根据平纹组织的特点，本设计中花型间隔偶数根经纱，则必须间隔偶数根纬纱才能使平纹连续，并且要注意整个循环的连续性，如图 3-7 所示。纹板图如图 3-8 所示。根据平纹与花型的连续性，花型第 3 片综相邻的平纹必须是第 2 片综，花型第 9 片综相邻的平纹必须是第 1 片综，故整幅的穿综顺序为：

$$\frac{\text{左侧布边 14 根}}{(1,\ 2)\times 7},\ \left[\frac{\text{平纹 8 根}}{(1,\ 2)\times 4},\ \frac{\text{左上花 13 根}}{3,\ 4,\ 5,\ 4,\ 6,\ 7,\ 8,\ 7,\ 6,\ 4,\ 5,\ 4,\ 3},\ \frac{\text{平纹 8 根}}{(2,\ 1)\times 4},\ \frac{\text{右下花 13 根}}{9,\ 10,\ 11,\ 10,\ 12,\ 13,\ 14,\ 13,\ 12,\ 10,\ 11,\ 10,\ 9}\right]\times 7,\ \frac{\text{平纹 8 根}}{(1,\ 2)\times 4},$$

$$\frac{\text{左上花 13 根}}{3,\ 4,\ 5,\ 4,\ 6,\ 7,\ 8,\ 7,\ 6,\ 4,\ 5,\ 4,\ 3},\ \frac{\text{平纹 9 根}}{(2,\ 1)\times 4,\ 2},\ \frac{\text{右侧布边 14 根}}{(1,\ 2)\times 7}$$

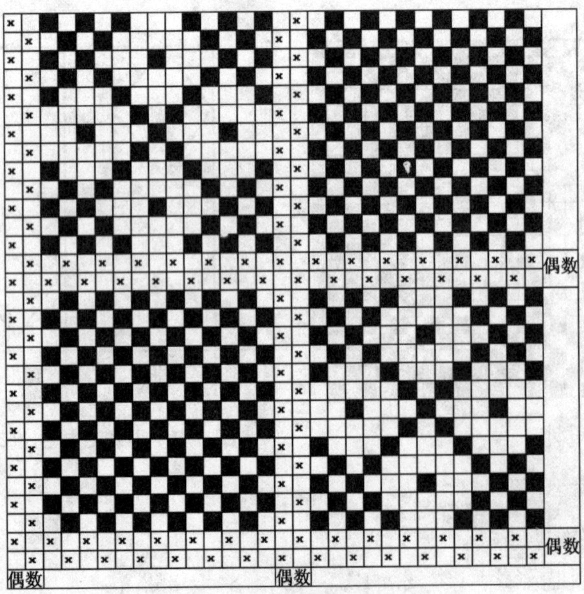

图 3-7　花型间隔平纹

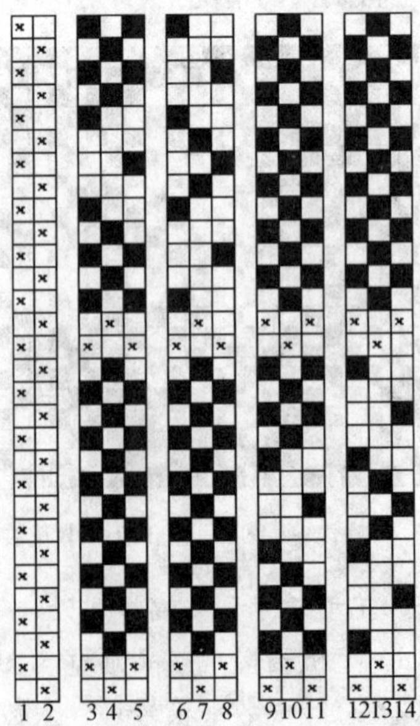

图 3-8　平纹地小提花织物纹板图

案例三:透孔小提花织物

1. 设计纹样

根据十字透孔的特点,如果最多用 16 片综,不同交织规律的区域可以有 7 个,如图 3-9 所示纹样。仍采用上述面料的密度,除地部外,不同运动规律的区域有 6 个,故最少可用 12 片综。

2. 经纬纱根数

经纱根数:32.3×0.6=19.4,取 18 根;32.3×2.4=77.5,取 78 根。一个循环的经纱根数=18×10+78×2=336。纬纱根数:20.5×1.2=24.6,取 24 根;20.5×1.8=36.9,取 36 根;20.5×0.6=12.3,取 12 根。一个循环的纬纱根数=12×8+24×2+36×2=216。

3. 纹板与穿综

根据十字透孔的特点,一个循环 6 根经纱,其中 4 根以平纹交织,2 根以$\frac{3}{3}$经重平交织,故除平纹外,每个区域对应的纹板图可只画出 2 根经纱、4 根纬纱,如图 3-10 所示。

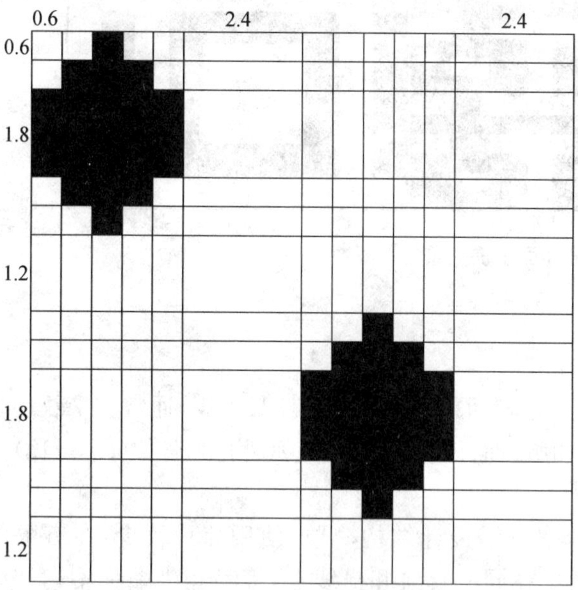

图 3-9　透孔小提花织物纹样

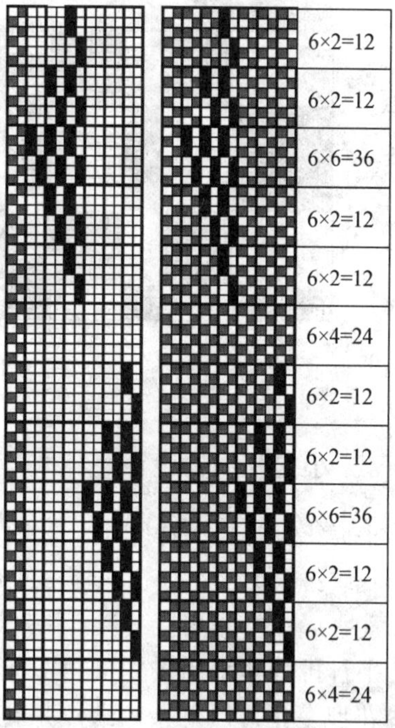

图 3-10　透孔小提花织物纹板图

◆ 任务实施

每个小组完成两种小提花织物设计,并上机织出织物小样,填写创新设计任务单。

◆ 相关知识

一、经纬面对比小提花织物设计

经面缎纹与纬面缎纹或经面斜纹与纬面斜纹组合，考虑图案的美观性、连续性、可行性，在设计图案的同时要考虑能够在多臂机上织造，通常设计在16片综以内，所以设计图案一般是几何形状的图案，并且穿综穿筘容易操作，同时考虑经纬密度差异对图案比例的影响。图3-11为经纬面对比组织的部分效果图。一般的设计步骤是先确定图案形状和尺寸，根据经纬密度计算各部分的经纬纱数。

图3-11 经纬面小提花织物图案效果

二、小提花织物设计

小提花织物是织物设计采用的一个大类，为了使花纹清晰美观、丰满，通常在平纹地上设计小花纹。根据小花纹在织物中的布局和所占面积，可以归纳成六种排列骨架（图3-12）。

（一）平行排列

平行排列是采用较少的排列形式。优点是设计结构简单，使用综片较少，在有限的综片内花型变化可以复杂。缺点是花纹集中在同一直线和横线上，极易产生缩率不匀和纬密不匀的弊病。为此，设计人员通常用加大花纹间距离的办法，使缩率不匀和纬密不匀的弊病得到缓解，但纹板数量增加，给生产和操作造成不便。图3-13为平行排列的组织与效果图。

（二）菱形排列

菱形排列是设计中最常用的一种方法。优点是花纹排列活泼匀称，并且可以避免产生经向缩率不匀和纬密不匀的弊病。缺点是同一循环内的花纹需要用不同的综框，故花型较简单。图3-14为菱形排列的组织与效果图。

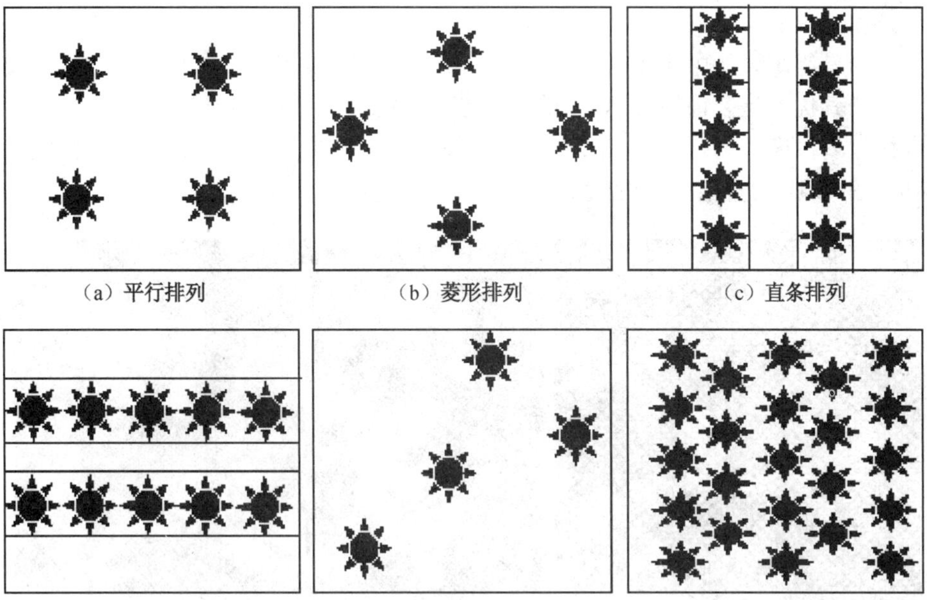

（a）平行排列　（b）菱形排列　（c）直条排列
（d）横条排列　（e）散点形排列　（f）满地排列

图 3-12　小提花织物排列骨架

图 3-13　平行排列的组织与效果图

图 3-14　菱形排列的组织与效果图

（三） 直条排列

直条排列是组织设计中应用最多、效果较好的一种形式，较适宜在装饰、床上用品、衬衫等面料上使用。其优点是装饰性强，如果能与色条纱线配合，会取得更强烈的装饰效果。其缺点是经向纱线缩率极度不匀，各条的交织次数差异较大时，需要采用塑性较强的材料做经纱或使用双经轴。图 3-15 为直条排列的组织与效果图。

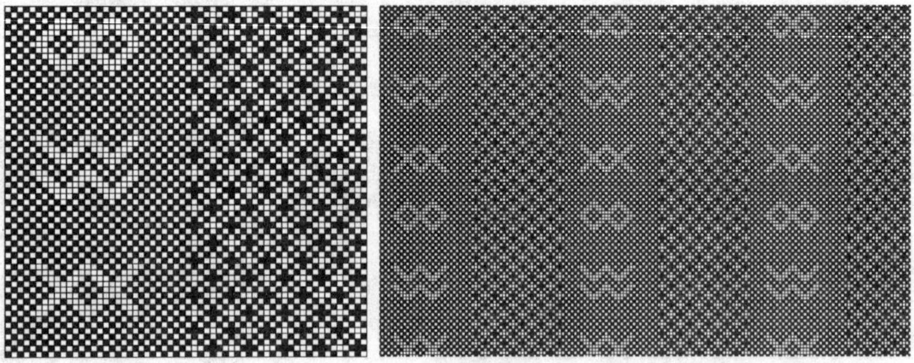

图 3-15　直条排列的组织与效果图

（四） 横条排列

横条排列在纺织品设计中应用较少，主要原因是花纹成排，织造时有花纹的地方与没有花纹的地方提升次数差异较大，起综轻重不平衡，无法正常织造。另一个原因是交织点的疏密不一致，由此产生的纬密均匀度也难以控制。但由于其外观具有一定的装饰性，在装饰织物设计中应用较多。图 3-16 为横条排列的组织与效果图。

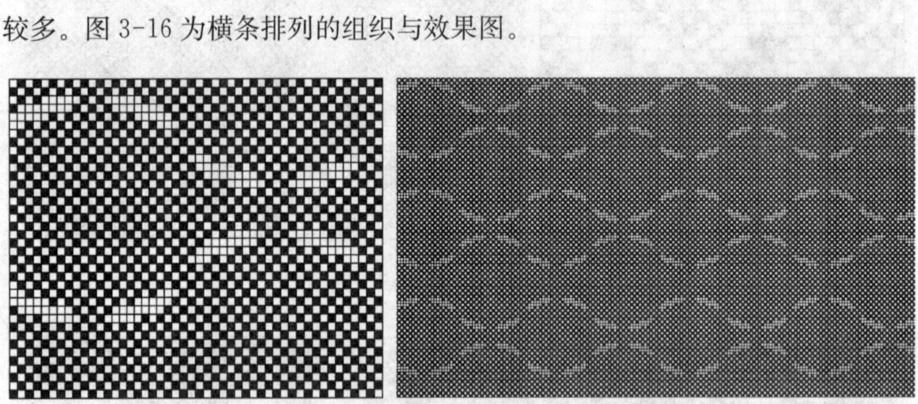

图 3-16　横条排列的组织与效果图

（五） 散点排列

散点排列受综框数限制，在组织设计中应用较少，通常散点数控制在 3～5 个。散点排列的组织设计花纹采用综片较少的 3 枚、5 枚透孔组织或$\frac{3}{3}$、$\frac{5}{5}$经重平，也可采用外形较简单的小集合方块。设计思考方法举例：如采用 12 片综设计散点小提花，地组织为平纹，其余 10 片综用于设计花纹，因此可用 3 个散点，各花纹能用综片数为 3+3+4；若用 4 个散点，则可用综片数为 2+3+2+3；用 5 个散点，则可用综片数为 2+2+2+2+2。可以看出，散点越多，单个花纹所用综框数越少。图 3-17 为横条排列的组织与效果图。

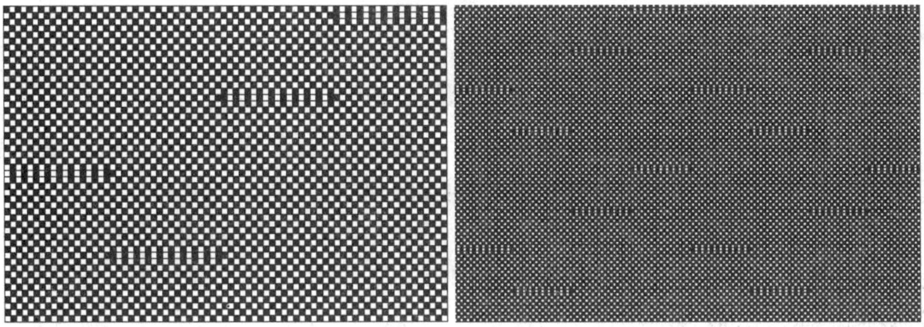

图 3-17　横条排列的组织与效果图

（六）满地排列

满地排列是组织设计中最有趣、最富有想象力的一种方法。由于此类组织具有含蓄美丽的外观，有掩盖织造病疵的能力，有增加透气、抵抗噪声的能力，在装饰窗帘布、秋冬季节时装设计中采用较多。图 3-18 为满地排列的组织与效果图。

图 3-18　满地排列的组织与效果图

三、透孔小提花织物创新设计

3 根透孔占用综片数较少，可以用较少的综片数设计出经纱循环较大的组织。可以先将整个组织循环的平纹全部画出，一般为透孔根数的倍数，比如 3 的倍数。图 3-19 所示为在经纬循环为 48 根×36 根的平纹地上增加、减少组织点形成的透孔小提花组织。

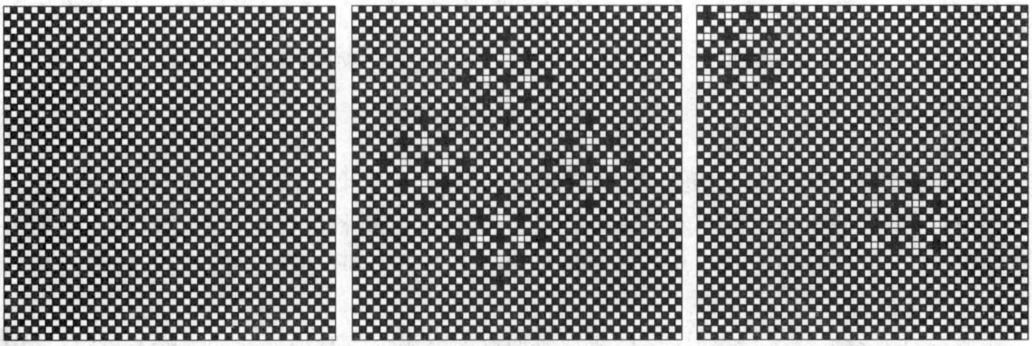

图 3-19　平纹地透孔小提花组织绘制

◆ 设计理论积累——多臂织机的特点和应用

纺织产品中，除平素织物采用传统的踏盘开口织机织造外，多数复杂织物、小花纹织物等均采用多臂开口织机，由纹板或纹钉控制综框运动，提升经线形成开口而进行织造。为了使经纱开口清晰，让纬纱平稳运行，经纱开口角度必须符合要求。开口角度和综框提升高度与综框至梭口的距离相关。为了保证梭口清晰和防止经纱断裂，对前后综框的提升高度及使用的综框数都有要求。通常，综框提升高度控制在 7～9 cm，后综框略高于前综框。常规多臂织机的综框数控制在 6～12 片，最多不超过 16 片。

图 3-20 为多臂机开口示意图。织机由前至后采用 1～n 片综框，综框 1～n 的间距为 S，综框提升高度为 h。图中(a)为综平时，经线处于静止状态，只存在上机张力。(b)为综框 1 做开口运动，经线随综框提升，开口高度逐渐增加，同时产生拉伸变形。当经线拉伸张力大于其断裂强力时即断裂。为能维持正常生产，综框动程不能太大，应以片梭、剑杆或梭子等能自由通行为限。(c)为综框 n 提升，由于它离织口的距离最远，若综框动程与综框 1 相同，则产生的夹角差异可能导致剑杆或梭子等受阻现象，造成擦毛、断经，严重时可能产生轧梭。解决方法有两种：一是渐次递增综框提升高度；二是设法缩小综框间距 S。目前采用的不锈钢金属综框，可减少综片宽度。也可采用减少综框片数的方法。采用新型不锈钢综框的多臂机，最大使用综框数达到 24 片，但操作十分不便。为此，多臂织物的组织图设计，应在不影响外观的前提下，尽可能减少使用的综框片数。实践证明，使用的综框数控制在 8 片以内，对产质量的影响不大，也有利于断经接头、穿综、穿筘等操作。

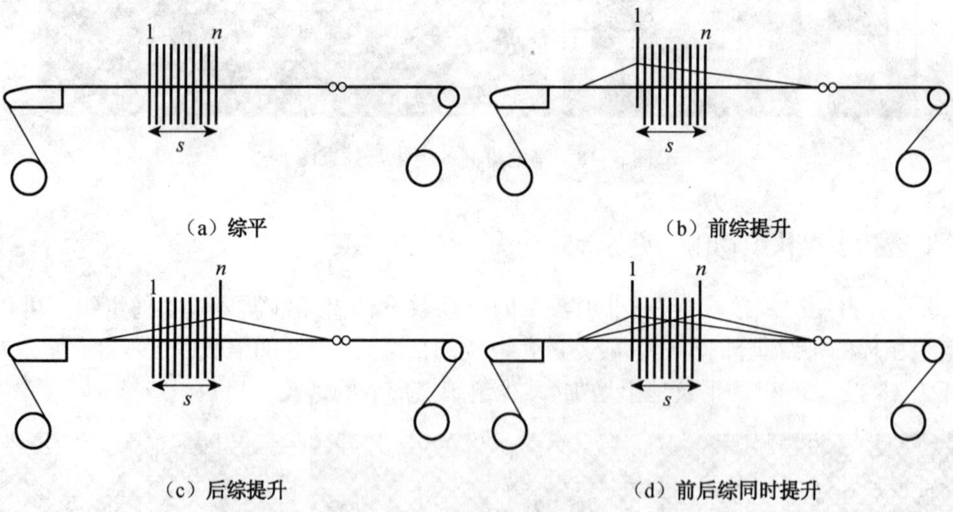

图 3-20　多臂机开口示意

现代高速织机的综框运动更复杂，如果前后多片综同时开口，如图 3-20(d)所示，会造成梭口不清，严重影响纬线正常织入。又如组织结构变化复杂，各综框控制的经线上下运动次数差异会很大，为了充分利用前综开口清晰和便于技术人员管理，必须把经线穿入较多及起综频繁的综片置于机前。

为避免某一综框穿入过多经线，导致综丝拥挤而产生夹带其他经线的毛病，可部分选用双综丝杆的复列式综框(俗称双龙骨)。一般综丝杆上的综丝平均密度超过 12 根/cm 时,即应考虑选用复列式综框。

任务二　条格起花与经起花织物创新设计

知识点: 1. 掌握条格起花织物的设计方法。
2. 掌握经起花织物的设计方法。
3. 熟悉色织物色彩与图案设计、色纱排列设计方法。

技能点: 1. 能够创新设计条格起花织物。
2. 能够设计经起花织物。
3. 能够上机织出条格起花与经起花织物的小样。

◆ 情境引入

根据市场调研和客户要求,自行设计一款适合用作衬衣面料的色织(条格起花)经起花小提花织物,供女士衬衣设计使用,对其进行规格设计。

◆ 任务分析

根据市场调研和客户要求,进行色织物创新设计,应完成以下工作:

(1) 根据市场调研,分析色织物经纬纱原料、线密度、组织、色彩、图案。

(2) 条格起花色织物设计要点。

(3) 经起花色织物设计要点。

(4) 运用色织 CAD 软件进行仿真模拟色织物创新设计。

(5) 设计并计算条格起花与经起花织物的上机规格。

◆ 做中学、做中教

案例一:条格起花织物

1. 设计思路

平纹地部由不同色纱排列形成大方格,格子尺寸 4～5 cm,在方格上形成经纬嵌条的纵横网格的正反面间隔配置,形成丰富的图案和色彩效果。效果图如图 3-21 所示,面料实物如图 3-22 所示。

2. 规格设计

(1) 经纬纱线型。地经、地纬 28.1 tex(21^S)棉纱,经向嵌条为 28.1 tex×2($21^S/2$)棉纱,纬向嵌条为 59.1 tex(10^S)棉纱。

(2) 经纬密度设计。根据相似品种设计,经密 252 根/(10 cm),纬密 196 根/(10 cm)。

图 3-21　条格起花织物效果图

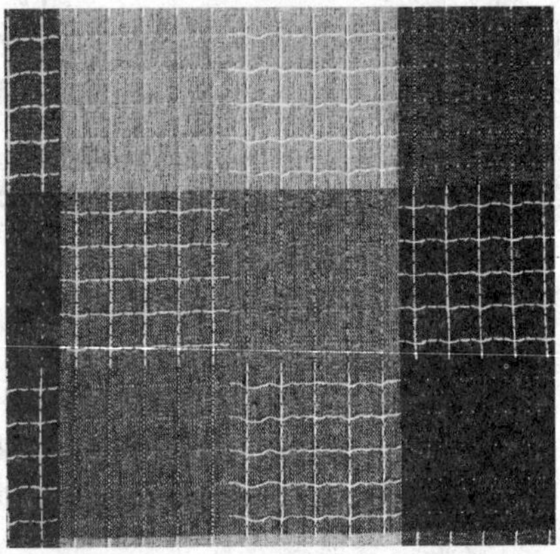

图 3-22　条格起花织物面料实物

(3) 纹样尺寸与色纱排列设计。根据经密和大方格尺寸，确定大方格的经纱根数为100～126，考虑到设计等距网格，取120根。大方格宽度为120/252×10＝4.76 cm。如果设计方形格子，格子高度也为4.76 cm，则大方格的纬纱根数为4.76×19.6＝93.3，取93根。根据经纬纱密度，嵌条浮长可分别取8和6，每个网格的经纬纱数分别取24和18，则每个大方格的经纱根数正好为5个完整网格，对称排列为：(11根色纱，1根嵌条，12根色纱)×5，12根色纱。纬纱根数为5个网格余3根，对称排列为：(10色纱，1嵌条，7根色纱)×5，3根色纱。其中经纬色纱为每个大方格换一种颜色，经纬都用米黄色、黑色、灰色、浅卡其色4种色纱。

3. 上机设计

(1) 筘号选择。参考相似品种，取后整理幅缩率1.1%、织造幅缩率5%，取穿入数为2，则

$$筘号=\frac{成品经密\times(1-后整理幅缩率)\times(1-织造幅缩率)}{穿入数}$$

$$=\frac{252\times(1-1.1\%)\times(1-5\%)}{2}=118.4\ 齿/(10\ cm)$$

取118齿/(10 cm)。

(2) 纹板与穿综。先确定使用综片数、正反面嵌条间隔配置。平纹地部考虑纬向嵌条浮长正反面各需要3片综，嵌条经纱正反面各需要1片综，故最少可用8片综织造。为了避免出错，绘图时可先绘制嵌条，再填绘平纹，要保持平纹地部的连续性(图3-23)，纹板图如图3-24所示。

穿综顺序见表3-1。

表 3-1　条格起花织物穿综顺序

色纱排列	11根色纱	1根嵌条	12根色纱	11根色纱	1根嵌条	12根色纱
穿综顺序	1, 2, 1, 5, (1, 2)×3, 1	7	(1, 2)×3, 1, 5, (1, 2)×2	3, 4, 3, 6, (3, 4)×3, 3	8	(3, 4)×3, 3, 6, (3, 4)×2
重复	×5			×5		

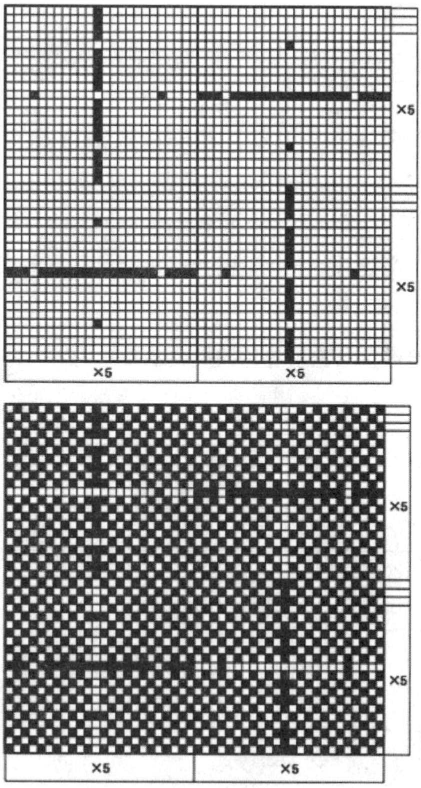

图 3-23　框架与组织绘制

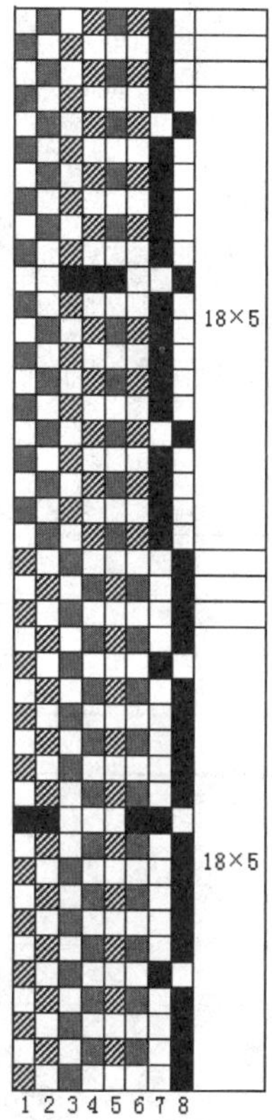

图 3-24　纹板图

案例二:经起花织物

1. 设计思路

设计一款浅色条格中加入深色心形图案的经起花织物,心形图案之间的长浮线用折线断开,既温馨又浪漫,可作为女士衬衣面料。纹样效果图如 3-25 所示,面料实物如图 3-26 所示。

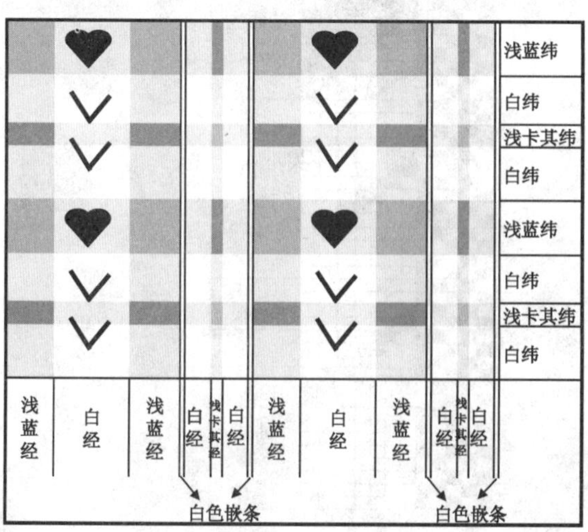

图 3-25　经起花织物纹样效果图

图 3-26　经起花织物面料实物

2. 规格设计

(1) 经纬纱线型。地经与纬纱选择 28.1 tex(21^S)棉纱，花经与嵌条经纱选择 14.8 tex×2 (40^S/2)棉纱。

(2) 经纬密度设计。经起花织物的起花部分经密根据起花层次局部增加。本设计中起花部分经密增加 1 倍，可设计地经密度 220 根/(10 cm)，则起花经密 440 根/(10 cm)，纬密 210 根/(10 cm)。

(3) 纹样尺寸与色纱排列设计。根据条格宽度和经纬密度确定经纬色纱排列，见表 3-2 和表 3-3。

表 3-2　经起花织物经纱色条宽度与色纱根数设计

项目	浅蓝色	白色	浅蓝色	嵌条	白色	浅卡其色	白色	嵌条
设计宽度(cm)	0.5	0.9	0.5	0.1	0.3	0.1	0.3	0.1
计算根数	11	19.8	11	2.2	6.6	2.2	6.6	2.2
设计根数	12	20	12	2	6	2	6	2

表 3-3　经起花织物纬纱色条宽度与色纱根数设计

项目	浅蓝色	白色	浅卡其色	白色
设计宽度(cm)	0.5	0.7	0.2	0.7
计算根数	10.5	14.7	4.2	14.7
设计根数	10	14	4	14

3. 上机设计

先在方格纸上绘制心形图案，用 7 片综即可织出较为美观的心形。可用 13 根花经，放在白色条中间，如图 3-27 所示。嵌条用 1 片综，突出正面嵌条效果。用$\frac{4}{2}$经重平组织，根据地经密度和地经线密度可选择 4 片综。纹板图如图 3-28 所示，穿综顺序见表 3-4。

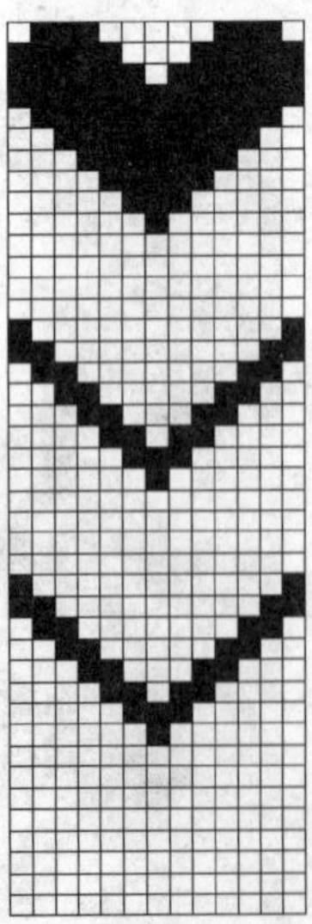

图 3-27　经起花织物图案

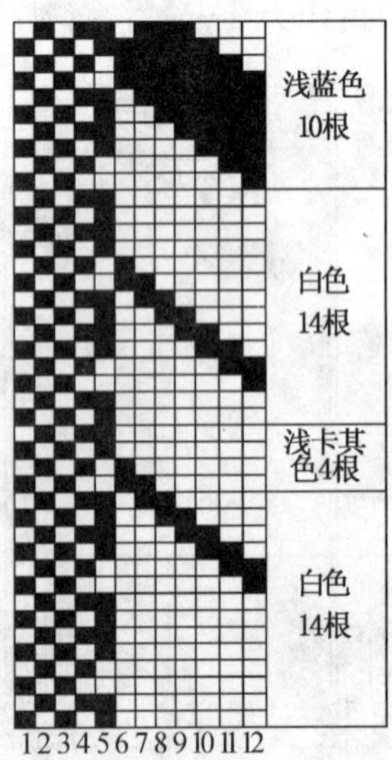

图 3-28　纹板图

表 3-4　经起花织物穿综顺序

色纱排列	浅蓝色 12 根	白经 20，花经 13			浅蓝色 12 根	嵌条 2 根	白 6 卡其 2 白 6	嵌条 2 根
		白 4	(花 1 白 1)×13	白 3				
穿综顺序	(1，2，3，4)×3	1，2，3，4	6，1，7，2，8，3，9，4，10，1，11，2，12，3，11，4，10，1，9，2，8，3，7，4，6，1	2，3，4	(1，2，3，4)×3	5，5	(1，2，3，4)×3，1，2	5，5

◆ 任务实施

每个小组完成一块经起花织物、一块条格起花织物的设计，并上机织出织物小样，填写创新设计任务单。

◆ 相关知识

一、条格起花色织物设计

3-2-1　条格起花织物设计

（一） 设计特点

由嵌条纱线的组织变化在织物表面形成浮长而构成提花条格的色织物，称为条格起花色织物。条格起花色织物的主要特点：

(1) 依靠嵌条纱线的经纬浮长来形成条格提花花型。

(2) 纵向主要由经浮长在织物表面显现条型，横向主要由纬浮长在织物表面显现条型。

(3) 形成起花条格的嵌条纱线一般较粗，清晰明显地突出于地部，使织物的层次感和立体感大大增强。

（二） 设计要点

1. 嵌条纱线的选用

为了使起花条格在织物表面凸起，形成较好的立体感，起花条格的经纬向嵌条纱线常采用较粗的股线，或 2～4 根单纱并列。嵌条纱线的颜色与地部纱线差异大，使起花条格清晰突出。

2. 组织设计要点

(1) 条格起花色织物主要由数根经(纬)纱线通过经(纬)浮长形成纵(横)条纹，纵向条型主要由经浮长构成，横向条型主要由纬浮长构成。

(2) 起花条格组织常采用简单的经(纬)重平、经(纬)面缎纹或斜纹等组织，有时也采用复杂组织，如经(纬)二重、经(纬)起花等组织，与表里色纱合理配置，可获得双面异色异花的特殊外观效果。

(3) 地部(或起花条格周边)组织常采用比较简单平整的平纹、斜纹等组织，易于突出条格效应。

3. 设计形式变化

(1) 通过变化经(纬)浮长的长度与分布形式，起花纱线可在织物表面形成不同的花纹图案。

(2) 条格起花除单独应用外，还常与其他组织配合使用，使织物组织变化更丰富。

(3) 起花条格与色条色格巧妙配合，可形成变化无穷的色织花型。

(三) 生产技术要点

(1) 穿综。宜采用分区穿，地经穿前区综片，起花嵌条纱线穿后区综片。

(2) 穿筘。如果嵌条经纱较粗，可采用 1 穿入。

(3) 上机。由于嵌条经纱与地部经纱的交织次数差异较大，而且一般嵌条纱线比地部纱线粗，上机织造时，一般需采用双轴来分别控制嵌条经纱和地经纱的张力。如果全幅内嵌条纱线过少，整经时不能单独做成一个大经轴，可将嵌条纱线分卷在数个卷绕废边用的小盘轴上，并列串成一轴至于织机后，织造时可单独控制张力。

(四) 常见形式与设计方法

下面结合织物实例来说明条格起花色织物的常见形式与设计方法，并分析此类色织物的一些设计技巧。

(1) 在素色织物中插入嵌条纱线，形成提花条型。如图 3-29 所示的织物，由于提花嵌条纱线的加入，平素白织物变成提花条织物。

(2) 在平纹色织条格基础上，沿经纬向嵌套提花条格，两者的循环单元可以一致也可以不一致。如图 3-30 所示的织物，在细窄平纹色格基础上嵌套较大的提花条格，嵌条纱线较粗而且颜色较浅，使织物形成丰富的层次立体感。

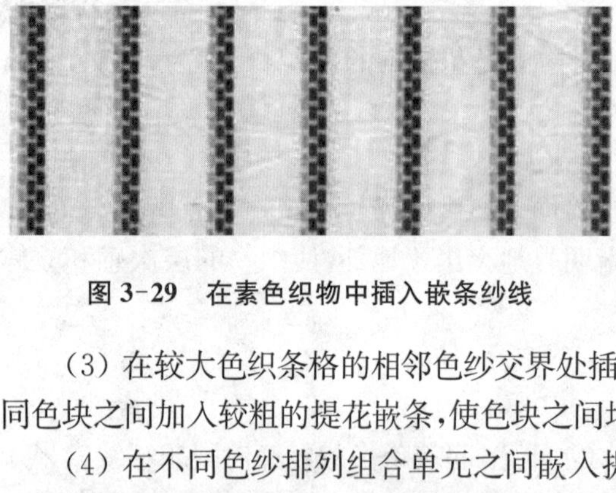

图 3-29　在素色织物中插入嵌条纱线

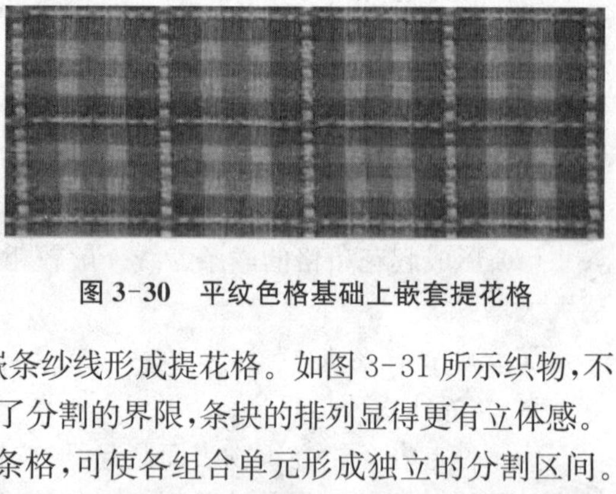

图 3-30　平纹色格基础上嵌套提花格

(3) 在较大色织条格的相邻色纱交界处插入嵌条纱线形成提花格。如图 3-31 所示织物，不同色块之间加入较粗的提花嵌条，使色块之间增强了分割的界限，条块的排列显得更有立体感。

(4) 在不同色纱排列组合单元之间嵌入提花条格，可使各组合单元形成独立的分割区间。如图 3-32 所示织物，一个区域的色纱为简单的 2A2B 规则排列，另一个区域的色纱为 4(2A2B)4(4A2B)4(2A2B)的渐变排列，两个色纱排列区域由于起花条格的分割而显得条块清晰、分明而有条理。

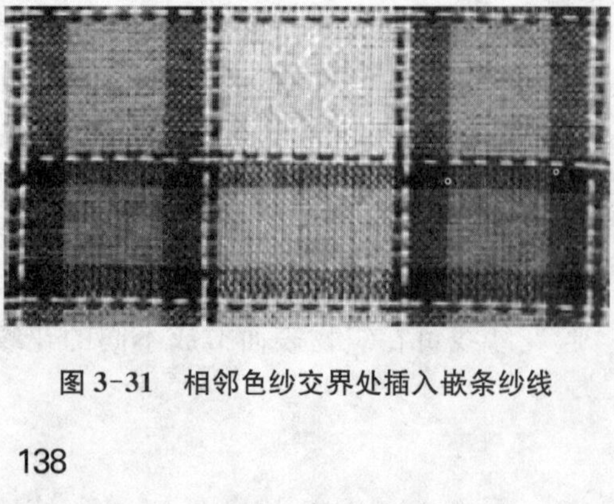

图 3-31　相邻色纱交界处插入嵌条纱线

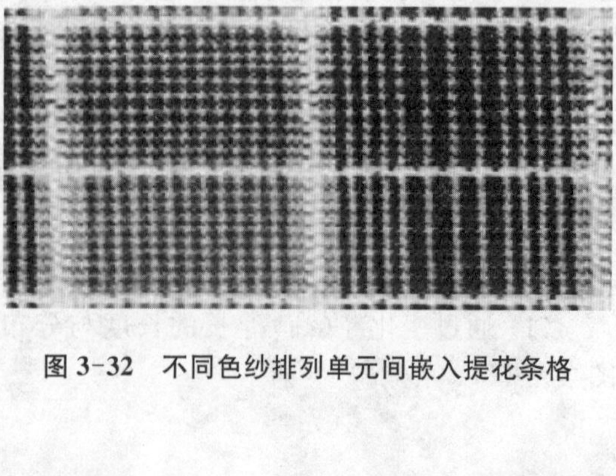

图 3-32　不同色纱排列单元间嵌入提花条格

(5) 形成起花条格的嵌条纱线，可以是一组，形成单条格(图 3-30～图 3-32)；也可以是两组，形成双条格(图 3-33、图 3-34)；甚至可以更多组(图 3-35)。

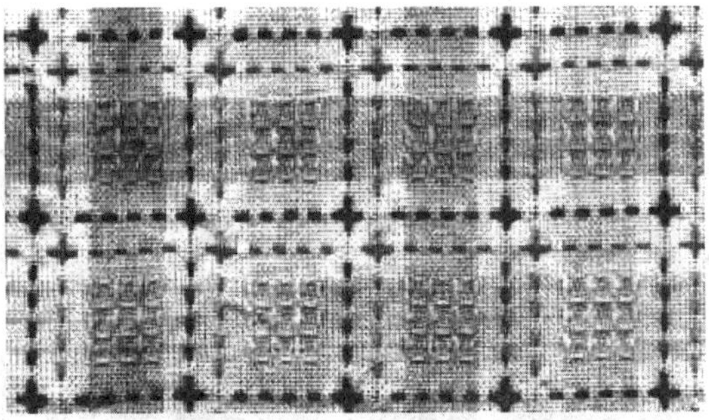

图 3-33　两组嵌条纱线形成虚线状双条格

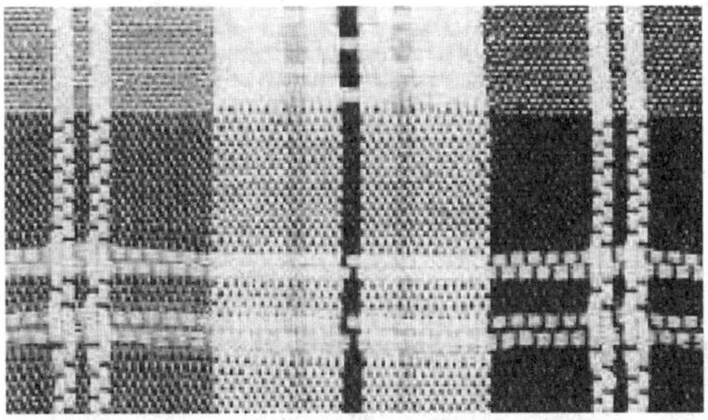

图 3-34　两组嵌条纱线形成波浪状双条格

图 3-35　多组嵌条纱线形成不同形式条格

图 3-36　两种颜色间隔交替的提花条格

(6) 两种不同颜色的嵌条纱线在织物表面的浮长错落显现、交替起花，形成两种颜色间隔交替的提花格效果(图 3-36)。

(7) 条格起花的嵌条纱线浮长变化可形成具有一定花纹图案。图 3-37 所示织物通过嵌条纱线浮长变化而形成仿竹节纱效果；图 3-38 所示织物通过几种嵌条色纱在织物表面交替显现长浮长和短浮长而形成特殊的外观效果。

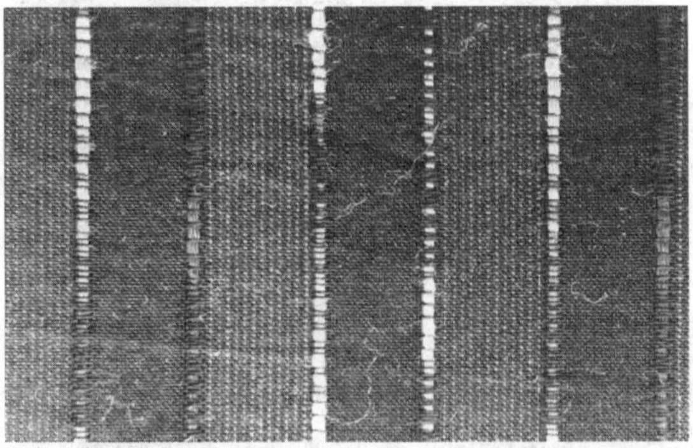

图 3-37　仿竹节纱效果嵌条纱线

图 3-38　长短浮长嵌条交替显现

也可利用纵横向嵌条纱线在织物表面显现较长浮长而相交成十字图案。图 3-39 所示为不同颜色的十字顺序排列图案。图 3-40 所示为十字构成花纹图案,其余部位按一定规律与地部的经纬组织点接结,形成隐约的有规律排列的底部花纹,织物显得精致而富有层次感。

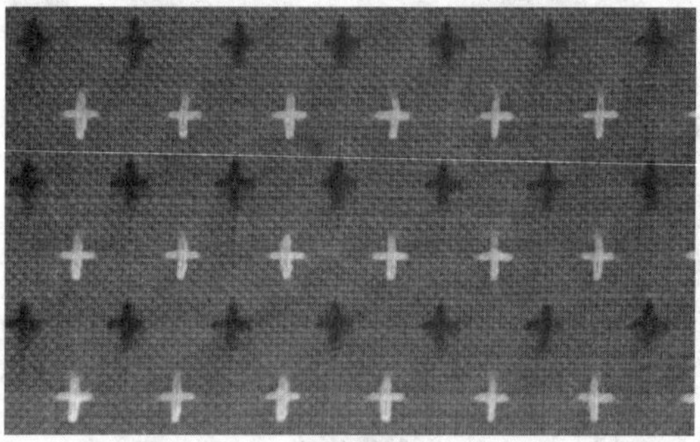
图 3-39 十字顺序排列图案

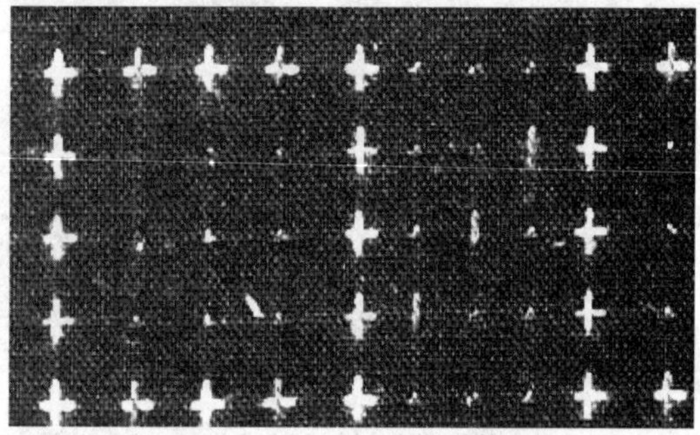
图 3-40 十字构成花纹图案

图 3-41 中,经纬嵌条在织物表面形成矩形和有规律的点状图案,如一个个小窗口。图 3-42 中,各嵌条相错相连,形成层次丰富的网格图案。

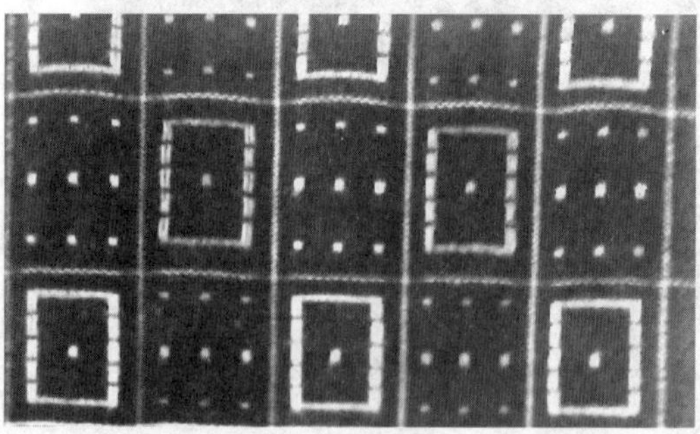
图 3-41 嵌条形成窗口图案

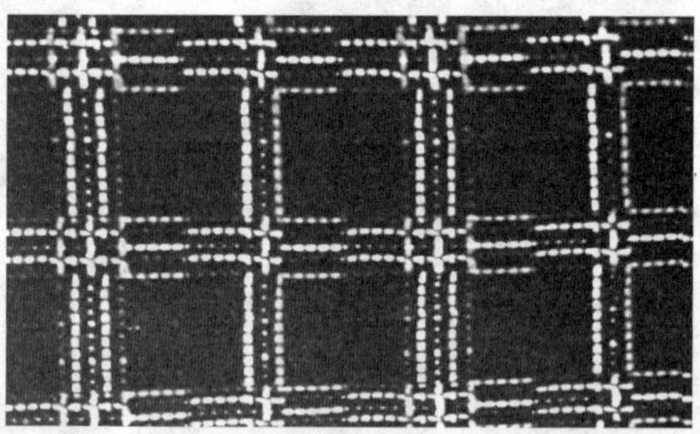
图 3-42 嵌条形成网格图案

(8) 嵌条纱线表面以较长浮长形成效果明显的凸起花纹,其余部位以平纹交织。嵌条纱线一般较粗或具有较强装饰性(图 3-43、图 3-44)。

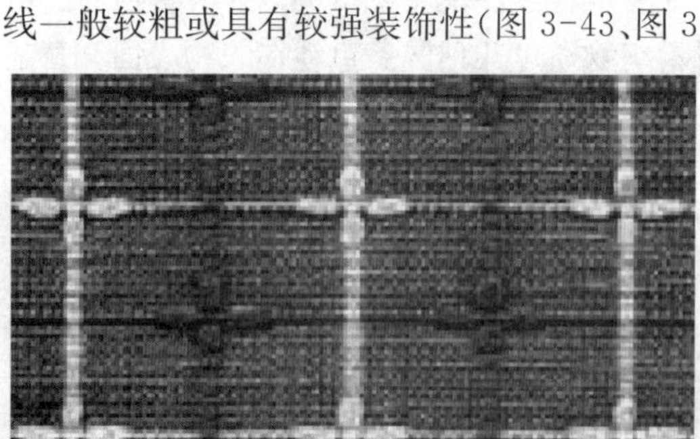
图 3-43 单根嵌条形成凸起花纹

图 3-44 两根嵌条形成凸起花纹

(9) 形成提花条格的常用方法,除了上述浮长变化外,可以采用经或纬面缎纹或斜纹组织,图 3-45 所示织物称为平纹地起缎条织物;可采用复杂组织,图 3-46 所示织物采用经或纬二重组织,结合表里经、表里纬色纱的配合,形成正反面异色异花的特殊提花条格;还可采用经或纬起花组织。

图 3-45　平纹地起缎条织物

图 3-46　双面异色条织物

二、经起花色织物设计

3-2-2　经起花织物设计

（一）经起花色织物的特点

在简单组织的基础上，局部采用经二重组织，在表面由一部分经浮线形成花纹的织物，称为经起花织物。经起花色织物中，由于花纹单独由花经构成，因此图案凸出、色彩较地经纱鲜亮，且具有较强的立体感与装饰性。

（二）设计要点

1. 花型特点

（1）常见的花型题材有几何图形、花朵、动物、玩具、器物等；

（2）受综页数限制，图案一般概括、精练、抽象，不强调写实而求神似。对称图案可节省花经用综。

2. 组织设计要点

（1）织物表面需要起花部位，花经在织物正面形成经浮长，即花经与纬纱交织成经组织点；织物表面不需要起花时，花经沉到织物背面，即花经与纬纱交织成纬组织点，在织物背面形成浮长。

（2）当花经在织物背面的浮长过长时，间隔一定距离增加一个经组织点，即与纬纱交织一次，起固结作用。花经的接结点可视花型特点合理配置，在固结过长浮长的同时构成花纹的一部分，从而增强了花型的层次感和立体感。

（3）为了突出花部，地部组织一般选比较简单的平整组织，常用平纹，有时也用简单的斜纹组织等。

3. 花经原料选用

为了突出花纹效果，花经宜选用比地经粗的单纱或股线，要求纱线光洁、品质较好、色泽光亮艳丽。

（三）生产技术要点

（1）穿综。采用分区穿，一般地经穿前区，花经穿后区，同类花经穿同一区。

（2）穿筘。通常将同一组花经与地经穿入同一筘齿。经起花部位在原有地经的基础上增加花经，如果要保持经起花部位的地经密度不变，即每筘齿穿入地经根数保持不变，则经起花部位的每筘齿穿入数应为地经和花经之和。例如，地经 2 根/筘，经起花部位按 1∶1 加入花经，每筘齿穿入数应为 4 根，这样地经密度就能保持不变；如果经起花部位经密过大而影响生产，可适当降低每筘齿穿入数，如 3 根/筘，但经起花部位的地经密度也相应降低。

(3) 上机。与条格起花织物类似，由于花经与地经的交织次数差异较大，而且花经比地经粗，因此需采用双经轴织造。

4. 经起花色织物设计举例

由于受到综片数的限制，经起花织物常用几何图案(图 3-47)。可以用不同颜色的花经使图案色彩丰富。不同色彩的花经可以是相同层次，即一组地经对应一组花经(图 3-48)；也可以是不同层次，即一组地经对应两组或两组以上花经(图 3-49)。图 3-49 中，(a)的小车轮子和顶部需在车身用花经外加入一组花经，(b)在相同地经方向以不同颜色的花纹相间排列，需要两种颜色的花经，(c)在花瓣用花经的基础上加入一组花心用花经，(d)的草莓叶子部位需另加入一组花经。可以通过以下二维码中几个典型经起花织物分析与设计的微课内容，更直观地认识不同类型的经起花织物。

3-2-3 经起花织物分析一

3-2-4 相同层次不同颜色经起花织物

3-2-5 不同层次不同颜色经起花织物分析-组织

3-2-6 不同层次不同颜色经起花织物分析-穿综、纹板

图 3-47 经起花几何图案

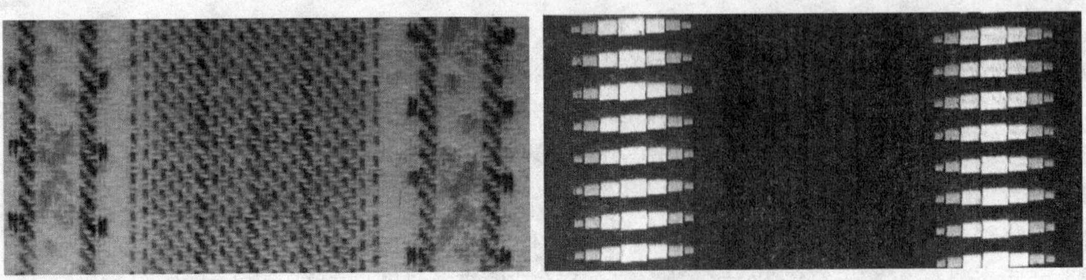

图 3-48 相同层次、不同颜色的花经

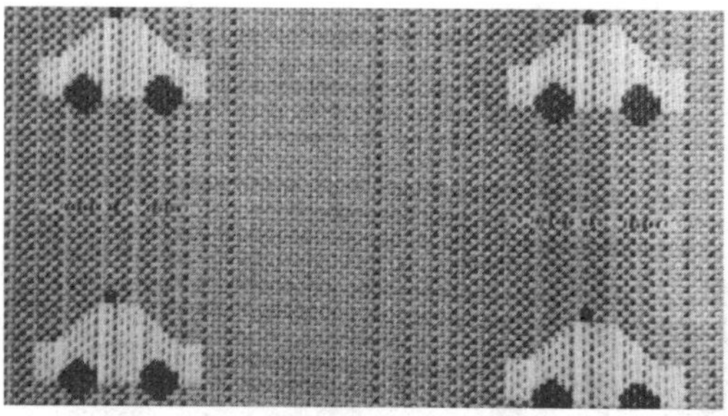

(a)

(b)

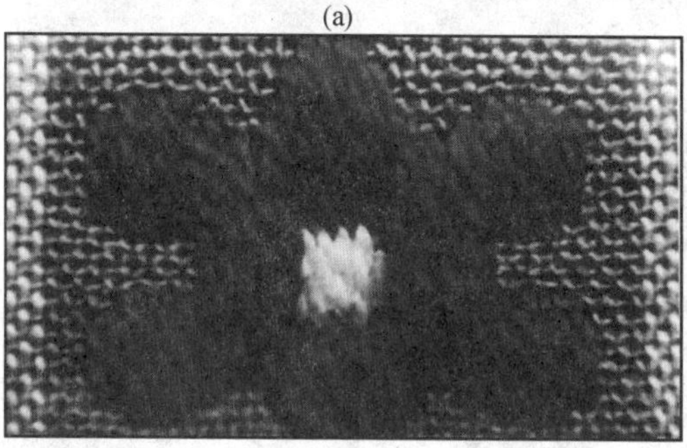

(c)

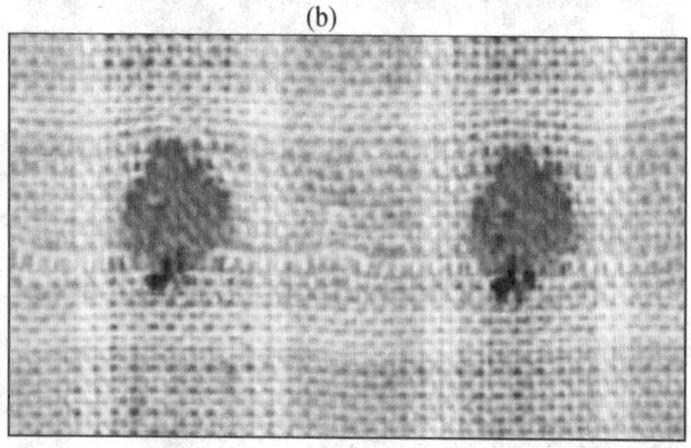

(d)

图 3-49 不同层次、不同颜色的花经

当经起花织物纵向的图案之间的花经浮长过长时需要切断。浮长切断设计合理不但不会影响图案美观，而且会让图案更加丰富、完整。可以直线切断背衬的较长浮长（图 3-50），也可以按照一定的花纹切断背衬浮长（图 3-51）。

图 3-50 直线切断背衬的较长浮长

图 3-51 按照一定的花纹切断背衬浮长

设计经起花织物时，可以使用相同交织规律的经纱做不同排列，从而用较少的综片形成不同的图案(图 3-52)。花经除了局部形成条状起花外，还可以满地排列，即花经在整幅内均匀分布(图 3-53)。还可以用剪花的方式去除多余的浮长，同时增加织物的立体感(图 3-54)。

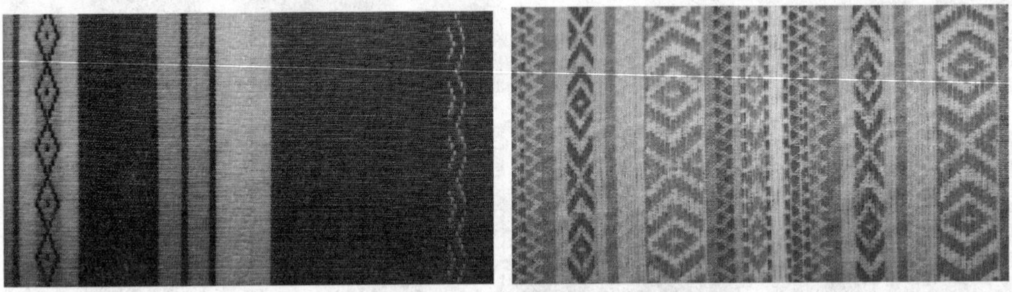

图 3-52　相同交织规律花经的不同排列

图 3-53　花经满地排列的经起花织物

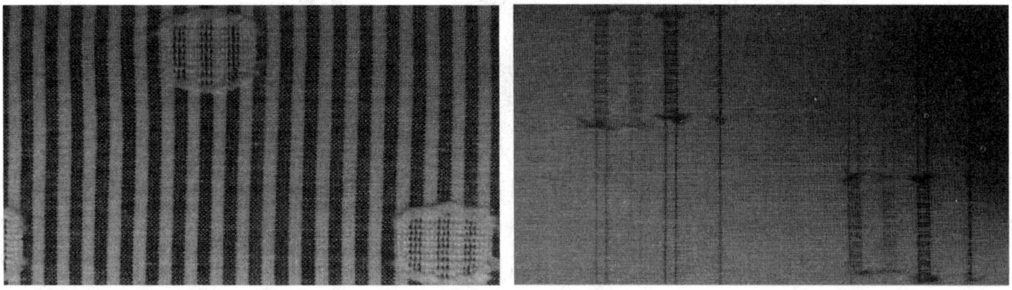

图 3-54 剪花经起花织物

三、色织物色彩与图案设计

（一） 色织物花型与配色设计

色织物的花型即色彩与花纹图案效果，是由经纬色纱和织物组织相互配合共同形成的。经纬色纱以一定规律排列，并按照一定的组织相互交织，形成外观具有一定色彩与花纹图案的织物。

色织物配色的总体原则是调和、对比、统一、变化。配色的一般规则有：

（1）确定织物的整体色调，即基本色调或主色调，它往往决定着织物的总体风格特色。

（2）色位配套，一般色织产品每套花样配 3～5 个色位，也可根据需要增加色位，色位之间要注意协调。设计色织物时，改变纱线的颜色、排列次序、根数及织物组织等，可以获得变化无穷的色彩效应，但色彩的明度、纯度和层次必须服从主色调。

（3）注意底色、陪衬色、点缀色的比例。主色调在整个色纱排列中面积大、占优势；陪衬色起衬托作用，不能过于夺目，要突出主色；点缀色起点缀作用，明度、纯度较高。

（4）色相不宜过多，否则容易显得纷杂无主。

（5）色彩的对比与统一，在条格配色中要有层次变化，富于立体感，使人感到有条有理，否则会产生单调或杂乱无章的效果。

（二） 色纱配合的方法

1. 对比色

对比色是指色相环上 120°以外的颜色，其中处于 180°的相对应的两色叫补色，对比最为强烈。对比色活泼、刺激，变化丰富，应用时要注意色彩的调和与统一。配置对比色可以采用以下手法：

（1）降低纯度。对比色在颜色纯度较高时对比效果比较强烈。如果将对比色的纯度降低，比如选用加入灰色的色纱，可使色彩变得含蓄、温和，达到既变化丰富又和谐统一的效果。

（2）面积的调整。对比色在面积较大且相等时对比效果最为强烈。如果将一种对比色作为主色，大面积使用，其他对比色作为辅色，少面积点缀，可以使对比减弱，达到统一。也可以将对比色分割成较细小的面积并置使用，类似空混的手法，使色彩远看能混合成一体，达到统一。

（3）无彩色的调和。运用黑、白、灰、金、银等无彩色，将对比色隔开，是使对比色达到协调统一的极有效的手法。

（4）色彩系列化过渡。按照色相环的顺序，选择两个对比色之间的系列色与对比色同时使用。如在使用橙色与蓝色的同时，使用黄橙、黄、黄绿、绿、蓝绿等色，并将它们秩序化排列，使对比色产生一种渐变效果，达到统一。

2. 同类色

同类色一般指单一色相的系列颜色，如黄色系、蓝绿色系等。同类色的色相纯，通常极协调、柔和，但也容易显得平淡、单调。同类色在运用时应追求对比和变化，可加大颜色明度和纯度的对比，使布面更丰富。以 24 色相环划分，色相环中相距 45°或者彼此相隔二三个数位的两色，为同类色，属于弱对比效果的色组。同类色的色相主调十分明确，是极协调、单纯的色调，它能起到调和、统一又有微妙变化的作用。如深蓝与浅蓝、深红与粉红、墨绿与淡绿等，都属于同一色系的组合关系，但明度不同，容易取得好的协调效果。如果运用多种同类色进行渐变处理，层次不能太近或太远，使用比例可相同，或深色面积小、浅色面积大，从深到浅过渡，使配色效果调和、清晰。

3. 邻近色与类似色

邻近色与类似色指色相环上距离 90°以内的颜色，如黄色与绿色、蓝色与紫色等。邻近色因相距较近，也容易达到调和，而且色彩的变化比同类色丰富。邻近色在运用时同样应注意加强色彩明度和纯度的对比，使邻近色的变化范围更宽更广。类似色是色相环上距离 60°以内的颜色，给人以温和的感觉，可获得调和的效果。同一色调采用不同的织物组织，可以获得深度不同或光泽不同的效果。

明度与纯度接近的邻近色相，如：红橙之间的大红、朱红、橘红、橙黄的色彩配置，橙黄之间的橙、橘黄、中黄、浅黄、柠檬黄的色彩配置，蓝紫之间的普蓝、深蓝、紫、紫罗兰、紫红的色彩搭配等组合，也容易得到良好的调和效果。类似色配置与同一色搭配相比，更复杂，更富有变化。如果与白色一起搭配，可使其色彩既协调又鲜明。

4. 无彩色系的色彩配合

黑、白、灰与有彩色系的颜色相配合时，易取得调和、统一的效果，所以无彩色系常用来调节对比色或类似色配合的不足：与白色配合，能使色彩明亮突出；与黑色配合，能使色彩质量增加；与灰色配合，能使色彩柔和、安静。使用无彩色与有彩色配合时，一般使两种色系的面积相差较大，以便产生层次感。

在色织物设计中，常采用黑、白两色组成织物表面的图案效果。通过色纱排列的变化，可以调整黑白对比的强弱，从而产生不同程度的灰，使黑白间的矛盾多元化，使得纹样色彩既鲜明强烈，又富于变化。精纺花呢中，黑与白的配色模纹是常见品种。

（三）色织物图案设计

1. 色织物图案的类型

多臂色织物的图案受设备的限制，只能用概括、精练、抽象的手法来处理，不强调写实而求神似，图案主要是条、格及少量寓意、象形、几何形花纹。

(1) 条纹图案。织物中经纬纱有一个系统由两种或两种以上纱线，通过改变纱线颜色、原料、排列根数、织物规格、织物组织等形成的图案，有纵条、横条、嵌条、提花条等。

① 彩条。织物中经纬纱有一个系统由两种或两种以上颜色构成，另一个系统为一色，则形成纵向或横向彩色条纹。

② 嵌条。由 1～2 根纱线在织物中起点缀作用，即为嵌条线。嵌条线可采用颜色与地部颜色有明显差异的纱线，也可采用与地部原料、纱线结构不同的纱线。

③ 提花条。利用组织变化而形成条纹效果，如：不同组织并置，可形成条纹；沿条子方向运用小提花组织，获得提花效应，织物表面既有条型外观，又有提花花纹外观。

④ 粗细条。由不同线密度的纱线间隔排列，可使织物表面形成紧度不同的凹凸条纹，纱

线较粗处织物比较厚而凸起，纱线较细处织物则较薄。

⑤ 密条。利用密度变化使织物表面形成稀密相间的条纹。

⑥ 隐条。将不同捻向的纱线间隔排列，利用其反光方向不同，形成若隐若现的条纹。

(2) 格子图案。与条纹图案的形成方式类似，经纬两个系统均由两种或两种以上纱线构成，通过改变纱线颜色、原料、排列根数、织物规格、织物组织等，可以获得不同形式的格子图案。

① 小方格。经纬向均采用两种或三种色纱间隔排列，色纱循环较小，格型较小，一般为正方形，常采用平纹或斜纹组织，如棋盘格、朝阳格。

② 大方格。由色纱间隔排列构成较大格型，组织相同；也可以利用组织变化而形成，即方格组织或者将色纱与组织配合而形成大方格效果。

③ 彩格。一般在 4 色以上，大小格相互嵌套，格型变化丰富，可形成多种织物风格。如采用色相相同的深浅色搭配，则和谐、大方；如采用色彩差异大的多色搭配，并辅以不规则排列，则时尚、华丽。

④ 提花格。由组织变化形成格子花型，再与色纱配合，使格中带提花。如平纹地配以缎条缎格、经纬二重起花等，一般纵条突出经纱效应，横条突出纬纱效应。

⑤ 稀密格。经向通过局部增加每筘穿入数来增加经密而形成纵向密条纹，或利用空筘而形成纵向稀条纹；纬向可通过停卷来增加纬密而形成横向密条纹，或投空纬而形成横向稀条纹。

⑥ 隐格。当经纬纱都采用不同捻向的纱线间隔排列时，可形成或大或小的隐格效应。织物外观看似平素，但有立体感、变化感。

(3) 几何图案。采用平纹地小提花组织、配色模纹组织、重组织或表里交换双层组织，可形成各种形状的简单几何图形。构图和布局上有散点排列的局部提花，有二方连续的条型提花，也有四方连续的满地提花。

(4) 写实图案。除了大提花色织物外，在多臂织机上织制的色织物较少采用写实纹样来表现花型图案，而是在有限的综页数内将写实纹样进行概括和提炼，浓缩成比较象形的抽象图案，如花草、动物、昆虫、器物等造型。色织物图案设计时要注意花和地的配合、主题的突出、繁简的安排、色彩的搭配、层次的表现等问题。

2. 影响色织物图案表达的因素

色织物的花纹图案是经纬色纱与组织的配合结果。织物的经纬纱原料、纱线结构、色彩、组织、织染工艺等，还有生产设备条件、织物用途、适用对象、流行趋势等，都是影响色织图案表达的因素，设计时，需要综合考虑，力求体现艺术与技术的完美结合。

(1) 原料的影响。不同纤维原料的织物具有不同的风格特点，其图案风格也会不同。如丝织物高贵典雅、轻盈飘逸，图案宜精致、细巧；毛织物庄重、典雅、大方，花型简练、规则，线条稍粗；麻织物风格粗犷，图案朴素、洒脱；棉织物舒适耐用，风格多变。

(2) 纱线结构的影响。纱线结构包括纱线的粗细、捻度、捻向、条干、毛羽、纺纱工艺、花式效应等，对织物外观和内在风格都有很大的影响。织物花纹图案设计，要与纱线结构相结合，以获得不同的织物外观效果。

(3) 织物结构的影响。设计织物花纹图案时，必须结合考虑织物结构。结构稀松的粗特纱织物，花纹图案往往要求线条比较粗，过于精细的花纹难以表达；而细特高密织物，花纹图案比较细致。

(4) 组织结构的影响。首先,不同组织具有不同的织纹效果,是构成织物外观的重要因素;其次,不同组织具有不同的显色特点,会影响或限制织物色彩和图案的表达。

(5) 生产工艺的影响。花纹图案的表达必须与纺织工艺技术相结合。进行色织物图案设计时,必须结合考虑生产工艺和设备的可行性及图案效果的可实现性。

四、色纱排列设计

在条格色织物中,变化色纱排列可以获得丰富多变的色彩与花型效果。

(一) 色纱排列设计的基本方法

下面以条型色织物为例来说明色织物色纱排列的设计方法,格型色织物的色纬排列设计方法类同。

1. 简单花型色纱排列设计

(1) 规则排列。各色条等宽或色纱根数相等,常用于窄条格织物设计。例如,两种色纱 A 与 B 间隔排列,如 4A4B[图 3-55(a)];三种色纱 A、B、C 间隔排列,如 10A10B10C[图 3-55(b)];四种色纱 A、B、C、D 排列,如 8A8B8C8D。其中数字表示纱线根数。

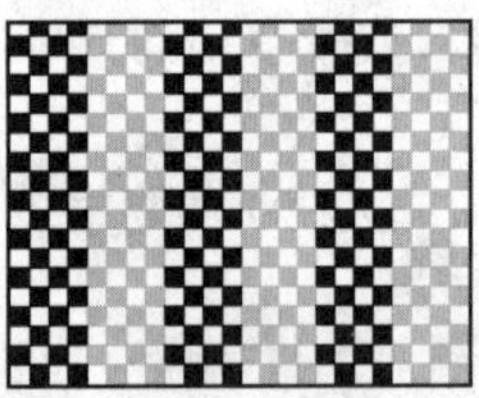
(a)

(b)

图 3-55 色纱规则排列

(2) 不规则排列。各色条宽不等或色纱根数不等。例如,两种色纱 A 与 B 间隔排列,如 4A8B[图 3-56(a)];三种色纱 A、B、C 间隔排列,如 2A32B8C[图 3-56(b)]。

(a)

(b)

图 3-56 色纱不规则排列

2. 复合花型排列设计

将简单花型复合在一起得到复合花型,如 16A16B16C×3(4A4B4C)[图 3-57(a)],以及 4(4B4A)12C2A2B12C[图 57(b)]。

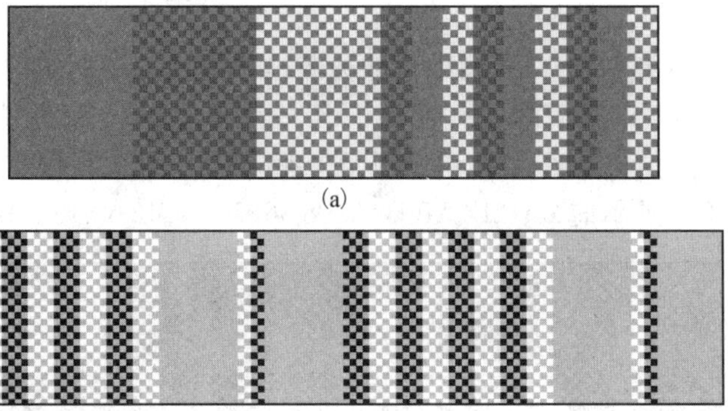

图 3-57　色纱复合花型排列

3. 交错花型排列设计

两色先按简单花型排列，如 18A18B；然后在每个色条中分别抽出 2 根并交换插入两色中央，形成(8A2B8A)(8B2A8B)[图 3-58(a)]。抽出纱线位置，可以选中间的对称位置，也可选不对称位置[图 3-58(b)]。

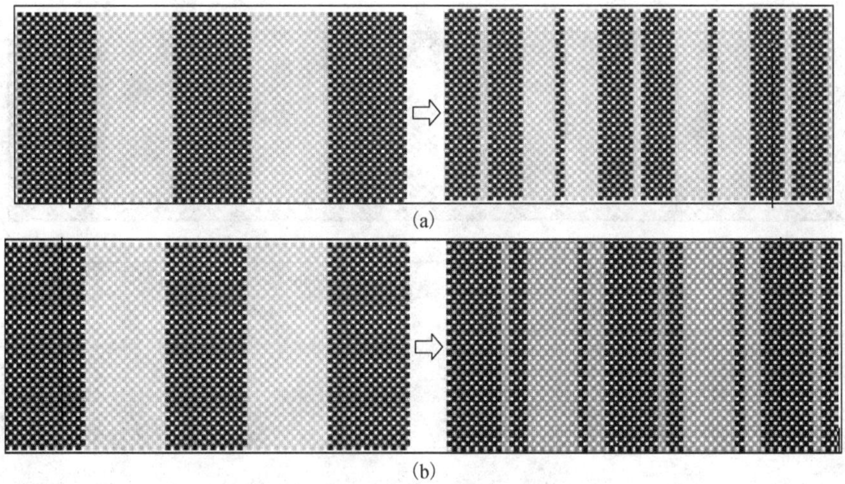

图 3-58　色纱交错花型排列

4. 渐变花型排列设计

利用纱线色彩的过渡变化来形成渐变花型，变化色纱排列也能形成渐变效果。渐变花型可通过一种或几种色纱的根数由少至多或由多至少地逐渐变化而成。常用的渐变花型排列形式如下：

(1) 两种色纱间隔排列，一种色纱根数不变，另一种色纱根数递增，如图 3-59(a)所示的 2A2B4A2B6A2B8A2B10A2B12A2B。

(2) 两种色纱间隔排列，分别由少至多递增，如图 3-59(b)所示的 2A2B4A4B6A6B8A8B10A10B12A12B。

(3) 一种色纱根数固定不变，另一种色纱根数由少至多递增、再由多至少递减，如图 3-59(c)所示的 2A2B4A2B6A2B8A2B10A2B12A2B10A2B8A2B6A2B4A2B。

(4) 两种色纱分别由少至多递增、再由多至少递减，如图 3-59(d)所示的 2A2B4A4B6A6B

8A8B10A10B12 A12B10A10B8A8B6A6B4A。

（5）一种色纱根数递增，另一种色纱根数递减，如图 3-59(e)所示的 2A16B4A14B6A12B8 A10B10A8B12 A6B14A4B16A2B。

（6）一种色纱根数由少至多递增、再由多至少递减，另一种色纱根数由多至少递减、再由少至多递增，如图 3-59(f)所示的 2A12B4A10B6A8B8A6B10A4B12A2B10A4B8A6B6A8B4A10B。

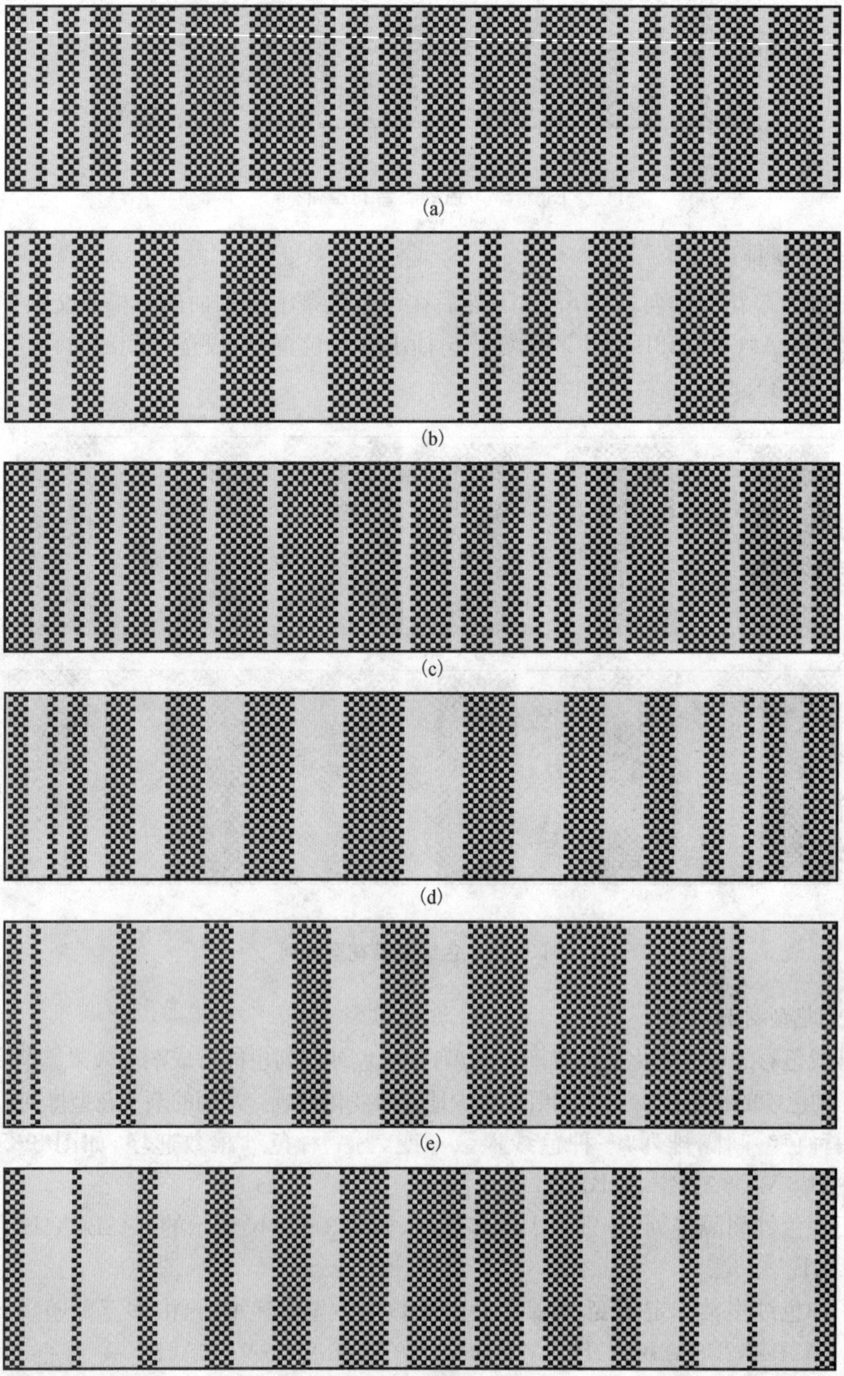

(a)

(b)

(c)

(d)

(e)

(f)

图 3-59　色纱渐变花型排列

类似地，还可采用三种或多种色纱间隔排列，交替递增或递减，形成渐变花型。通过纱线色彩与色纱排列、组织的适当配合，可以形成变化更丰富的渐变效果。

◆ 设计理论积累——织物密度设计

织物密度设计是一项重要而复杂的工作。长期以来，在纺织品设计工作中，织物密度是凭设计构思及结合工作经验来确定的。为提高产品品质和产量，方便操作，在常规情况下，经密应大于纬密。

织物密度设计涉及的因素较多，主要是生产方式、原料及细度、捻度、组织结构、产品用途等。

（一）生产方式与织物密度设计的关系

纺织品生产方式主要有色织、白织及半色织三大类。色织产品经后处理所产生的缩率使成品密度比上机密度略有增加，而白织和半色织产品因练染加工产生较大的缩率，其上机密度与成品密度有较大的差异。因此必须考虑织物密度设计与生产方式的关系，主要参数为经纬纱缩率。

（二）原料选用与织物密度设计的关系

由于纺织材料属性不同，其结构、性能、密度、外观形状（长短）等都不一致，因此，构成织物所需的经纬密度也有一定的差异。例如，熟织桑蚕丝质地柔软、光滑，纤度较细，经纬密度应适当偏大，能较好地反映织物细腻、柔润的特点。生织丝纤维外层包裹着25%左右的丝胶，丝身硬且滑，纬密不易打足，应采用浸泡、水纡、给湿等措施使原料变软，以达到提高纬密的目的。

合成纤维原料制织的面料透气性差，影响服用效果，且定形处理时缩率大，手感变硬，故设计时可适当减少密度。经膨化处理的合成纤维产生卷曲，丝线中空隙增加，对改善织物的外观、手感及透气透湿性都有作用。选用低弹或高弹丝线，除了配合疏松组织结构外，应减少密度，通过后处理就能得到充分收缩和膨化的效果。

各类短纤原料的表面粗糙有毛茸，用于纯织或交织，一般不易产生经纬滑动移位的纰裂现象。从降低原料消耗角度考虑，可适当减小织物密度而不影响织物的应用。

（三）原料细度、捻度与织物密度设计的关系

纺织材料细度与其直径关联，与织物密度有直接的关系。由于各类原料的密度及单纤根数不同，长丝直径也不相同。

长丝经加捻，纤维间抱合增加，并产生收缩，其抱合程度和收缩率与捻度成正比。一般而言，弱捻丝对织物密度设计不会产生明显的影响，若达到中捻以上，织物表面将产生良好的皱缩效应。为使白织原料中丝胶、浆料及杂质等易于通过练漂而清除，同时产生理想的皱缩效应，织物密度应随捻度增加而减少。

（四）组织结构与织物密度设计的关系

经纬纱交织会产生一次沉浮交错，对织物密度设计有极大影响。经纬纱的每一次交错，除本身直径所占位置外，还占有经纬纱上下交错所产生的空隙位置。不言而喻，在基原组织中，平纹组织的交织点最多，交错空隙也最多；缎纹组织的交织点最少，交错空隙也较少。在参考原料细度和直径的同时，可推测常规条件下，平纹组织所需的经纬密度最小，斜纹次之，缎纹最大。

任务三 网目与纱罗组织织物的创新设计

知识点： 1. 掌握网目与纱罗组织的绘制方法。
2. 熟悉网目与纱罗组织织物的形成原理。
3. 熟悉网目与纱罗组织的变化设计方法。

技能点： 1. 能够创新设计网目与纱罗组织。
2. 能够设计网目与纱罗组织织物的上机参数。
3. 能够上机织出网目与纱罗组织织物的小样。

◆ 情境引入

设计一款由经纱在织物表面弯曲形成立体感花纹的装饰性面料，完成织物的基本规格设计和上机工艺设计。

◆ 做中学、做中教

案例一：网目织物

1. 纹样草图

如图 3-60 所示，白色地上织出天蓝色网目花纹，作为春秋休闲衬衣面料，采用白色纯棉纱搭配较粗的天蓝色较粗纯棉纱，用平纹与网目组织搭配，给人纯洁干净的感觉。图 3-61 为该网目织物面料实物照片。

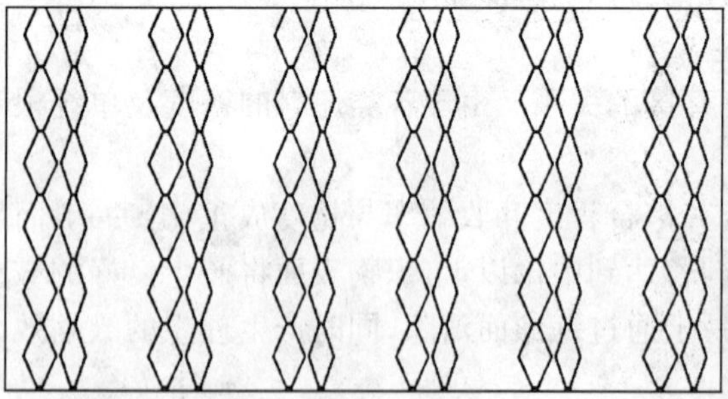

图 3-60 网目织物纹样草图

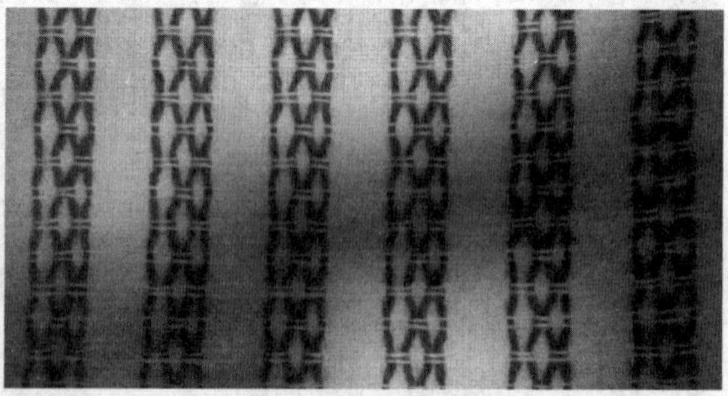

图 3-61 网目织物面料实物

2. 织物规格设计

地部经纱和纬纱选择 28 tex×2(21^S/2)棉纱，网目经纱选择 59 tex×3(10^S/3)棉纱，筘号 120 齿/(10 cm)，筘齿穿入数为 2，上机经密 240 根/(10 cm)，上机纬密 180 根/(10 cm)，考虑织物的用途，网目经浮长不能太长，设计为 5，牵引纬浮长选择 7 和 9。

3. 上机设计

5 片综照图穿法，纹板图、组织图与穿综顺序如图 3-62 所示。

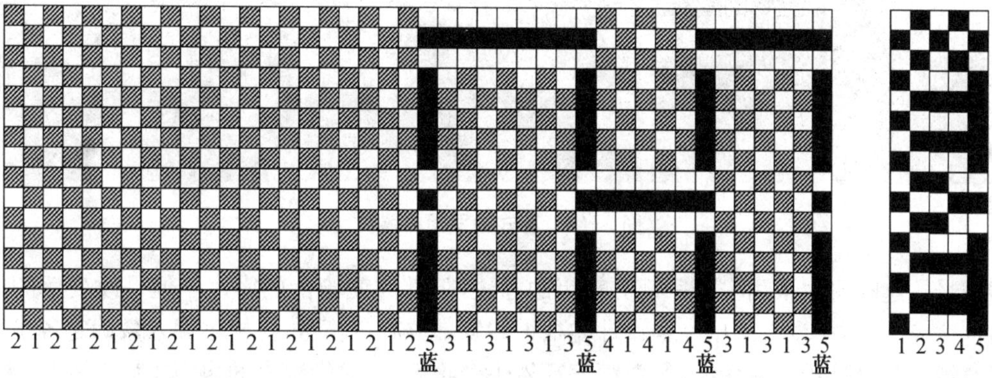

图 3-62　网目织物组织图与穿综顺序、纹板图

案例二：花式纱罗

1. 设计意图与纹样草图

设计一款花式纱罗与经起花条纹间隔配置的装饰面料，纹样尺寸与效果如图 3-63 所示。其实物照片见图 3-64。

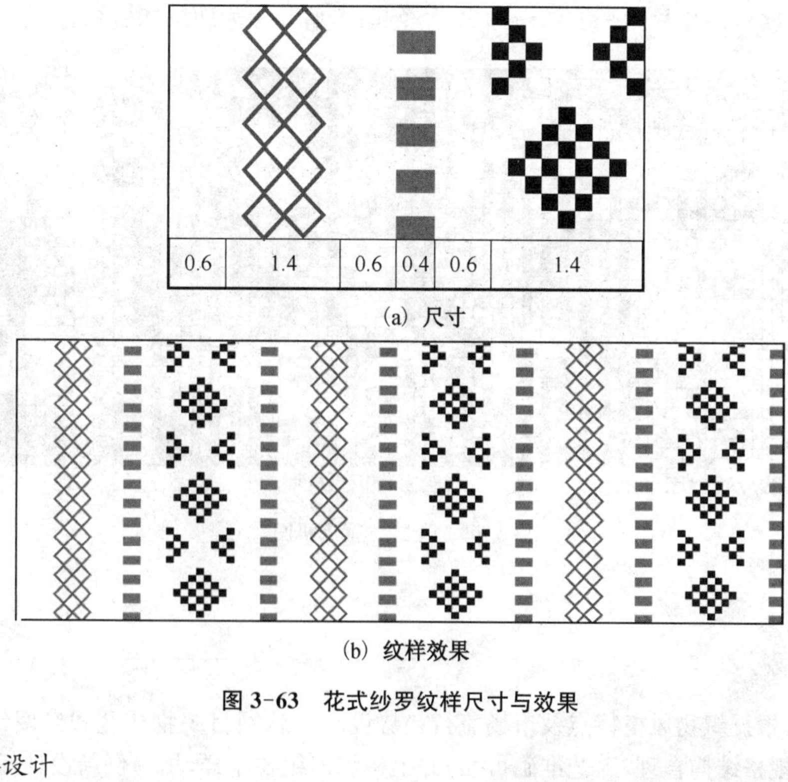

(a) 尺寸

(b) 纹样效果

图 3-63　花式纱罗纹样尺寸与效果

2. 规格设计

花式纱罗织物绞经与地经穿入同一筘齿。当地经和绞经较粗或根数较多时，需要采用较

图 3-64　花式纱罗面料照片

小的筘号。这时可以采用去掉一部分筘齿的办法，局部改变筘齿的密度。但是改变后的钢筘的品种适应性差，尽量不采用。本设计先根据纱罗部分确定筘号，再根据穿入数确定各条上机经密。纱罗部分共用 4 对绞综，每对绞综穿入 1 个筘齿，每对绞综之间再空 1 齿，共用 7 齿，选用 50 齿/(10 cm)的钢筘，则纱罗处上机宽度 1.4 cm，与设计草图吻合。平纹地部采用 4 穿入，上机经密为 200 根/(10 cm)。经起花部分 8 穿入，上机经密 400 根/(10 cm)。纱罗部分采用 28 tex(21^S/2)棉纱，主体部分与经起花部分用 14.8 tex(40^S)棉纱。

3. 上机设计

纱罗部分每个绞组 6 根纱线，3 绞 3。地经采用平纹交织，每 5 梭扭绞一次。采用下半综织造，形成上口纱罗。绞经在机上扭绞时，在地经下方由一侧扭转到另一侧。如果想要突出绞经的装饰效果，需反面上机故经起花部分也需要反织，上机图如图 3-65 所示。使用 13 片综织造，前 2 片为基综，3、4 片为平纹，5～10 片为经起花，后 3 片为地综和后综。

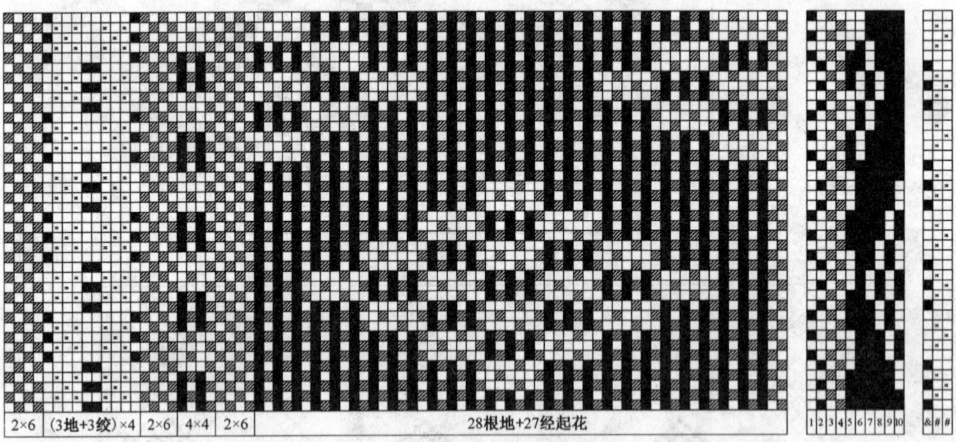

图 3-65　花式纱罗上机图

◆ 任务实施

每个小组根据织物风格特点及市场流行趋势设计一款网目织物或花式纱罗织物，要求外观新颖别致、规格结构合理、工艺准确可靠，并上机织出织物小样，填写创新设计任务单。

◆ 相关知识

一、网目织物设计

（一）网目组织绘制方法

1. 以平纹为基础将部分平纹改为网目纱和牵引纱

网目纱之间间隔奇数根平纹，当网目纱根数为奇数时，牵引纱之间间隔奇数根平纹。图3-66(a)所示为以平纹组织构成的基础组织，$R_j=12$，$R_w=16$。图3-66(b)所示在平纹基础上选择第3、9根经纱改为网目经纱，将其上除第4、12纬（牵引纬）以外的所有组织点改为经组织点（以黑色表示）。图3-66(c)所示在牵引纬第4、12上相间地去除两组网目经之间的所有经组织点，从而构成网目组织。面料实物如图3-68(a)。注意牵引纱的起始位置选择，选择不合理则如图3-66(d)所示，会减弱网目效果。

网目纱根数为偶数时，牵引纱之间间隔偶数根平纹。图3-67(a)为以平纹组织构成的基础组织，$R_j=22$，$R_w=14$。图3-67(b)在平纹基础上选择第4、5、6、7和第15、16、17、18根经纱改为网目经纱，将其上除第4、5、6、7和第11、12、13、14纬（牵引纬）以外的所有组织点改为经组织点（以黑色表示）。图3-67(c)在牵引纬第4、5、6、7和第11、12、13、14上相间地去除两组网目经之间的所有经组织点，从而构成网目组织。面料实物见图3-68(b)。

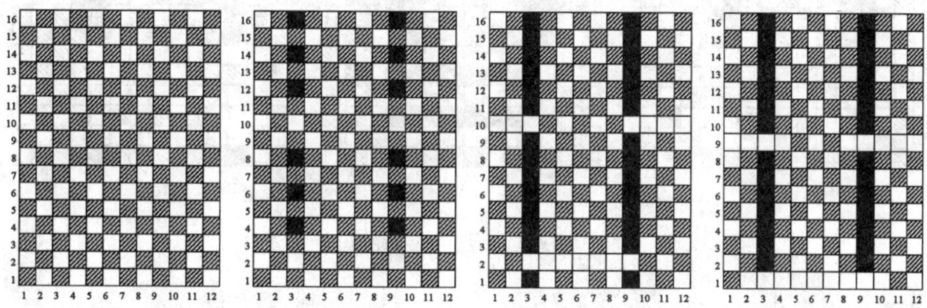

(a)　(b)　(c)　(d)

图3-66　网目纱根数为奇数的网目组织绘制

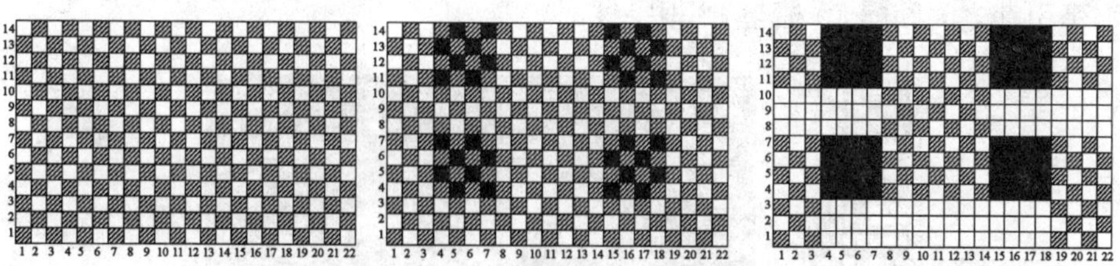

(a)　(b)　(c)

图3-67　网目纱根数为偶数的网目组织绘制

当牵引纱根数较多时，有多种设计方法。图3-69中，(a)为牵引纬全部在正面对网目经进行牵引，(b)为牵引纬在正面、反面交替出现对网目经进行牵引，(c)为牵引纬在正面和两组网目经之间的部分经纱之上对网目经进行牵引。由于织物内部的复杂结构，很难说清哪种方式的网目效果更好，三种设计方法得到的网目组织各有特点。

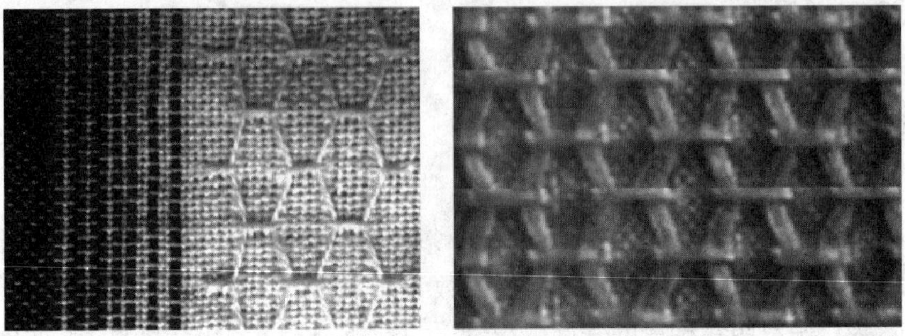

(a)　　(b)

图 3-68　网目组织面料实物

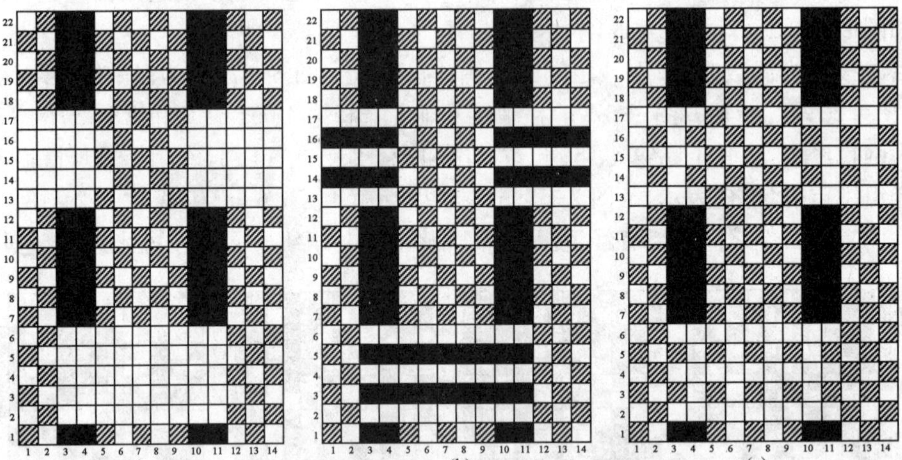

(a)　　(b)　　(c)

图 3-69　牵引纱根数较多时的设计方法

2. 以平纹为基础加入网目纱

这种情况下可在平纹基础上加入网目经，网目纱两侧的平纹是错开的，网目纱之间间隔奇数根平纹，牵引纱之间间隔偶数根平纹。组织图与面料实物如图 3-70 所示，网目经之间间隔 3 根平纹，牵引纬之间间隔 10 根与 12 根平纹。

图 3-70　在平纹基础上加入网目经的组织图与面料实物

（二）网目组织的变化与上机

变化网目经（纬）与纬（经）浮长线的根数、长短与位置等，可以得到各种变化网目组织。

（1）网目经（纬）与纬（经）浮长线取不同根数、不同纱线线密度或不同颜色，可以得到或粗壮或细巧或不同色彩的网目［图 3-71、图 3-72］。

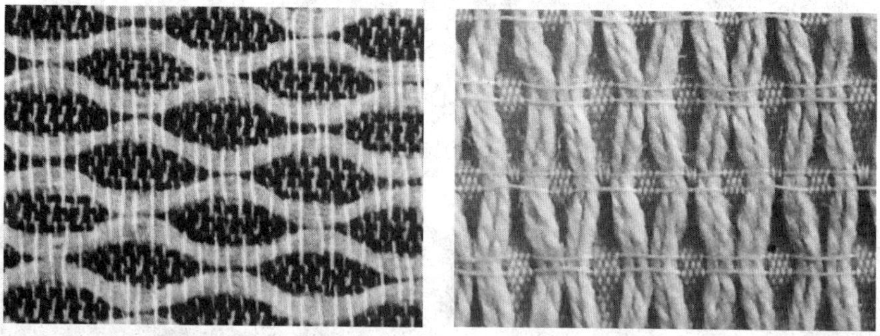

图 3-71　粗壮的网目织物

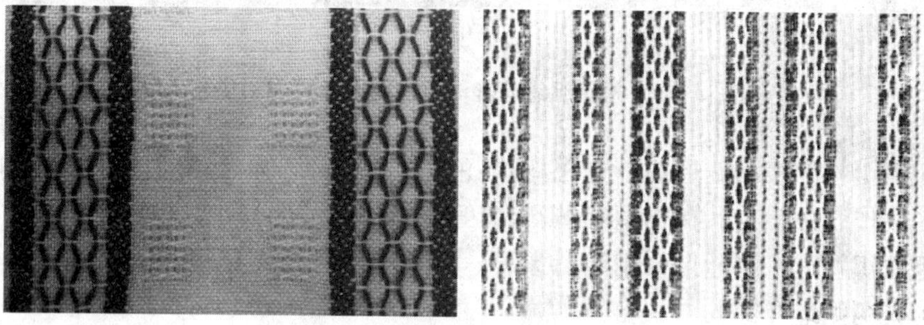

图 3-72　与地部不同色的网目织物

（2）变化网目经（纬）或纬（经）浮长线的长度，可以获得不同波形与大小的网目组织。

（3）改变网目经（纬）与纬（经）浮长线的配置状态，可以获得对称曲折或一顺曲折的波形［图 3-73］。

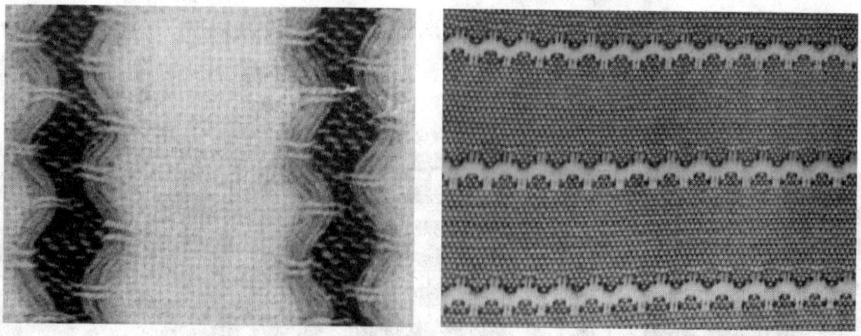

图 3-73　一顺曲折的网目织物

（4）网目组织与其他组织间隔配置，可得到丰富的面料设计效果。图 3-74 中，网目纬有规律地沉到反面与平纹和重平间隔配置。图 3-75 中，(a)为经网目与平纹横条配置，(b)为纬网目与缎条、平纹纵条配置，(c)为网目组织与菱形花纹搭配。

图 3-74 网目纬有规律地沉到反面的面料与局部组织图

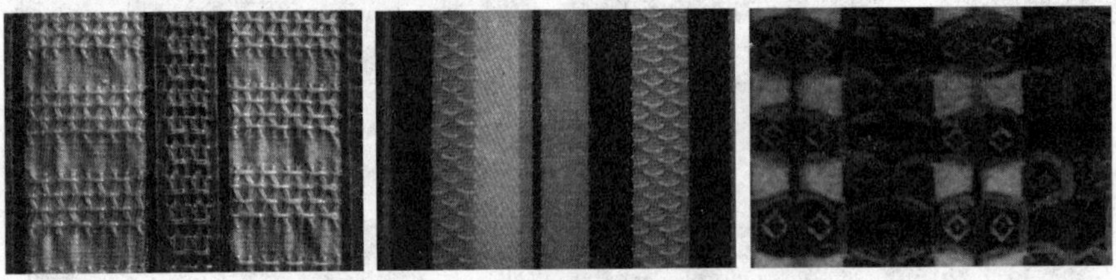

(a) (b) (c)

图 3-75 网目组织与其他组织间隔配置面料实物

网目组织织物的表面波形曲折变化，图案色彩美观、立体感强，具有很好的装饰性，在棉、丝织物中多用作装饰织物。在棉型细纺、府绸等织物中，常以网目组织点缀部分地组织。

网目组织织物上机时通常采用照图穿法。为了使网目经更好地浮于织物表面，穿筘时应将网目经与其两侧地经穿入同一筘齿。

（三） 增强网目组织外观效应的措施

(1) 采用粗网目纱或双股纱，使粗网目纱易显露出来。

(2) 增加网目经纱部位的筘齿穿入数，并将网目经纱夹在其两边的相邻经纱中间而穿入同一筘齿，以利于网目经纱的抬起和移位。

(3) 增加牵引纬左右的地经纱和纬纱的交织松紧程度的差异，即间隔地减少牵引点一侧的经组织点，就是减少牵引点一侧的经纬交织次数，能增强网目效应。但这种处理方法会增加使用的综框数。图 3-76 中，(a)为未减少交织次数之前的组织，(b)为减少交织次数之后的组织，(c)为减少交织次数之后的面料实物。

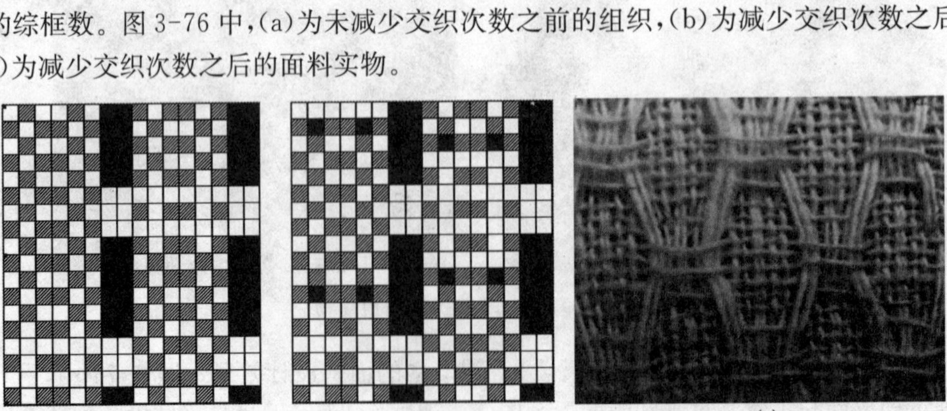

(a) (b) (c)

图 3-76 减少牵引点一侧的经纬交织次数，能增强网目效应

二、纱罗织物设计

纱罗织物的别名有绞综布、网眼布、真网目等，都反映了纱罗组织的外观特征。它与普通机织物有显著差别。纱罗织物中仅纬纱平行排列，经纱不是平行排列。纱罗组织能使织物表面呈现清晰纱孔，质地稀薄透亮，且结构稳定，织物透气性好。因此，纱罗织物适宜用于夏季衣料、窗纱、蚊帐、筛绢等。色织纱罗织物由于有色纱颜色的变化及与其他组织的配合，外观更为丰富多彩，特色鲜明。

（一） 纱罗组织特点与类别

纱罗组织是纱组织与罗组织的总称，大部分纱罗织物兼有这两种组织，或同时充分运用纱和罗各自特点，以形成不同外观的变化纱罗组织。凡每织1根纬纱或共同梭口的数根纬纱后，绞经与地经相互扭绞一次，使织物表面呈现均匀分布纱孔的组织，称为纱组织，如图3-77(a)、(b)所示。绞纱组织与平纹组织沿纵向或横向联合，使织物表面呈现横条或纵条纱孔的组织，称为罗组织，有纵罗与横罗之分。图3-77(c)、(d)是织入奇数纬的平纹组织后，绞经与地经相互扭绞一次，纱孔呈横条排列，称为横罗。图3-77(c)为三梭罗，图3-77(d)为五梭罗。图3-77(e)为直罗，纱孔呈纵条排列。

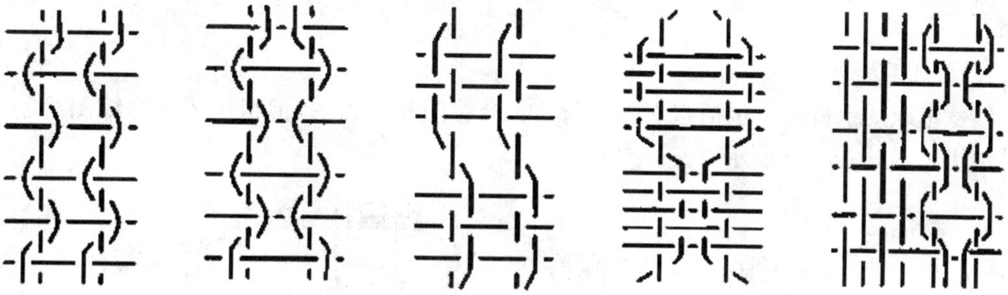

(a) (b) (c) (d) (e)

图3-77 纱罗组织结构

形成一个纱孔所需的绞经与地经称为一个绞组。一个绞组中的绞经与地经根数可相等也可不等。图3-78所示为几种常见的绞组：(a)中，绞经：地经＝1：1，即一个绞组由1根绞经和1根地经组成，称为一绞一；(b)中，绞经：地经＝1：2，称为一绞二；(c)中，绞经：地经＝2：2，称为二绞二。绞组内经纱少，纱孔小而密；绞组内经纱多，纱孔大而稀。

若每一绞孔中织入1根纬纱，则称为一纬一绞；若每一绞孔中织入共同梭口的2根及2根以上的纬纱，则分别称为二纬一绞、三纬一绞等。图3-77中，(a)、(b)均为一纬一绞。图3-78中，(a)、(b)均为二纬一绞，(c)为三纬一绞。各绞组间绞经与地经的绞转方向均一致的纱罗组织，称为一顺绞；相邻两个绞组的绞经与地经的绞转方向相对称的纱罗组织，则称为对称绞。图3-77中，(a)、(c)为一顺绞，(b)、(d)、(e)为对称绞。

绞经在起绞前后始终位于纬纱之上，称之为上口纱罗。

绞经在起绞前后始终位于纬纱之下，称之为下口纱罗。

纱罗组织与其他组织联合，可形成各种花式纱罗。

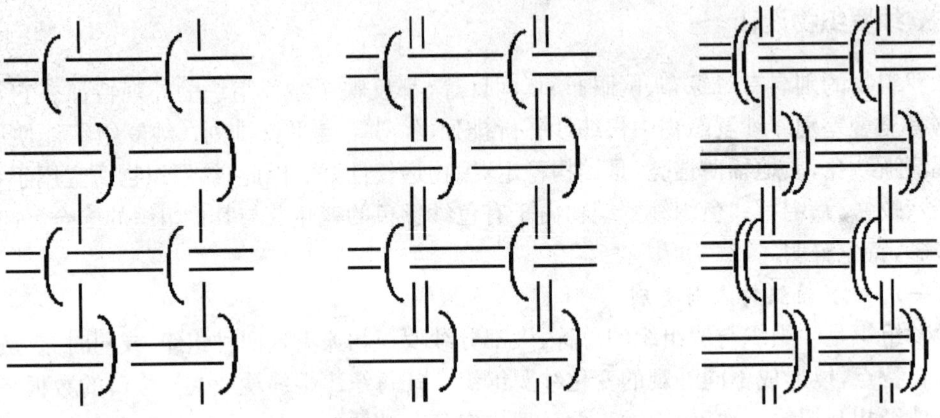

(a) (b) (c)

图 3-78 几种常见绞组

（三） 纱罗组织上机图绘制与上机要点

上机图的表示方法有两种:直线表示法和方格表示法。一般采用方格表示法。由于纱罗组织的经纬线交织结构及织造条件的特殊性,因此纱罗组织的方格表示法与前述各类组织不同。

1. 上机图绘制

纱罗组织的上机图也包括组织图、穿筘图、穿综图和纹板图,但组织图和穿综图绘制有别于其他组织,如图 3-79 所示。

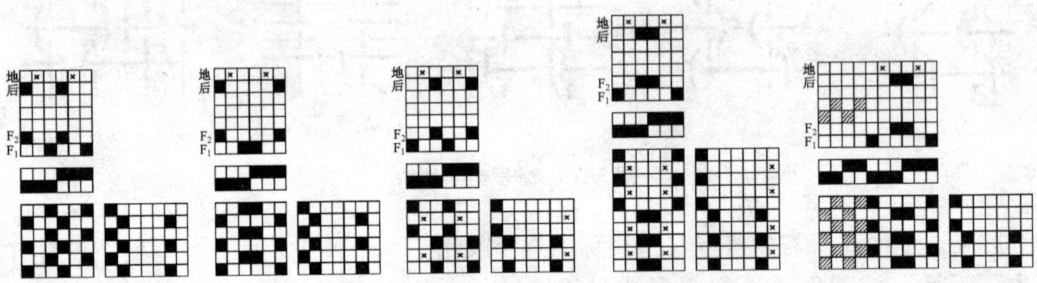

图 3-79 纱罗组织上机图

组织图:由于纱罗组织的绞经时而在地经的右侧,时而在地经的左侧,所以绘组织图时,绞经在地经的左右两侧各占一列综,并标以同样的序号。每绞组的经纱占几列综,需根据绞组结构而定(如一绞三,一绞组有 1 根绞经、3 根地经,一个绞组需占 5 列综;如二绞二,一个绞组需占 6 列综)。组织图中,符号■表示绞经的浮点,符号☒表示地经的浮点。

穿筘图:用两横行表示,连续涂绘的方格代表该绞组内的经纱与地经穿入同一筘齿,并不代表经纱根数。每一绞组必须穿入同一筘齿,否则无法织造。

穿综图:每一横行代表一片综框,符号■表示绞经穿入该片综,☒表示地经穿入该片综。

右穿法:左侧基综在前,右侧基综在后。

左穿法:右侧基综在前,左侧基综在后。

纹板图:表示方法与一般组织相同。

2. 纱罗组织的上机要点

(1) 纱罗织物由于绞经和地经的运动规律不同，两者的缩率不同，有时差异很大。尽可能使用一个织轴织造，必要时采用两个织轴织造。

(2) 每一绞组必须穿入同一筘齿，否则打纬时切断经纱，无法织造。为了加大纱孔，突出扭绞风格，采用空筘法或花式筘穿法。

(3) 为了保证开口清晰度，减少断经，绞综在前面，其他组织在中间，后综与地综在最后。绞综与地综之间的间隔以 3～5 片综框为宜。对采用绞、地经合轴织造的品种，这个距离尤其重要。

(4) 形成绞转梭口时由于绞经与地经扭绞，绞经承受的张力较大，为了减少断经和保证梭口的清晰，机上装有张力调节装置。在形成绞转梭口时送出较多的绞经，以调节绞经的张力。通常以多臂机的最后 1 片综框控制摆动后梁来实现。丝绸产品由于经线原料多为桑蚕丝、涤纶丝、锦纶丝等，强度和弹性均好，且织机机身较长，一般不采用绞经张力调节装置。

(5) 采用金属绞综制织纱罗织物，平综时应使地经稍高于半综的顶部，以便绞经在地经之下顺利绞转。

(6) 采用线制绞综制织纱罗织物，综平时应使绞综综眼低于地综综眼，半综环圈头伸出基综综眼 2～3 mm，以便绞经在地经之下顺利地左右绞转，形成清晰梭口。

三、花式纱罗织物设计

在基本纱罗组织的基础上，加以变化或与其他组织联合，可形成许多花式纱罗织物。图 3-80 中，(a)为在平纹地上加入两组一顺绞，每织 3 纬一绞的纱罗条；(b)为 1 根绞经与 3 根地经为一个绞组，每织 3 纬纽绞一次，地纬保持平纹交织，6 组对称绞形成纱罗条；(c)为对称绞与缎条、平纹的联合；(d)为左右扭绞纬纱数不同的纱罗条与平纹的联合。

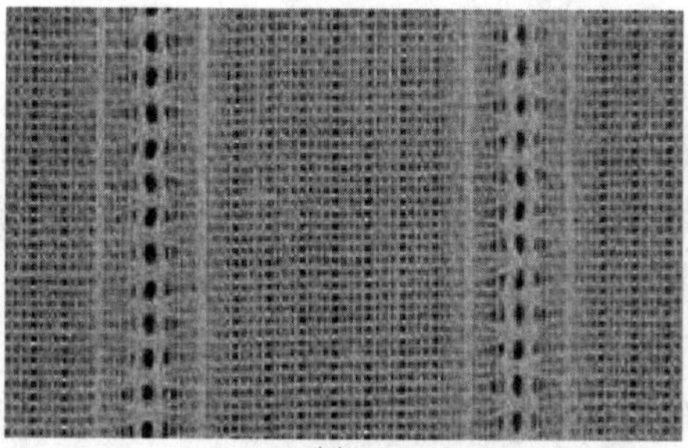
(a)

(b)

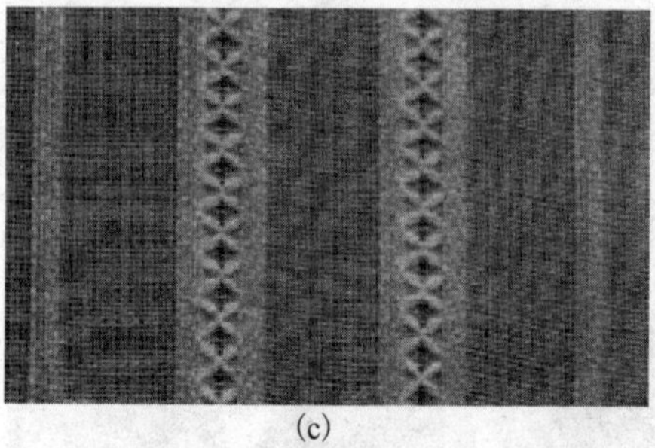
(c)

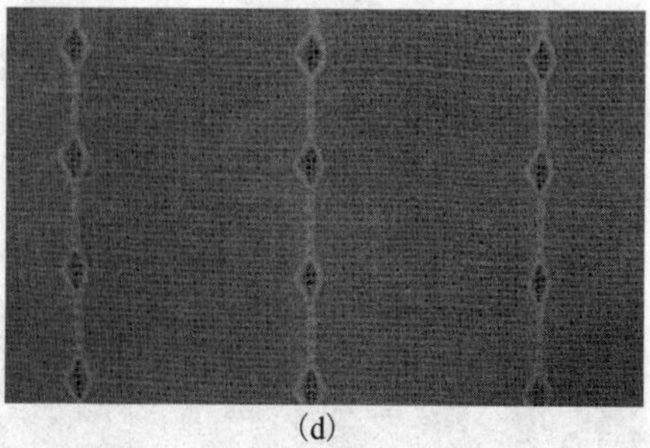
(d)

图 3-80　简单纱罗条与平纹或缎纹组织的联合

图 3-81 为纱罗组织与经起花组织的联合。

图 3-81 纱罗条与经起花组织联合

图 3-82 为相同绞方式的不同排列：(a)为 3 纬一绞的纱罗条上机时中间空不同数量的筘齿，使得两组纱罗条的间距不同；(b)为在以平纹和透孔为基础组织的方格组织上，相同扭绞方式、对称成绞与先一顺、后对称成绞形成的纱罗条间隔排列。

(a) (b)

图 3-82 相同绞方式的不同排列

图 3-83 为不同扭绞方式或对称绞或一顺绞间隔排列形成的不同织物效果，其中：(a)是两种不同扭绞方式，都是 4 纬一绞，但一个绞组地经根数为 1，一顺绞；另一个绞组地经根数为 3，地经保持平纹交织，对称绞。(b)也是两种不同扭绞方式，一种为 3 纬一绞，地经根数 1 根，一顺绞；另一种为 6 纬一绞，3 根地经平纹交织，对称。(c)、(d)、(e)为两种不同扭绞方式，扭绞纬纱数都固定。(f)、(g)、(h)、(i)、(j)为扭绞纬纱数固定和扭绞纬纱数发生变化的两种不同扭绞方式。

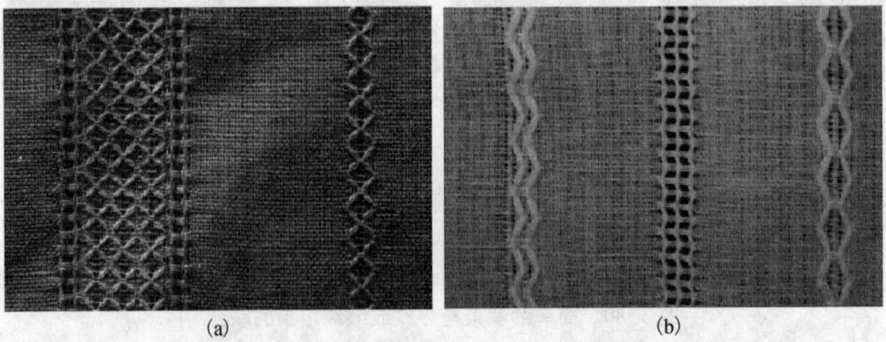

(a) (b)

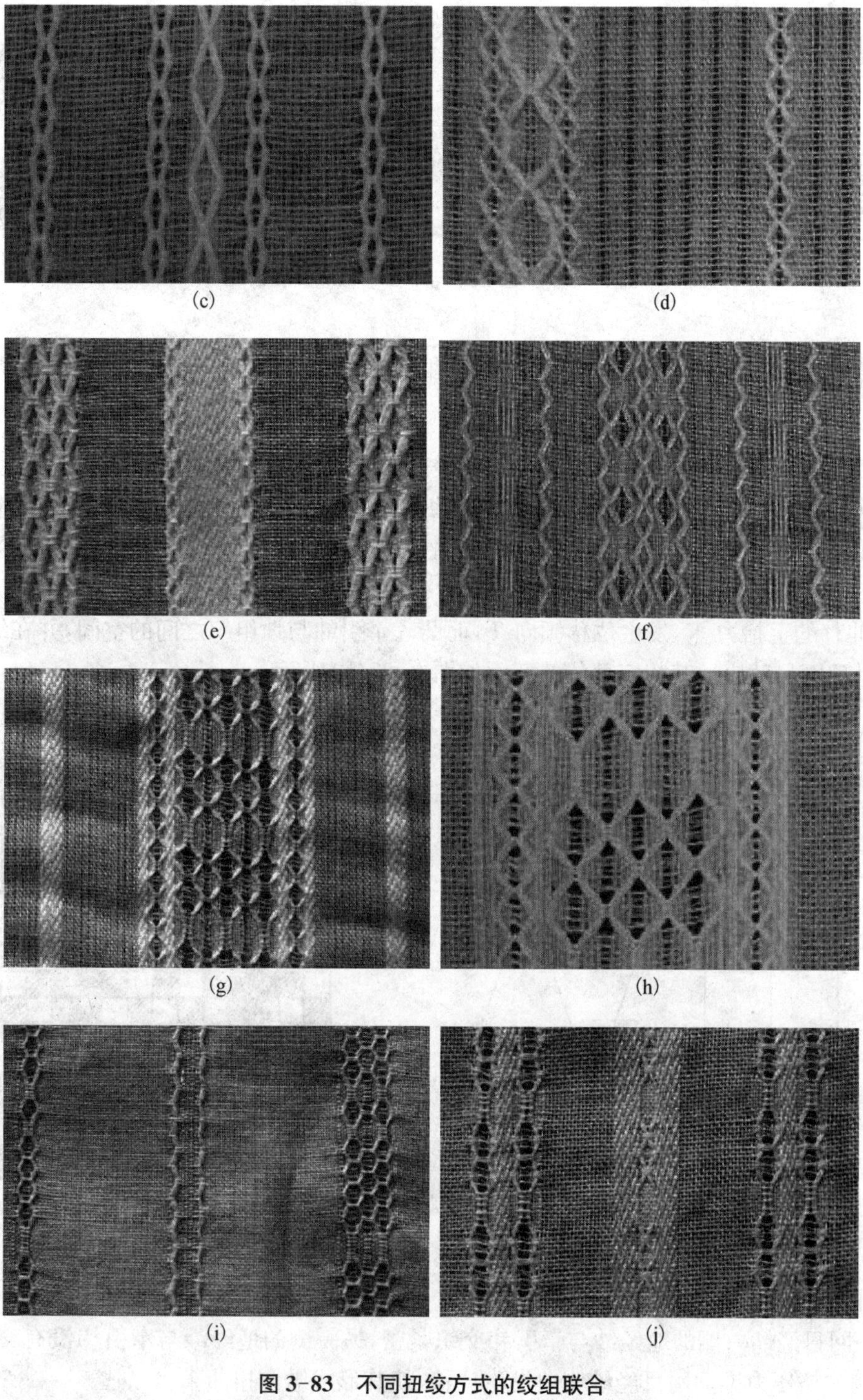

图 3-83　不同扭绞方式的绞组联合

图 3-84 为扭绞区域与不扭绞区域交替出现,形成特殊的外观效果。

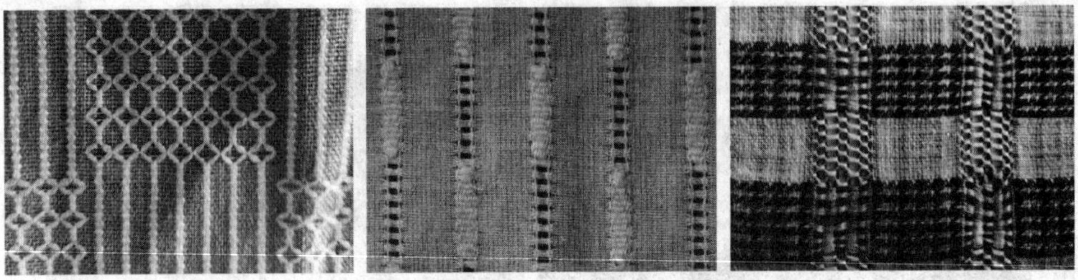

图 3-84　扭绞区域与不扭绞区域交替出现

◆ 设计理论积累——网目与纱罗组织的形成

（一）网目组织网状外观形成原因

网目组织分经网目与纬网目两种。织物表面的扭曲网络状效应如图 3-85 所示，由经纱构成称经网目，由纬纱构成则称纬网目。网目组织织物外观效应的形成原因以网目织物组织图 3-86 为例说明。图 3-86 中，纬纱 10、11、12 的截面如图 3-87(a)所示；经纱 1、2、10、11、12 交织紧密，4、5、6、7、8 交织疏松；网目经纱 3、9 受到来自交织紧密部位的挤压力 F 和纬纱 11 自趋伸直的上抬力 N，发生位移倾向 T，而凸入牵引纬与地组织之间的空间，并在纵向发生扭曲而呈现网目效应。其相应部位的截面如图 3-87(b)所示。

图 3-85　网目效应示意

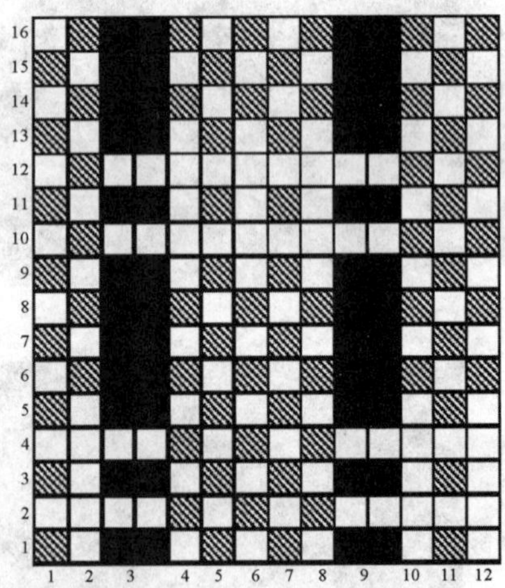

图 3-86　网目织物组织图

形成网目效应的原理可归纳如下：

（1）网目经纱一侧的地经纱与牵引纬交织紧密，另一侧的地经纱与牵引纬没有交织，紧密部位的侧向挤压力推动网目经纱侧向发生位移，使其形成纵向扭曲。

（2）在牵引纬与地组织之间构成供网目经纱上抬发生扭曲的空间，使网目经纱有可能发生纵向扭曲而呈现网目效应。

（3）牵引纬牵引网目经纱发生扭曲，这是通俗的说法，实际上是牵引纬纱对网目经纱施加了侧向推力。

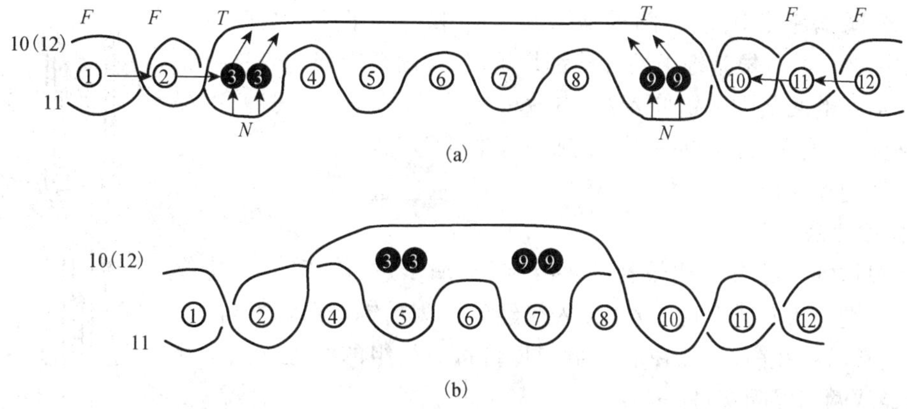

图 3-87　网目组织纬向截面

（二） 纱罗组织的形成

1. 绞综结构

绞经与地经能相互扭绞的关键在于采用了一种特殊绞综。绞综有两种:线制绞综与金属绞综。线制绞综结构简单、制作简便。金属绞综结构比较复杂,制作成本也比较高,但是应用方便。目前以使用金属钢片综为主,但在制织提花纱罗织物时,需使用线制绞综。

(1) 线制绞综。线制绞综由基综和半综联合而成。半综为尼龙线制成的环圈,有上半综和下半综之分。半综上端穿过基综综眼,下端固定在一根棒上,由弹簧控制,称为下半综,如图 3-88(a)、(b)所示。若将半综的上端固定,下端穿过基综综眼,则称为上半综,如图 3-88(c)所示。下半综用于上开梭口和中央闭合梭口的织机,使用较多。上半综用于下开梭口的织机,使用较少。半综按环圈头的伸出方向不同,又有左半综和右半综之分。凡半综环圈头伸向基综左侧,即绞经线应位于基综之左的称为左半综,如图 3-88(b);半综环圈头伸向基综右侧,即绞经线应位于基综之右的称为右半综,如图 3-88(a)、(c)。上机前,半综杆位于基综的前方。

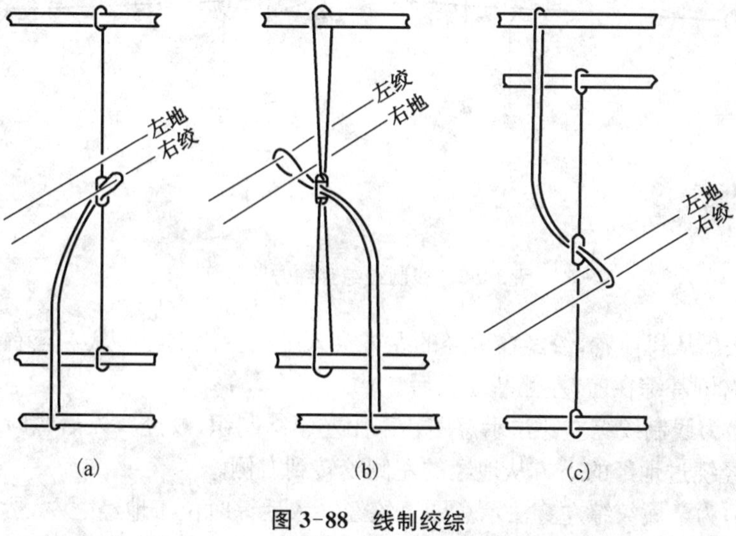

图 3-88　线制绞综

(2) 金属钢片综由左、右两根基综 F_1、F_2 和一根半综(也称骑综)组成。如图 3-89,每根基综由两片薄钢片组成,并由其中部的焊接点联在一起。半综的两支脚分别伸入左、右两根基综的薄钢片之间,并由焊接点 K 托持。这样,无论哪一根基综提升,半综都能随之上升,以改变绞经和地经的相对位置。

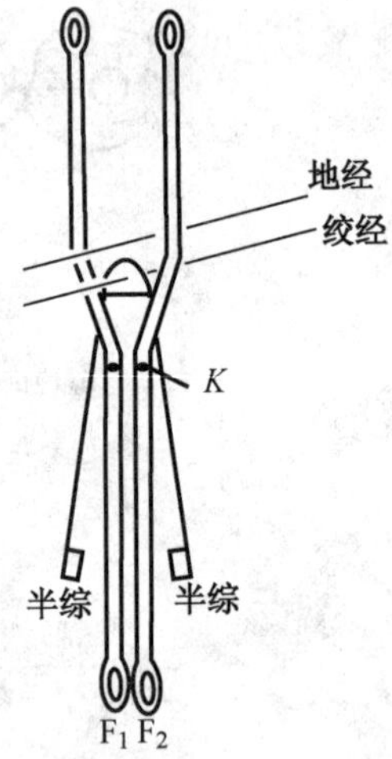

图 3-89　金属绞综

2. 穿综方法

纱罗织物的穿综方法比较特殊,穿综时分两步进行。第一步将绞经与地经分别穿入两排普通综丝,穿入绞经的称为后综,穿入地经的称为地综;通常后综在前,地综在后。第二步将每一绞组的绞经穿入半综综眼,地经从两基综间穿过。

同一绞组的绞经与地经的相互位置,由穿综方法决定。以半综一绞一为例说明穿综方法。

(1) 右穿法。从机前看,绞经在地经的右方穿入半综。机上经纱从左至右为第 1 根地经,第 2 根绞经。左侧基综在前,右侧基综在后。

图 3-90(a)为线制绞综右穿法示意图。采用右半综制织,绞经穿入后综,位于地经之右,绞综提升使绞经绕过地经的下方,从地经的右侧绞转到左侧。图 3-90(b)为金属绞综的右穿法示意图。绞经穿入后综时位干地经之右,然后从基综 F_2 的左侧(工厂称后面)和基综 F_1 的右侧(工厂称前面)之间穿入半综的孔眼,地经穿入地综后再与绞经同样的方位穿过两基综之间。结果是前基综 F_1 提升使绞经绕过地经下方,从地经的右侧绞转到左侧。

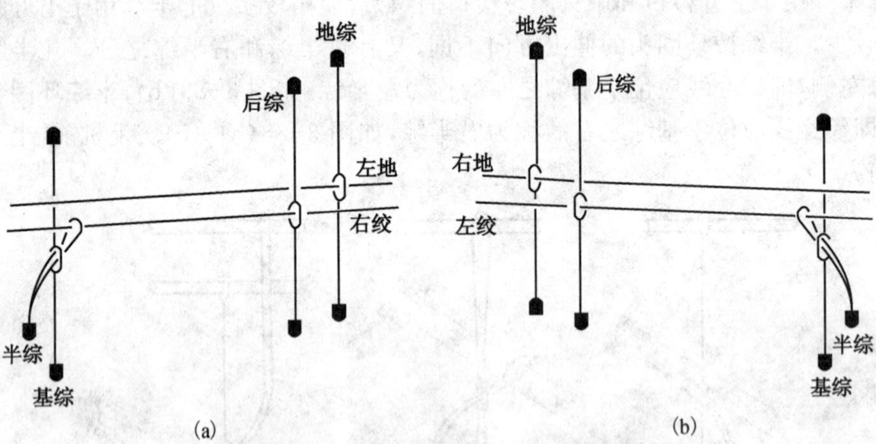

图 3-90　线制绞综穿综方法示意

(2) 左穿法。从机前看,绞经在地经的左方穿入半综。机上经纱从左至右为第 1 根绞经,第 2 根地经。右侧基综在前,左侧基综在后。

图 3-91(a)为线制绞综左穿法示意图。采用左半综制织,绞经罗入后综时位于地经之左,绞综提升使绞经绕过地经的下方从地经的左侧绞转到右侧。

图 3-91(b)为金属绞综左穿法示意图。绞经穿入后综时位于地经之左,然后自基综 F_2 的右侧和基综 F_1 的左侧之间穿入半综的孔眼,地经穿入地综后,再以绞经同样的方位穿过两页

基综之间，结果是前基综 F_1 提升，使绞经绕过地经下方，从地经的左侧绞转到右侧。

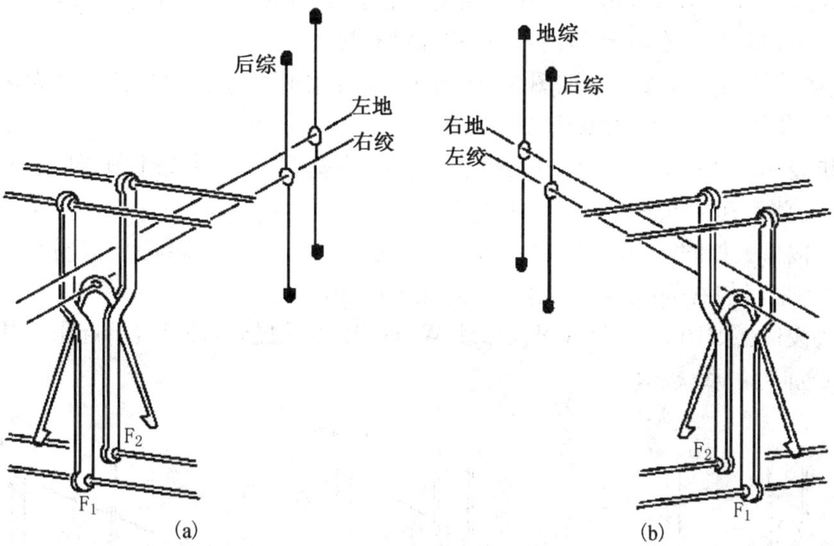

图 3-91 金属绞综穿综方法示意

上机时，若用一排金属绞综采用单一的左穿法(或右穿法)，只能获得一顺绞。若要获得对称绞，应左、右穿法混合使用。

3. 三种梭口

(1) 线制绞综的三种梭口。

① 绞转梭口。后综与地综静止不动，由基综及半综(统称为绞综，下同)提升所形成的梭口称绞转梭口，见图 3-92(a)。图中采用右半综右穿法，综平时绞经位于地经右侧。当纬纱 W_4 织入时，绞综提升使绞经从地经下面转绕到地经左侧升起，形成梭口的下层、地经不动，形成梭口的下层。

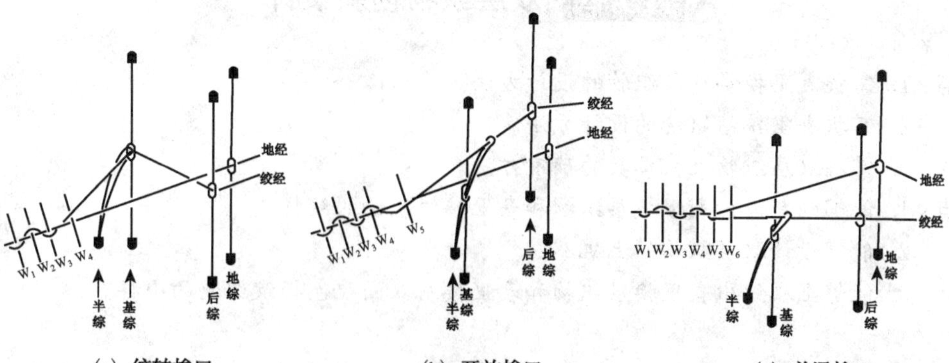

图 3-92 线制绞综的三种梭口

② 开放梭口。地综与基综静止不动，由后综和半综提升所形成的梭口称开放梭口，见图 3-92(b)。当纬纱 W_5 织入时，后综、半综提升使绞转在地经左侧的绞经仍回到地经的右侧(原来上机位置)上升，形成梭口的上层、地经不动，形成梭口下层。

③ 普通梭口。后综、绞综静止不动，由地综提升形成的梭口称普通梭口，见图 3-92(c)。当织纬纱 W_6 时，地经由地综带动上升形成梭口上层，绞经形成梭口下层。绞经与地经的相对位置与前一纬相同，绞经仍在地经的右侧，相互没有扭绞。

(2) 金属绞综的三种梭口。如图 3-93 所示，以常用的右穿法(左绞穿法)为例，说明三种梭口的成形。综平时绞经位于地经的右侧。

① 绞转梭口。如图 3-93(a)，织入纬纱 W_2 时，由基综 F_1 及半综上升，使绞经从地经下面扭转到地经左侧升起形成的梭口。

② 开放梭口。如图 3-93(b)，织入纬纱 W_3 时，由基综 F_2 及半综上升，同时后综亦提升，使绞经仍回到地经的右侧(原来上机位置)升起形成梭口。

③ 普通梭口。如图 3-93(c)，织入纬纱 W_4 时，由地综提升，使地经升起形成梭口，绞经与地经相对位置同前一纬梭口。

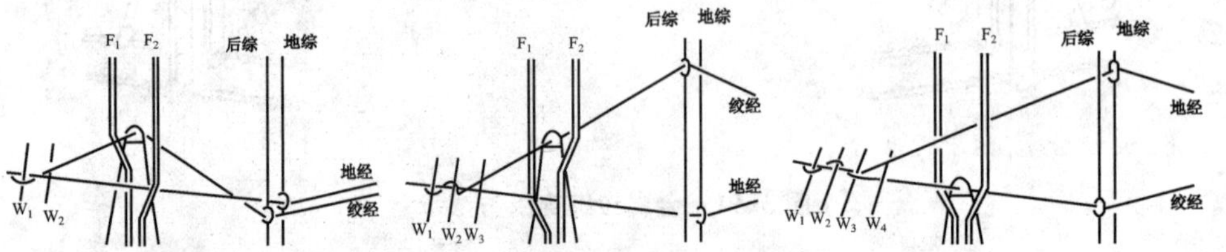

(a) 绞转梭口　(b) 开放梭口　(c) 普通梭口

图 3-93　金属绞综的三种梭口

制织纱组织时，只有绞转梭口和开放梭口；地综不运动，始终位于梭口下层，而半综每一梭都上升。制织罗组织时，采用三种梭口。三梭罗：开—普—开，绞—普—绞。五梭罗：开—普—开—普—开，绞—普—绞—普—绞。

任务四 双层织物创新设计

知识点： 1. 掌握表里换层双层织物的设计方法。
2. 掌握表里接结织物的设计方法。
3. 掌握双层织物上机参数的确定方法。

技能点： 1. 能够创新设计表里换层织物和表里接结织物的纹样。
2. 能够设计双层织物的上机参数。
3. 能够上机织出表里换层织物和表里接结双面配色模纹织物的小样。

◆ 情境引入

设计一款双面双层织物，规格为“14.5 tex×2×14.5 tex×2 涤棉股线　530 根/(10 cm)×750 根/(10 cm)　幅宽 260 cm”，确定上机参数。

◆ 做中学、做中教

案例一：表里换层织物

1. 纹样确定与纺织 CAD 意匠绘制

表里换层组织是双层组织的一种，表里经纬纱的线密度、原料、颜色等均可不同，可织出风格多样、外观丰富的织物。由于表里换层组织需要的综框片数比较多，因此在现有的织造条件下，要设计出变化大的纹样比较困难。表里换层组织织物纹样主要有连缀式、散点式和小花纹式三种类型。本设计采用散点纹样，利用纺织 CAD 进行意匠绘制，先用纵横格为 6×6 的意匠规格，绘制纹样后，缩放为纵横格为 72×72 的意匠规格，如图 3-94 所示。

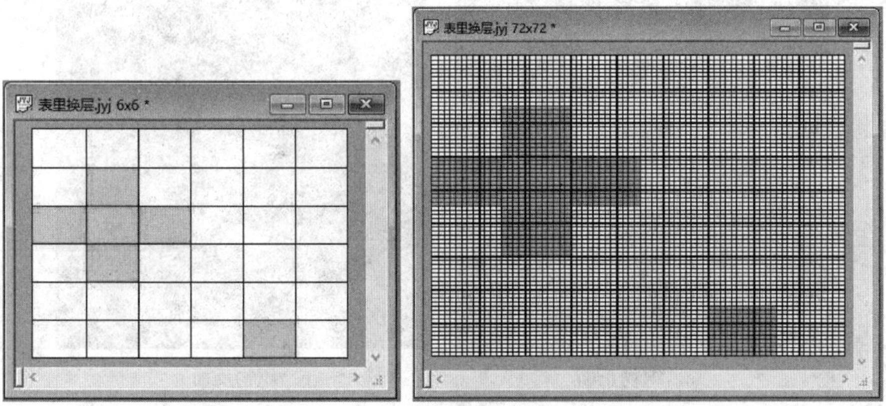

图 3-94　散点纹样表里换层织物的纺织 CAD 意匠绘制

2. 组织

表组织和里组织都是 2 上 2 下方平组织，表里经和表里纬的排列比均为 2∶2，表、里层组织分别如图 3-95(a)、(b)所示。

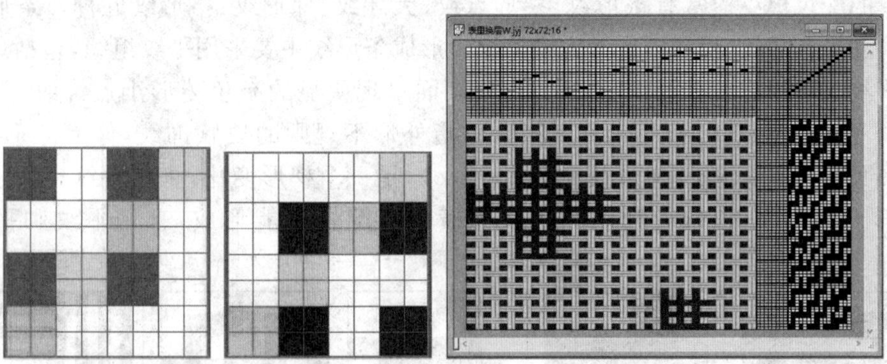

(a) 表组织　(b) 里组织　(c) 上机图

图 3-95　散点纹样表里换层织物的组织图与上机图

3. 上机图与经纬交织效果

意匠图的 2 个颜色分别对应组织后，按组织图穿综，得到呈现经纬纱交织效果的上机图，如图 3-95(c)所示。一个组织循环内,色经排列为(2 蓝 2 淡蓝)×18,其穿综顺序:1、1、2、2、3、3、4、4、1、1、2、2、5、5、6、6、7、7、8、8、5、5、6、6、1、1、2、2、3、3、4、4、1、1、2、2、9、9、10、10、11、11、12、12、9、9、10、10、13、13、14、14、15、15、16、16、13、13、14、14、9、9、10、10、11、11、12、12、9、9、10、10;色纬排列为(2 蓝 2 淡蓝)×15。

4. 上机参数及实物

按设计的织物规格在 Y200S 电子小样织布机上试织。经纬纱均采用 14.5 tex×2 的涤棉股线,整经严格按照色经循环,织造 7 个循环,投纬严格按照纬线循环,穿综采用照图穿法,共 16 片综,筘号 120 齿/(10 cm),4 根/齿,总经根数 504,织物经密 534 根/(10 cm),纬密 750 根/(10 cm)。织造的织物实物如图 3-96 所示。

(a) 织物正面　　(b) 织物反面

图 3-96　表里换层散点织物实物

案例二:表里接结配色模纹织物

1. 配色模纹的设计

简单的配色模纹通常有条形纹、菱形点纹、犬牙纹、梯形纹、格形纹五种。条形纹包括横向条纹和纵向条纹,图 3-97(a)为横条纹。形成条形纹主要采用平纹组织,包括单起平纹和双起平纹。菱形点纹如图 3-97(b),织物表面呈现明显的有色菱形小点饰纹,采用方平和变化方平组织等。犬牙纹如图 3-97(c),指外形不规则的块状饰纹,像犬牙形状,采用斜纹和斜纹变化组织等。梯形纹如图 3-97(d),是一个梯形变化,采用斜纹和加强斜纹组织。格形纹如图 3-97(e),利用纵条纹和横条纹配合就能形成,采用平纹和平纹变化组织。

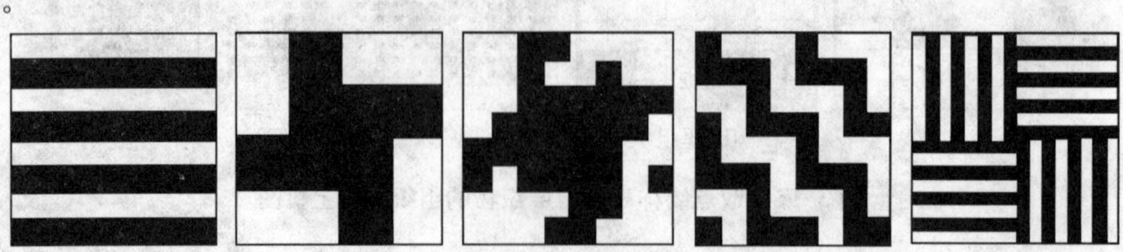

(a) 横条纹　(b) 菱形点纹　(c) 犬牙纹　(d) 梯形纹　(e) 格形纹

图 3-97　配色模纹

2. 确定色纱排列及可能的组织

以图 3-97(c)为例，由黑白两种颜色构成配色模纹，先确定色纬的排列顺序。首先观察配色模纹中每一根纬线的颜色，将每根纬线上相同颜色的组织点占优势的颜色定为该根纬线的颜色，比如第 1 根白色组织点占优势，因此确定第一根为白色纬线；以此类推，第 2 根纬线为白色，第 3、4、5、6 根为黑色，第 7、8 根为白色。

第二步，确定必然的经组织点。根据已确定的色纬排列顺序，观察配色模纹上每根纬线上每个组织点的颜色，凡是和纬线颜色不同的组织点必然是经组织点。把每根经线上经组织点的颜色填绘在配色模纹图的上方，即得到色经的排列顺序，如图 3-98。根据色经排列和色纬排列，当经线和纬线都是白(黑)色，织物表面色彩也是白(黑)色时，则经、纬组织点不确定。如经线是白色、纬线是黑色，而织物表面是黑色，则组织点必然是纬组织点。按照这个方法，则得到配色模纹图，符号■代表经组织点，符号□代表纬组织点，符号◎代表未知组织点。

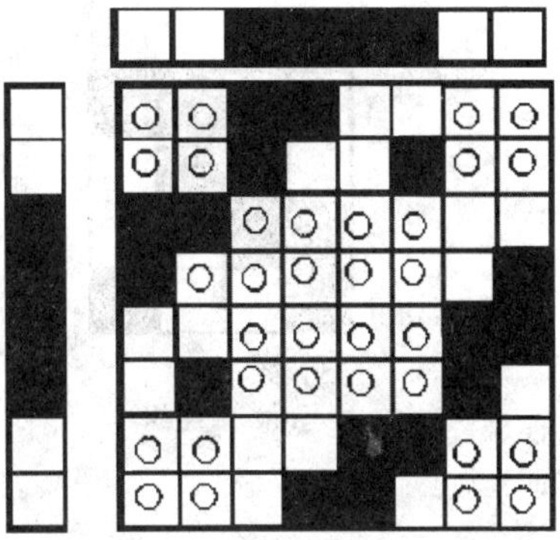

图 3-98 色纱循环及必然的经组织点和纬组织点

第三步，根据经纬组织点的分布，未知的组织点是经组织点或纬组织点，从而得到可能的组织，如图 3-99 所示。

(a) 组织1　(b) 组织2　(c) 组织3　(d) 组织4　(e) 组织5

图 3-99 可能的组织

3. 基础组织和排列比

如图 3-99(c)，$\frac{2}{2}$右斜纹为表组织，由于其为同面组织，里组织可以选择同面或纬面组织，表里组织的循环纱线数最好成整数倍关系。为了记忆方便，本设计的里组织和表组织相同，里组织如图 3-100(b)所示。为了让织物表层配色模纹明显，设计接结组织时，接结组织点最好不露在织物表面，把表里两层较牢固地接结在一起即可，因此采用表经接里纬的接结方式，接结组织循环纱线数可以大一些且为表里组织循环纱线数的倍数。

由于表里经、表里纬细度相同，因此表里经排列比为 1∶1，表里纬排列比也为 1∶1，得到的表里接结展开图如图 3-100(c)。

在一个组织循环内，阿拉伯数字代表表经纬的序号，罗马数字代表里经纬的序号，■代表表经的经组织点，×代表里经的经组织点，○代表表经与里纬交织的经组织点，▲代表接结点，空白代表纬组织点。

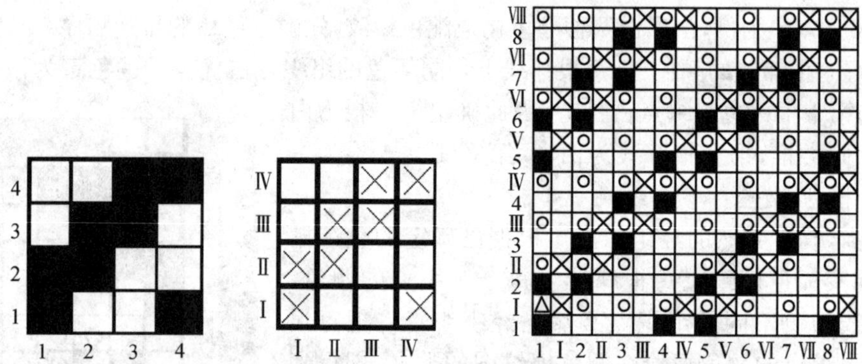

(a) 表组织　　(b) 里组织　　(c) 展开图

图 3-100　表里接结组织

4. 织造

色经排列(8 红 1 白 1 红 1 白 1 红 1 白 1 红 1 白 1 红)×48,穿综安排:(8 红 1 白 1 红 1 白 1 红 1 白 1 红 1 白 1 红)×48,穿综次序为 1、2、3、4(4 红),5、6、7、8(4 白色),9、10、11、12、13、14、15、16(8 红色)。投纬严格按照色纬排列和表里纬的排列比,投纬顺序:(18 红 1 白 1 红 1 白 1 红 1 白 1 红 1 白 1 红)×48。

总经根数 384,机上幅宽 9.2 cm,机上经密 417 根/(10 cm),机上纬密 407 根/(10 cm),机下幅宽 8.5 cm,综框 16 片,每筘 4 穿入,机下经密 451 根/(10 cm),机下纬密 422 根/(10 cm),筘号 100 齿/(10 cm)。

织造的织物实物如图 3-101。从织物正面看,织物表面是红色和白色的犬牙纹,反面是红色的斜纹路,没有出现织物颜色遮盖问题,且织物正面的配色模纹效果良好。

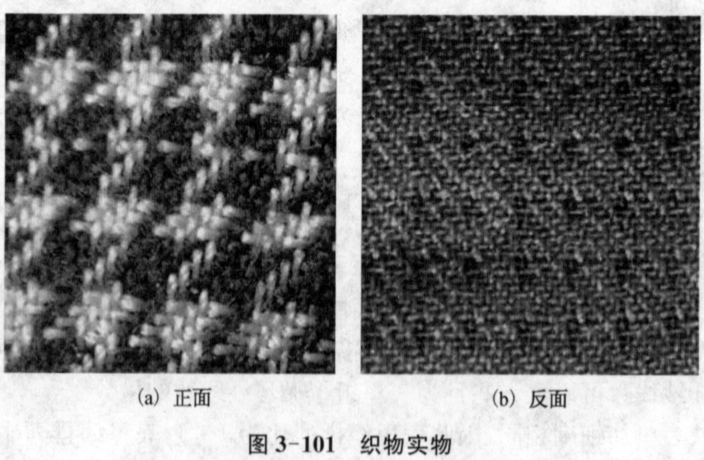

(a) 正面　　(b) 反面

图 3-101　织物实物

◆ 任务实施

每个小组完成一块双层织物的创新设计,并上机织出织物小样,填写创新设计任务单。

◆ 相关知识

一、表里换层纹样设计

1. 表里换层连缀式纹样设计

在双层织物换层的基础上，结合连缀式四方连续纹样。连缀式四方连续纹样以可见或不可见的线条、块面连接在一起，产生很强烈的连绵不断、穿插排列的效果，常见的有波线连缀、菱形连缀、阶梯连缀、接圆连缀、几何连缀等。图 3-102 所示以平纹做表里组织，采用分区穿法，其中：(a)需 16 片综，(b)需 16 片综，(c)需 16 片综，(d)需 24 片综。

(a) 连缀纹样1　(b) 连缀纹样2　(c) 连缀纹样3　(d) 连缀纹样4

图 3-102 表里换层连缀纹样

2. 表里换层散点式纹样设计

散点式四方连续纹样是在单位空间内均衡地放置一个或多个主要纹样的四方连续纹样。这种纹样主题比较突出，形象鲜明，纹样分布可以较均匀齐整、有规则。受到多臂织机综框片数的限制，散点不像大提花织物的纹样那么灵活，一般都是几何纹样。图 3-103 所示以平纹做表里组织，采用分区穿法。其中：(a)为 1 个散点，需 16 片综；(b)为 2 个散点，需 24 片综；(c)为 3 个散点，需 24 片综；(d)为 4 个散点，需 32 片综。

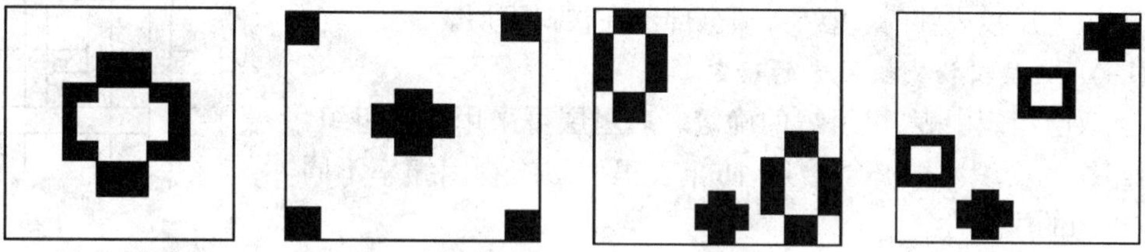

(a) 1个散点　(b) 2个散点　(c) 3个散点　(d) 4个散点

图 3-103 表里换层散点式纹样

3. 表里换层小花纹纹样设计

在织物表面形成一定的花纹，花纹较小，故名小花织物。运用多臂提花装置进行生产，形成花纹表面较为简单的几何形态。图 3-104 所示以平纹作为表里组织，采用分区穿法，其中：(a)需 16 片综，(b)需 20 片综，(c)需 24 片综，(d)需 32 片综。

二、局部双层织物

表里换层织物可以双面使用，牢固耐用。但是在不需要双面使用的情况下，采用表里换层的设计会增加成本，这时可以采用局部双层设计，既能使织物正面有表里换层织物的效果，又

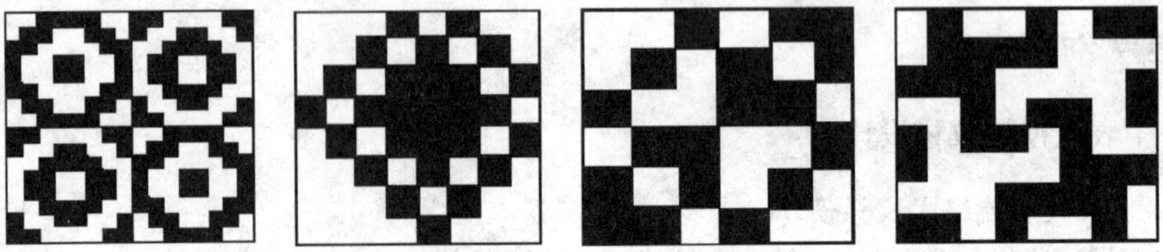

(a) 小花纹1　(b) 小花纹2　(c) 小花纹3　(d) 小花纹4

图 3-104　表里换层小花纹纹样

能节约成本。可以通过以下二维码中几个局部双层织物分析与设计的微课内容，了解局部双层织物的结构和特点。

3-4-1 局部双层 1　3-4-2 局部双层 2　3-4-3 局部双层 3　3-4-4 局部双层 4

◆ **设计理论积累——双层组织的构成原理、上机条件与设计思路**

一、双层组织的构成原理

双层组织织物表里层重叠，目测可以观察到的只是其中的一部分。图 3-105 所示是以平纹为基础组织，表里经与表里纬排列比均为 1∶1 的双层组织结构。织造双层织物时须注意：

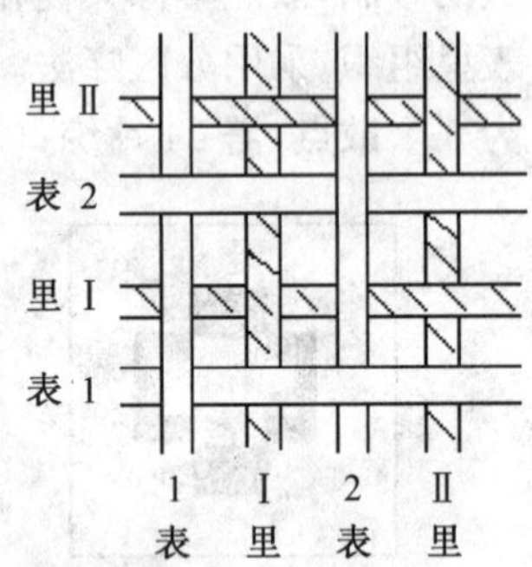

图 3-105　双层组织结构

(1) 织下层投里纬时，表经必须全部上升。

(2) 织上层投表纬时，里经必须全部留在梭口下层。

(一) 双层织物制织因素的确定

(1) 双层组织中表、里组织的确定。表里层可采用不同组织，但两种组织的交织次数必须接近，防止表里两层织物因缩率不同而影响织物的平整性。

(2) 表经与里经的排列比。表里经的排列比与采用的经线线密度、织物要求有关。若表经细里经粗，表里经排列比可采用 2∶1。若表里经线密度相同，一般采用 1∶1 或 2∶2。如织物的正面要求紧密，反面要求稀疏，在表里经线密度相同的情况下，表里经排列比可采用 2∶1；若要求织物正反面的紧密度一致，则表里经排列比可采用 1∶1 或 2∶2。

(3) 同一组的表里经穿入同一筘齿，以便表里经上下重叠。

(4) 表里纬投纬比与纬线的线密度、色泽和所用织机类型有关。

(二) 双层组织的作图方法

以图 3-106 为例，该双层组织的作图步骤：

(1) 确定表、里层的基础组织。表、里层均为平纹组织，如图 3-106(a)、(b)。

(2) 确定表、里层经纬线的排列比，表经∶里经＝1∶1，表纬∶里纬＝1∶1。

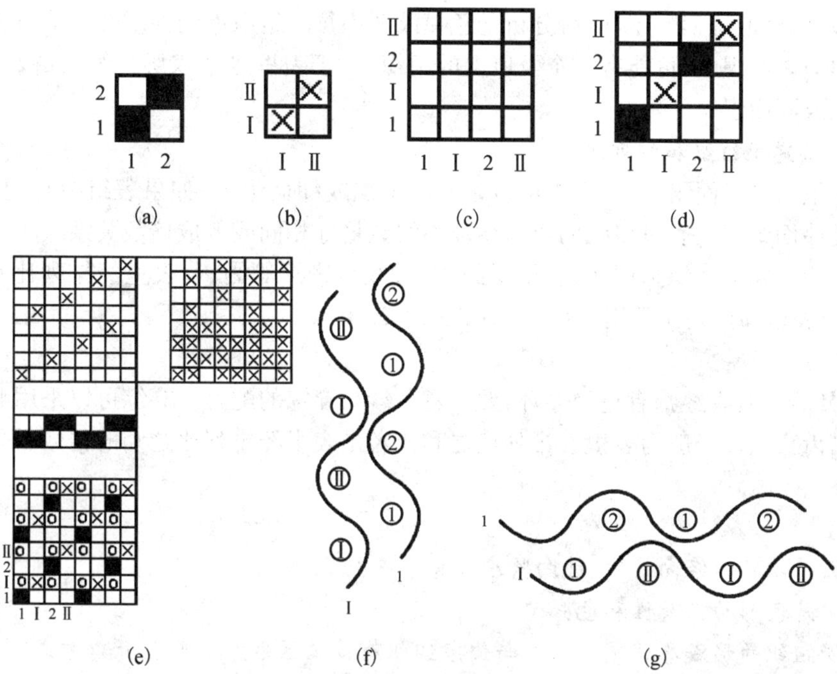

图 3-106　双层组织图绘制方法

(3) 按经二重和纬二重组织,分别计算组织循环经纬纱线数:

$$R_j = 2 \times (1 + 1) = 4$$

(4) 按照表里经排列比、表里纬投纬比,确定组织图中表经、里经、表纬、里纬,并分别标注序号。如图 3-106(c)所示,1、2…分别表示表经与表纬,Ⅰ、Ⅱ…分别表示里经与里纬。

(5) 把表层组织填入代表表组织的方格中,把里层组织填入代表里组织的方格中,如图 3-106(d)所示。

(6) 按照织造双层组织的要求,织下层投里纬时,表经必须全部上升,因此组织图中表经与里纬的交织处必须加上特有的经组织点,如图 3-106(e)中符号⊡所示。图 3-106(f)、(g)分别是双层组织的纬向截面图和经向截面图。

二、双层组织的上机条件

双层组织的上机条件与单层组织的设计方法类似。穿综时,一般采用表经穿在前页综、里经穿在后页综的分区穿法。图 3-106(e)为双层组织的上机图。

三、表里接结配色模纹织物设计思路

(一) 配色模纹设计方法

采用配色模纹中逆向思维的设计方法,先设计配色模纹,然后根据配色模纹确定色纱的排列顺序和组织图。对于表里接结织物,有表层和里层两层,因此设计时可先设计表层、里层的配色模纹,或者表里两层的配色模纹。通常配色模纹有条形纹、菱形点纹、犬牙纹、梯形纹、格形纹。

(二) 确定纱线排列和表组织

以表层配色模纹、里层无配色模纹为例,首先确定表层色纬排列,然后确定必然的经组织点,接着确定色经的排列顺序,最后分析配色模纹图中每个组织点的性质并确定组织图。在确定的组织图即表组织中,可能有一个及以上的组织,对于表里接结双层组织来讲,一般表组织为经面组织或同面组织。

（三） **确定里组织和排列比**

如果表组织是经面组织,里组织可以是同面组织或纬面组织;如果表组织是同面组织,里组织最好是纬面组织。表里组织的组织循环纱线数最好相同或者成倍数关系。

排列比确定须考虑织物用途、表里层组织、纱线线密度等因素,表里经排列比常用 1∶1、2∶1、3∶1,表里纬排列比常用 1∶1、1∶2、2∶2。

4. 织造要点

在双层织物中,表经都有色经循环,要注意色纱与穿综的配合。穿综可以采用顺穿法或分区穿法。筘齿穿入数一般为表里经排列比之和或者是表里经排列比之和的倍数。

项目练习题

1. 什么是织物的经向紧度、纬向紧度和总紧度?

2. 什么是色彩的三属性和色知觉?

3. 纱罗组织的形成原理是什么? 与假纱组织有什么区别? 有哪些开口方式?

4. 平纹地小提花组织与经起花组织相比,提花原理有什么不同?

5. 设计图“习题 5”所示纹样,菱形处填透孔组织,空白处填平纹,试画出该花式透孔组织的上机图,要求平纹用 4 片综飞穿。

6. 设计一双层组织,要求表里组织均为平纹,表里经和表里纬排列比都为 2∶1,局部采用下接上接结法,且接结点构成菱形图案,菱形大小不限。

7. 根据图“习题 7”所示纹样,设计一网目组织。

8. 根据图“习题 8”所示的配色花纹,试确定其色纱排列,并画出在该色纱排列下形成这种配色花纹的各种组织。

9. 某表里换层双层织物,甲经甲纬用黑色线,乙经乙纬用白色线,表里组织均为平纹,甲乙经纬线排列比为 1∶1,若构成图“习题 9”所示的配色模纹,并要求纬纱在 A、B 处换层,各区纬纱为 8 根,试绘制组织图。

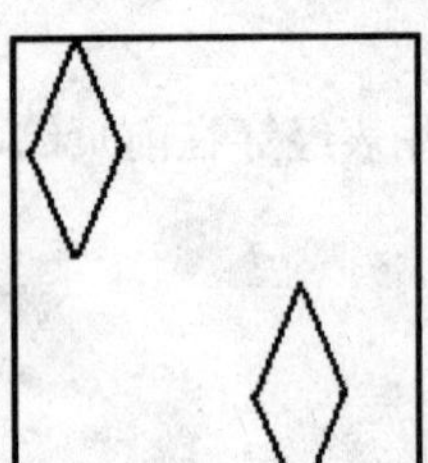
习题 5

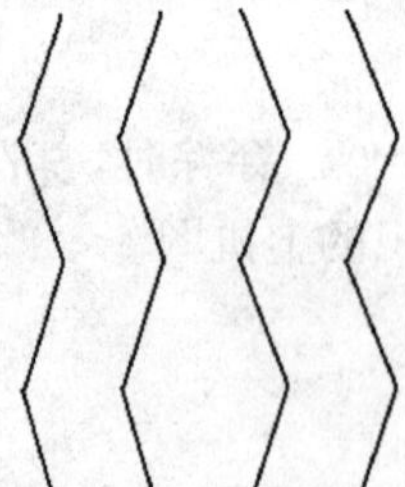
习题 7

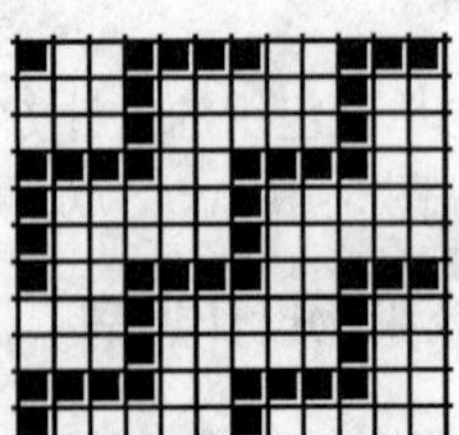
习题 8

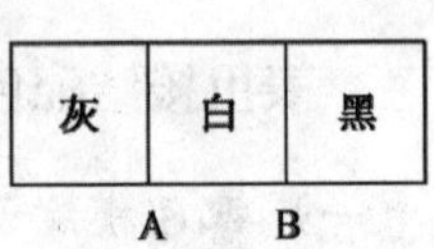

习题 9

10. 涤/棉细布属于仿丝绸型织物,厚度一般为 0.14～0.28 mm,设经纬纱的压扁系数为 0.8,试概算经纬纱的线密度范围。

11. 花式线由哪几个部分组成?

模块三

大提花织物设计

项目四

大提花织物仿样设计

任务一 单层提花织物仿样设计

知识目标：1. 单层提花织物规格的分析方法。
2. 单层提花织物上机规格的设计方法。
3. 单层提花织物纹织工艺的设计方法。

能力目标：1. 能够分析来样单层提花织物的基本规格。
2. 能够设计单层提花织物的上机规格。
3. 能够设计单层提花织物的纹织工艺。

◆ 情境引入

某大提花织物设计生产公司的设计师接到客户来样为提花台布面料，客户要求按原样规格，采购一定量的面料。试进行上机规格设计和纹织工艺设计。

◆ 任务分析

对给定单层提花织物进行仿样设计，需完成以下工作：

(1) 分析该提花面料的经纬纱线规格。

(2) 分析各花地组织。

(3) 分析测算织物经纬密度。

(4) 测量纹样尺寸。

(5) 计算筘幅、筘号。

(6) 计算总经根数等上机工艺。

(7) 绸边设计。

(8) 设计纹针样卡。

(9) 目板穿法设计。

(10) 进行意匠图及轧法设计。

◆做中学、做中教

教师与学生同步完成给定提花面料的上机设计与纹织工艺设计，边讲边做，做中学、做中教。

案例一：单层涤丝提花台布

4-1-1 单层涤丝提花台布

（一）织物分析

1. 织物正反面、经纬向

（1）可利用正面花型清晰饱满、色彩艳丽纯正来确定织物的正反面。

（2）可利用经细纬粗、经密纬疏及绸边来确定织物的经纬向。

2. 经纬原料及线型

经分析经纱为 83.3 dtex(75 den)涤纶网络丝，纬纱为 333.3 tex(300 den)涤纶长丝。

3. 纹样循环长宽

纹样循环长宽指一个循环（一个回头）的尺寸。图 4-1 所示的虚线矩形框内即为一个循环（一个回头）。

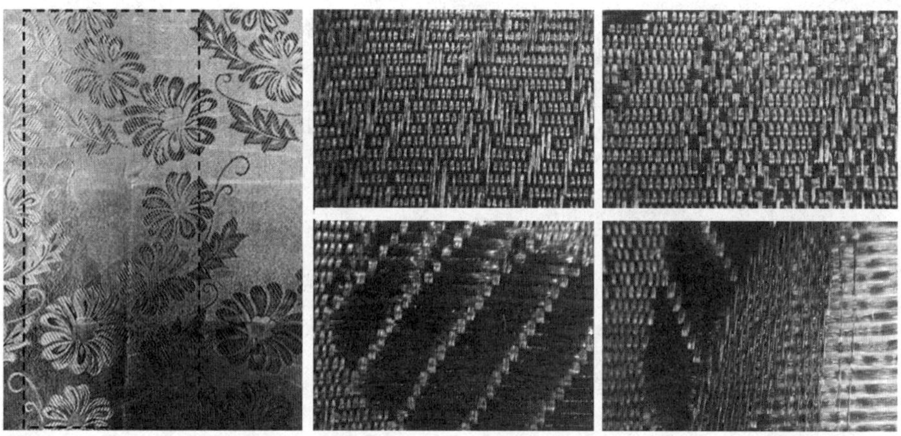

图 4-1　单层涤丝提花台布

（1）纹样长：经向完全相同的两点间距，至少取 3 个不同位置测量，取平均值，为 43.8 cm。

（2）纹样宽：纬向完全相同的两点间距，至少取 3 个不同位置测量，取平均值，为 17.7 cm。

4. 织物组织分析

查找不同组织个数，分别分析。经分析，地部为平纹加经浮点的肌理纹，花瓣主体部分为纬浮长加活切间丝，花心为绉组织，花瓣内部为 5 枚 3 飞经面缎纹。

5. 织物密度分析

找块面较大的组织，采用间接分析法。此面料最大块面的组织是没有肌理纹的平纹地部，可沿一根纬纱计数经组织点个数来确定经密。纬密较小，可用直接分析法。经分析，本面料的经纬密度为 58 根/cm×15 根/cm。

（二）上机规格设计

1. 纹针数、纹板数计算

纹针数＝一花经纱数＝成品经密×纹样宽＝58×17.7＝1 026.6

纹针数需修整为地组织循环纱线数的倍数，并尽量选用规范化纹针，故可用 1080 针，在 1400 号机械式提花机上织造。

$$纹板数 = 一花纬纱数 = 成品纬密 \times 纹样长 = 15 \times 43.8 = 657$$

纹板数需修正为地组织与边组织循环纱线数的倍数，修正为 656 块。

纹针数、纹板数修正后需修正成品经纬密度，则

$$成品经密 = \frac{纹针数}{纹样宽} = \frac{1080}{17.7} = 61.0 \text{ 根/cm}$$

$$成品纬密 = \frac{纹板数}{纹样长} = \frac{656}{43.8} = 15.0 \text{ 根/cm}$$

2. 筘幅计算

筘幅需根据成品幅宽与织造和染整缩率确定。仿样设计时成品幅宽有时根据用途确定，比如确定成品外幅为 160 cm，内幅为 159 cm。有时成品幅宽根据花数确定，一般取全幅整花或半花，比如全幅 10 花，则成品内幅为 17.7×10=177 cm。

此面料原料为涤纶，主要组织为平纹加经浮点，取染整幅缩率 10%、纬向织缩率 4%，则

$$筘内幅 = \frac{成品内幅}{(1-染整幅缩率)\times(1-纬向织缩率)} = \frac{177}{(1-10\%)\times(1-4\%)} = 204.86 \text{ cm}$$

3. 筘号与穿入数

本面料的组织为平纹加经浮点和 5 枚缎纹，可选择 4 穿入，则

$$筘号 = \frac{上机经密}{穿入数} = \frac{成品经密\times(1-染整幅缩率)\times(1-纬向织缩率)}{穿入数}$$

$$= \frac{61.0\times(1-10\%)\times(1-4\%)}{4} = 13.18$$

取 13.0 齿/cm。

4. 总经根数

$$内经根数 = 纹针数 \times 花数 = 1080 \times 10 = 10\,800$$

幅宽要求较高时，可利用成品内幅×成品经密求得。

$$边经根数 = 边幅 \times 边经密 = 0.5 \times 61.0 = 30.5$$

边经密取与内经密相等，4 穿入，取每边 32 根。

$$总经根数 = 内经根数 + 边经根数 = 10\,800 + 32 \times 2 = 10\,864$$

（三）纹织工艺设计

1. 样卡设计

根据生产厂家的织机装造条件和本面料使用的纹针数，可以选用 1400 号机械式提花机，样卡分 3 段，每段整行数分别为 27、28、27，标明大孔和穿线孔的位置，●为实用纹针，◎为边针，⊙为绞边针。纹针样卡可设计如图 4-2 所示。

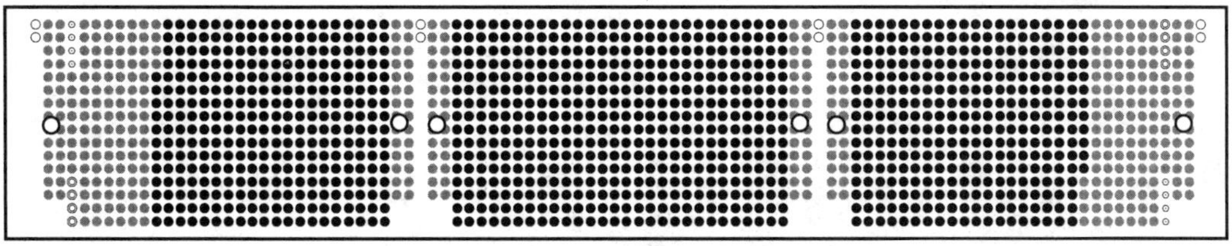

图 4-2　单层涤丝提花台布织物的纹针安排

2. 通丝数计算

$$通丝把数=纹针数=1080$$
$$每把通丝数=花数=10$$

3. 目板规划

$$目板穿幅=钢筘内幅+2=204.86+2=206.86\ cm$$

机械式提花机的目板行密是固定的，一般为 3.2 行/cm，则

$$目板初定列数=\frac{上机经密}{目板行密}=\frac{61.0\times(1-10\%)\times(1-4\%)}{3.2}=16.47$$

目板选用列数应大于初定列数，并且是筘齿穿入数 4 的倍数，最好是纹针数 1080 的约数，所以

$$目板选用列数=24$$
$$目板实穿总行数=\frac{内经根数}{目板选用列数}=\frac{10\ 800}{24}=450$$
$$每花实穿行数=\frac{纹针数}{目板选用列数}=\frac{1080}{24}=45$$
$$每花实有行数=目板行密\times花幅=3.2\times17.7=57$$

余行均匀空出(近似穿 3～4 行空 1 行)。目板安排如图 4-3 所示。

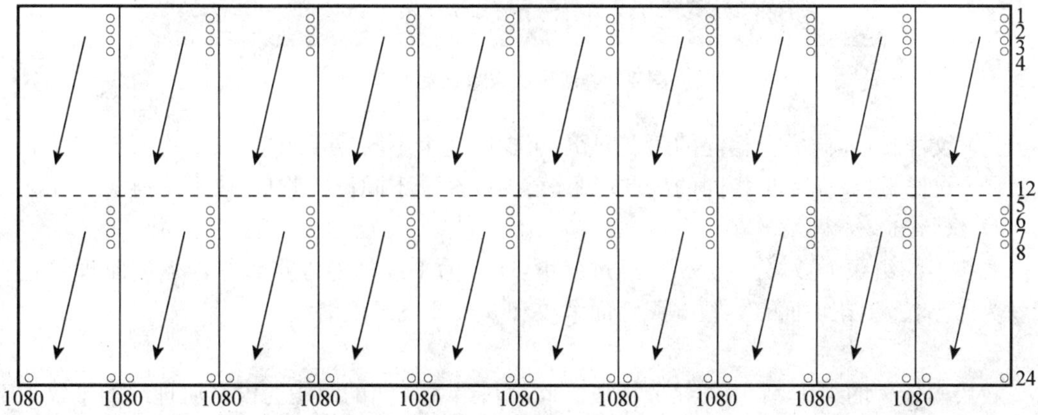

图 4-3　单层涤丝提花台布织物的目板安排

4. 纵横格数与意匠比

纵格数＝纹针数＝1080

横格数＝纹板数＝656

$$意匠比=\frac{成品经密}{成品纬密}\times 8=\frac{61.0}{15.0}\times 8=32.5，取八之三十二的意匠纸$$

5. 设色与勾边

纬花与地部双起平纹勾边，经面缎与地部单起平纹勾边，其他自由勾边。

案例二：肌理底纹单层提花布

（一） 织物分析

1. 织物正反面、经纬向

(1) 可利用正面花型清晰、饱满来确定正反面。

(2) 可利用经细纬粗、经密纬疏及绸边来确定织物的经纬向。

2. 经纬原料及线型

经分析，经纱为 166.7 dtex(150 den)涤纶网络丝，纬纱为 500 dtex(450 den)涤纶长丝。

3. 纹样循环长宽

纹样循环长宽即一个循环(一个回头)的尺寸。图 4-4 所示的虚线矩形框内为一个循环(一个回头)。

图 4-4　肌理底纹单层提花布

(1) 纹样长：经向完全相同的两点间距，至少取 3 个不同位置测量，取平均值 59.5 cm。

(2) 纹样宽：纬向完全相同的两点间距，至少取 3 个不同位置测量，取平均值 38 cm。

4. 织物组织分析

查找不同组织个数，分别分析。经过分析，地部为平纹加经浮点和纬浮点的肌理纹，主花撇丝为纬浮长，主花块面有 5 枚 3 飞纬面缎纹和 5 枚 2 飞经面缎纹。

5. 织物密度分析

找块面较大的组织，采用间接分析法。此面料最大块面的组织为没有肌理纹的平纹地部，可沿一根纬纱计数经组织点的个数来确定经密。纬密较小，可用直接分析法。经分析，本面料的经纬密度为 59.0 根/cm×21.9 根/cm。

（二）上机规格设计

1. 纹针数、纹板数计算

纹针数＝一花经纱数＝成品经密×纹样宽＝59.0×38＝2242

纹针数需修正为地组织循环纱线数的倍数，并尽量选用规范化纹针，故可用2240针，在2400号双龙头机械式提花机上织造。

纹板数＝一花纬纱数＝成品纬密×纹样长15×59.5＝892.5

纹板数需修正为地组织与绸边组织循环纱线数的倍数，可修正为892块，进行意匠处理时要注意5枚缎纹组织沿纬向的连续性。

2. 筘幅计算

根据本面料的花型特点，依据全幅美观、对称原则，半花比整花更合适。图4-5所示为3.5花的效果，花头分布均衡。再根据本面料的用途（台布、窗帘等）选择6.5花，成品内幅为38×6.5＝247 cm。

图4-5 肌理底纹单层提花布3.5花

此面料原料为涤纶，主要组织为平纹，取染整幅缩率10%、纬向织缩率3%，则

$$筘内幅=\frac{成品内幅}{(1-染整幅缩率)\times(1-纬向织缩率)}=\frac{247}{(1-10\%)\times(1-3\%)}=282.9\ \text{cm}$$

3. 筘号与穿入数

$$筘号=\frac{上机经密}{穿入数}=\frac{成品经密\times(1-染整幅缩率)\times(1-纬向织缩率)}{穿入数}$$

$$=\frac{59.0\times(1-10\%)\times(1-3\%)}{4}=12.9$$

取13齿/cm。

4. 总经根数

内经根数＝纹针数×花数＝2240×6.5＝14 560

边经根数＝边幅×边经密＝1×59.0＝59.0

边经密取与内经密相等，4穿入，故取每边60根，则

总经根数＝内经根数＋边经根数＝14 560＋60×2＝14 680

（三）纹织工艺设计

1. 样卡设计

根据生产厂家的织机装造条件和本面料使用的纹针数，选用 2400 号机械式提花机，每个龙头 2 段共 4 段，每段 35 整行，标明大孔和穿线孔的位置，●为实用纹针，◎为边针，⊙为绞边针。纹针样卡设计如图 4-6 所示。

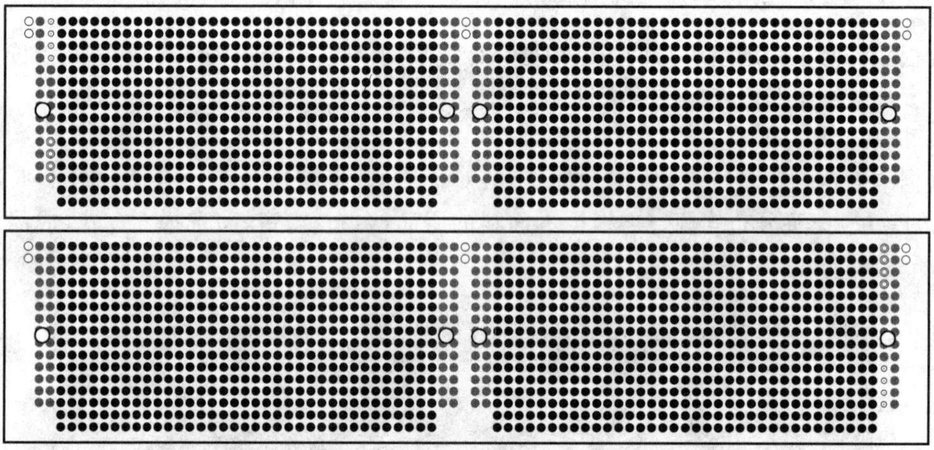

图 4-6　肌理底纹单层提花布的纹针安排

2. 通丝数计算

$$通丝把数＝纹针数＝2240$$

每把通丝数：前 6 个花 6 根，半花部分 7 根。

3. 目板规划

$$目板穿幅＝钢筘内幅＋2＝282.9＋2＝284.9\ cm$$

机械式提花机的目板行密是固定的，一般为 3.2 行/cm。

$$目板初定列数＝\frac{上机经密}{目板行密}＝\frac{59.0\times(1-10\%)\times(1-3\%)}{3.2}＝16.10$$

目板选定列数大于初定列数，并且是筘齿穿入数 4 的倍数，最好是纹针数 2240 的约数，所以

$$目板选用列数＝32$$

$$目板实穿总行数＝\frac{内经根数}{目板选用列数}＝\frac{14\ 560}{32}＝455$$

$$每花实穿行数＝\frac{纹针数}{目板选用列数}＝\frac{2240}{32}＝70$$

$$每花实有行数＝目板行密\times花幅＝3.2\times38\approx122$$

余行均匀空出（近似穿 1～2 行空 1 行）。目板安排如图 4-7 所示。

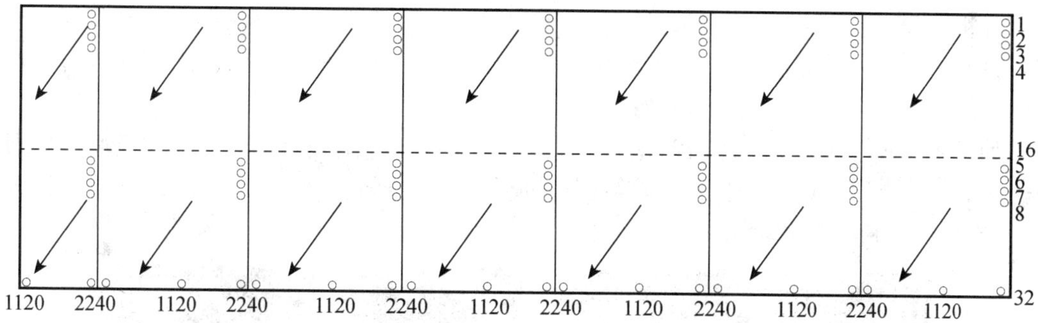

图 4-7　肌理底纹单层提花布的目板安排

◆ 任务实施

每个小组分析所发提花台布样品并设计，要求进行织物规格分析、上机工艺和纹织工艺设计，填写仿样设计任务单（表 4-1）。

表 4-1　单层提花织物仿样设计任务单

织物规格					
经纱				经密（根/cm）	
纬纱				纬密（根/cm）	
纹样长（cm）		纹样宽（cm）		幅宽（cm）	
上机规格					
筘外幅		筘内幅		上机经密	
筘号		穿入数		上机纬密	
全幅花数		内经根数		边经根数	
纹织工艺					
正反织				装造类型	
纹针数				纹板数	
通丝把数				每把通丝数	
目板穿幅				目板列数	
目板实穿总行数				每花实穿行数	
目板行密				每花所有行数	
目板穿法					
意匠横格数				意匠纵格数	
样卡设计，组织、意匠设色与勾边说明					

◆ 相关知识

一、单层提花织物组织分析方法

提花织物组织一般采用局部分析法，先初步清点不同组织的个数，然后按由易到难的顺序进行分析。分析较复杂的组织时可以利用已经分析出来的简单组织。分析具体组织时一般先判断是经面组织还是纬面组织，经面组织分析正面，纬面组织分析反面，再用底片翻转法绘制正面组织。拆纱分析时，一般拆经留纬。

如图 4-8 所示面料，其地部组织为经面组织，分析正面[图 4-8(b)]为 8 枚经面加强缎纹组织[图 4-9(a)]；深色花纹为纬面组织，分析反面[图 4-8(c)]为 8 枚纬面缎纹组织[图 4-9(b)]，正面为 8 枚经面缎纹组织[图 4-9(c)]。

(a) 正面　　(b) 正面拆边　　(c) 反面拆边

图 4-8　单层提花织物面料实物 1

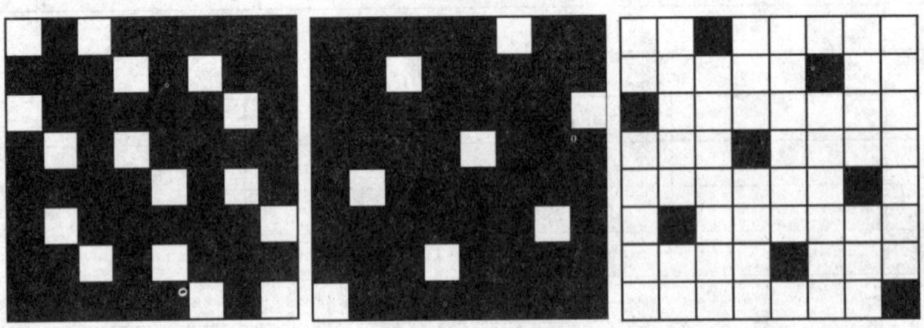

(a) 地部组织　　(b) 深色花纹反面　　(c) 深色花纹正面

图 4-9　单层提花织物面料实物 1 组织分析

如图 4-10 所示的面料，分析织物正面，地部为 5 枚经面缎纹，花部为循环较大的纬面斜纹，但枚数不确定。可以用分析针挑起纬浮长上的经组织点，从织物反面察看纬浮长与 5 枚缎纹的关系，可以得出其组织循环纱线数是 5 枚缎纹的 4 倍，即 20 枚右斜纹。

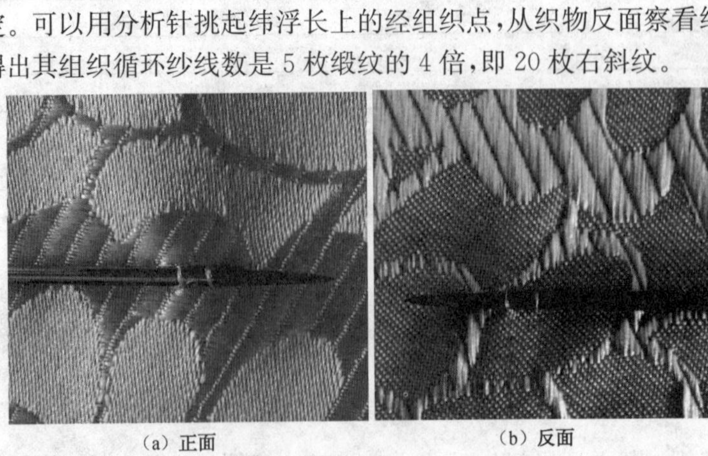

(a) 正面　　(b) 反面

图 4-10　单层提花织物面料实物 2

二、提花机的选用

采用提花机制织的大提花织物亦称纹织物。通常由提花机上的纹针数来衡量提花制织能力，用号数或口数表示。我国提花机的应用产生了很大变化，由传统的提花机龙头改变为电子提花龙头，纹针数由1480针提高到2400～12 000针，甚至达到特大型的24 000针。由于我国提花机的应用情况复杂，除大量采用先进的提花设备外，普通提花机仍在应用。

（一） 电子提花机

电子提花机以实用纹针数确定类型，我国自行生产和引进的电子提花机有：2688号，实用纹针2400针；5120号，实用纹针4800针；6144号，实用纹针6000针；12288号，实用纹针12 000针。剩余部分的纹针用于控制投纬、经线停撬和边经等运动，统称为辅助针。

电子提花机的实用纹针数较大，其纹板没有固定形状。完成提花织物的工艺规格设计后，应表述纹针样卡的应用情况。可用文字说明，如1～16针为梭箱针，其中1号针控制甲纬、2号针控制乙纬等；24～25针共2针，为停撬针；33～72针共40针，为左边经控制针；73～2472针共2400针，为提花主针；2473～2512针共40针，为右边经控制针。通过CAD系统完成意匠和组织编制后，还需在计算机上安排好辅助针的纹板位置，控制提花织机和经纬线的运动。电子提花龙头的纹针数较多，一般提花织物可采用一枚纹针控制一根经线的单造单把吊装造。设计电子提花机的纹针样卡时，理论上行列数可以随意，只要总纹针数正确。如图4-11所示，2688针，可以设计成16列×168行，也可以设计成32列×84行等，●为实用纹针，◎为边针，◆为选纬针，■为停撬针。

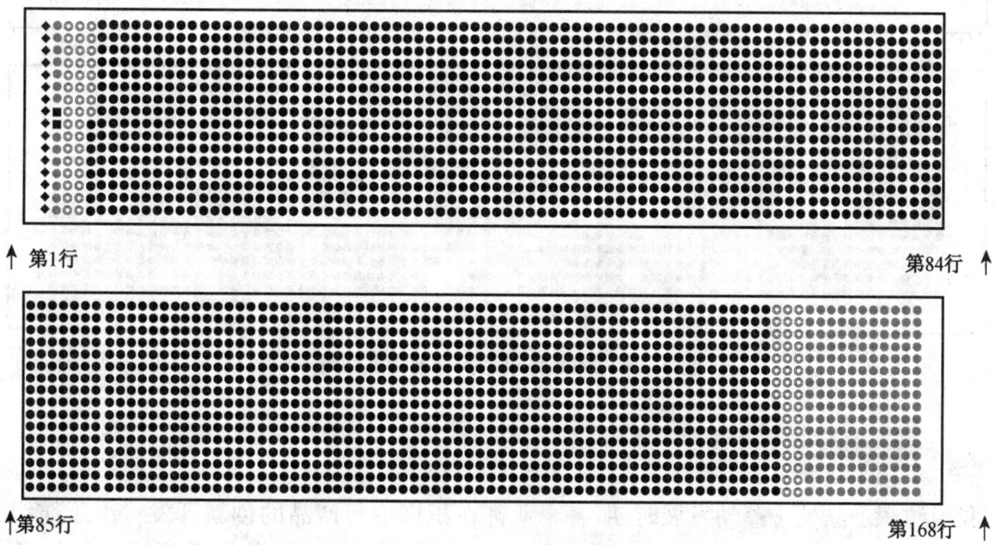

图4-11　2688针样卡安排

（二） 普通提花机

普通提花机的纹针数，最常见的有以下几种：

1400号，16列共3段，分别为27、28、27整行，12行零针行，实有纹针1480针，包括辅助针在内，最多可用1456针（图4-12）；1900号，16列共4段，每段27整行，16行零针行，实有纹针1952针，最多可用1920针（图4-13）；2400号双龙头，16列2个龙头共4段，每段35整行，16行零针行，实有纹针 2464 针，最多可用 2432 针(图 4-14)。1400 号提花机实际采用的纹针数最多 1440 针。

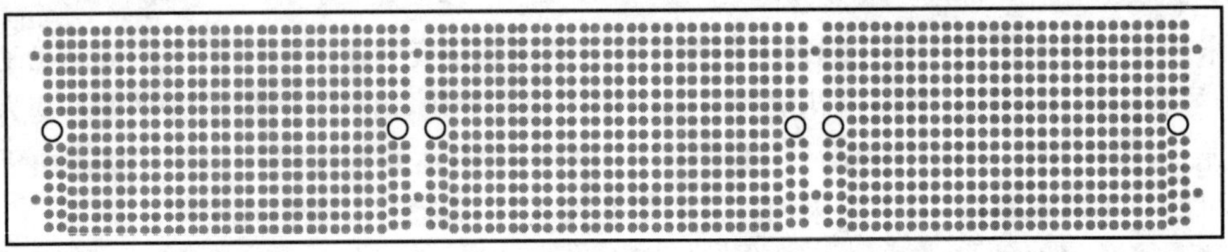

图 4-12　1400 号普通提花机样卡

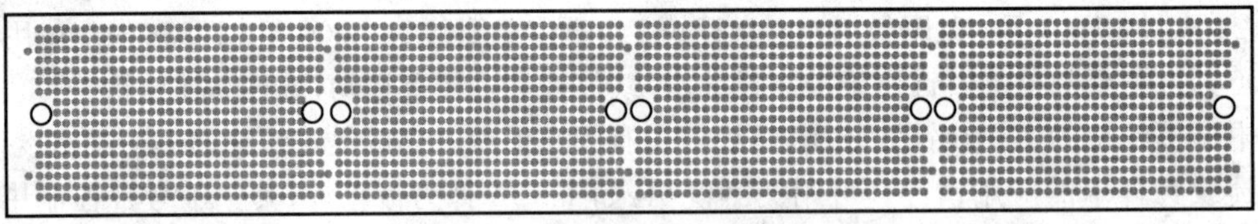

图 4-13　1900 号普通提花机样卡

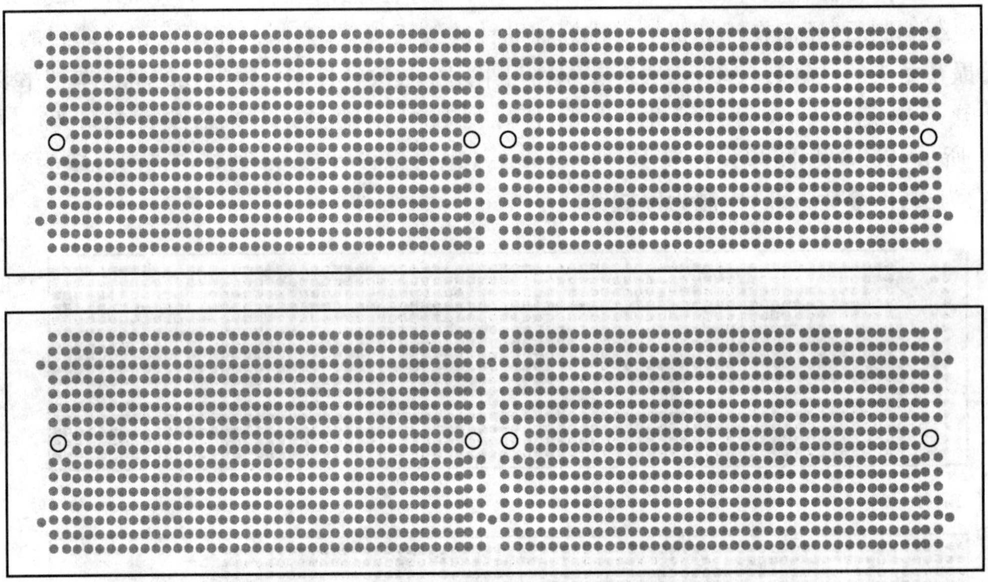

图 4-14　2400 号双龙头普通提花机样卡

◆ 设计理论积累——纹织设计的规范化

我国纺织产品处于蓬勃发展时期，各企业都在积极进行产品的创新开发。由于纺织品设计生产有多产品、多花式、深加工的特点，为防止出现产品重复和规格繁杂而造成人力、物力和时间的浪费，提倡地方和企业进行规格规范化的设计和生产。提倡规范化设计，就是在保证织物外观和使用性能的前提下，对花幅、纹针数、成品幅宽、筘号等设计进行适当的限制和归并。

规范化设计与生产具有多方面的优势，如统筹使用设备、装造及原材料，具有省工省时的特点；采用规范生产工艺，工人操作可相对稳定，以利于提高产品的产量和品质；规范化可加快产品试制速度，有利于产品的深度加工，增强竞争力；规范化有利于企业的科学管理和市场发展趋势的适应性；等等。

大提花织物设计的装造规范化主要涉及花幅和应用纹针数。花幅设计规范化要求在符合生产条件的同时与织物成品幅宽规范化紧密配合。当前我国纺织品的深加工内容丰富，要求很高。如根据服装款式进行裁剪制作，所用纺织面料的成品幅宽要求规范的同时，大提花面料的主花部分也必须与服装款式紧密配合。又如室内装饰面料和高级床上用品的美观造型要求也很高，纹样大小和幅宽等必须按规范标准完成。随着面料要求及变化日益复杂，花幅设计首先要与织物成品幅宽成整数倍关系。在特殊情况下，可增加约 50%的零花，但需考虑对成品加工可能产生的影响，要求深加工时花型尽可能美观完整。

提花机选用的纹针数要有最大的适应性，能适应选择的特定装置，能满足设计采用的原料、细度、经密和常用的组织结构，能适应和满足常用产品的织造等加工要求和幅宽要求。电子提花机与普通提花机的应用情况有很大差别。电子提花机的纹针数较多，织机幅宽也较宽，装造的技术要求和加工成本很高，装造一旦完成，便相对固定。因此，电子提花机纹针数选择及采用何种装造形式，必须进行认真研究。我国电子提花机采用单造单把吊的形式较为普及。

普通提花机的纹针数较少，为了满足产品设计中有关原料、密度、花幅的特定要求，织机主针及辅助针的应用和装造可变性较大。1400 号提花机常用 1440、1320、1200、1080、960、800、720 针，1900 号提花机常用 1664、1728、1800 针，2400 号双龙头提花机常用 2240、2288、2400 针。纹针样卡是装造和纹板轧孔的重要依据。为了提高上机纹板牢度和方便装造，不用的纹针及采用的辅助纹针应安排在纹板两端，尽量做到对称和不用零针行。纹针计算需修正，其值应为主要组织的循环纱线数(通常是地组织，有时也需考虑纹部组织或背衬组织)与 8 和 16 的公倍数，目的是使组织可以正常循环。提花机常用纹针数、花数等见表 4-2。

表 4-2　提花机常用纹针数、花数等

<table>
<tr><th>类型</th><th>号数</th><th>纹针数</th><th>成品幅宽
(cm)</th><th>花幅
(cm)</th><th>花数</th><th>装造
形式</th><th>筘号
(齿/cm)</th><th>每筘齿穿
入数</th><th>用途</th></tr>
<tr><td rowspan="5">电子提花机</td><td>2688</td><td>2400</td><td>360
210</td><td>36
20.8</td><td>10</td><td>单造
单把吊</td><td>16
18</td><td>4
6</td><td>室内装饰
服饰装饰</td></tr>
<tr><td>5120</td><td>4800</td><td>360
360
320</td><td>72
48
40</td><td>5
7.5
8</td><td>单造
单把吊</td><td>16
16
19</td><td>4
6
6</td><td>室内装饰
床上用品
床上用品</td></tr>
<tr><td>6144</td><td>6000</td><td>320</td><td>50</td><td>6.4</td><td>单造
单把吊</td><td>16</td><td>6</td><td>室内装饰
纺织工艺品</td></tr>
<tr><td>12288</td><td>12 000</td><td>210</td><td>105
52×2
35×3</td><td>2
4
6</td><td>单造
单把吊</td><td>18</td><td>6</td><td>纺织装饰工艺品</td></tr>
<tr><td>24576</td><td>24 000</td><td>210</td><td>210</td><td>1</td><td>单造
单把吊</td><td>18</td><td>6</td><td>特大工艺品</td></tr>
<tr><td rowspan="4">普通提花机</td><td rowspan="3">1400</td><td>1200</td><td>198
140
144</td><td>24
20
18</td><td>8
7
8</td><td>单造
单把吊</td><td>12.5
15
17</td><td>4
4
4</td><td>室内装饰
服装面料
服装面料</td></tr>
<tr><td>1320</td><td>90</td><td>18</td><td>8</td><td>单造
单把吊</td><td>17</td><td>4</td><td>服装面料</td></tr>
<tr><td>1080</td><td>90</td><td>18</td><td>5</td><td>单造
单把吊</td><td>15</td><td>4</td><td>服装面料</td></tr>
<tr><td>1900</td><td>1800</td><td>144
198
252</td><td>18
36
36</td><td>8
5
7</td><td>单造
单把吊</td><td>16
12.5
12.5</td><td>6
4
4</td><td>服装面料
装饰面料
装饰面料</td></tr>
</table>

续表

类型	号数	纹针数	成品幅宽（cm）	花幅（cm）	花数	装造形式	筘号（齿/cm）	每筘齿穿入数	用途
普通提花机	2400	2400	144	12×4 16×3 48 12×2 18×2	3 3 3 6 4	单造 单把吊	12.5 12.5 12.5 16 15	4 4 4 6 4	服装面料 装饰面料
		2240	198	36	5.5	单造 单把吊	15	4	装饰面料
		2288	252	36	7	单造 单把吊	15	4	装饰面料
		2288	288	36	8	单造 单把吊	15	4	装饰面料
		2288	288	36×2 72	4	单造 单把吊	15	2	装饰面料

任务二 重经提花织物仿样设计

知识目标： 1. 重经提花织物规格的分析方法。
2. 重经提花织物上机规格的设计方法。
3. 重经提花织物纹织工艺的设计方法。

能力目标： 1. 能够分析来样重经提花织物的基本规格。
2. 能够设计重经提花织物的上机规格。
3. 能够设计重经提花织物的纹织工艺。

◆ 情境引入

某丝绸公司设计师接到客户来样为提花台布面料，客户要求按原样规格生产 2000 m。

◆ 任务分析

对给定提花面料进行仿样设计，需完成以下工作：

(1) 分析经纬纱线规格。
(2) 分析各花地组织。
(3) 测算织物经纬密度。
(4) 测量纹样尺寸。
(5) 计算筘幅、筘号。
(6) 计算总经根数等上机工艺。
(7) 绸边设计。

(8) 设计纹针样卡。

(9) 目板穿法设计。

(10) 进行意匠图及轧法设计。

◆做中学、做中教

教师与学生同步完成给定重经提花面料的上机工艺与纹织工艺设计，边讲边做，做中学、做中教。

案例一：重经提花丝织物

（一） 织物分析

1. 织物正反面、经纬向

(1) 织物正反面均有花纹，以织物光泽柔和一面为正面，另一面大部分金色，不适合做正面。

(2) 可利用经细纬粗、经密纬疏及绸边来确定织物的经纬向。

2. 经纬原料及线型

经分析，经线有两种：甲经为 22.2/24.4 dtex×2(2/20/22 den)桑蚕丝；乙经为 91.1 dtex (82 den)金属丝(铝丝)。

3. 纹样循环长宽

纹样循环长宽即一个循环(一个回头)的尺寸。图 4-15 所示的虚线矩形框内为一个循环(一个回头)。

图 4-15 重经提花丝织物

(1) 纹样长：经向完全相同的两点间距，至少取 3 个不同位置测量，取平均值 20.0 cm。

(2) 纹样宽：纬向完全相同的两点间距，至少取 3 个不同位置测量，取平均值 12.5 cm。

4. 织物组织

查找不同组织个数，分别分析。经分析，地部为甲经 5 枚 3 飞经面缎纹背衬乙经 10 枚 7 飞纬缎；叶茎为乙经经浮长背衬甲经 5 枚 2 飞纬缎；花瓣主体部分为乙经平纹背衬甲经纬 5 枚 2 飞纬缎，边组织为 2 上 2 下经重平。

5. 织物密度

找块面较大的组织，采用间接分析法。此面料最大块面的组织为没有肌理纹的缎纹地部，采用拆边法，得到甲经密 70.0 根/cm，乙经密 35.0 根/cm，纬密 48.0 根/cm。

（二） 上机规格设计

1. 纹针数、纹板数计算

甲乙经排列比为 2∶1，

$$甲经的纹针数＝甲经成品经密 \times 纹样宽＝70.0 \times 12.5＝875$$

修正为880针。

$$乙经的纹针数=乙经成品经密\times纹样宽=35.0\times12.5=437$$

修正为440针。选用在1400号机械式提花机上织造。

纹针数＝880＋440＝1320

纹板数＝一花纬纱数＝成品纬密×纹样长＝48.0×20＝960,无需修正

纹针数、纹板数确定后一般需修正成品经纬密度,成品甲经经密＝纹针数/纹样宽＝880/12.7＝70.4根/cm,甲经∶乙经＝2∶1,因此成品乙经经密＝35.2根/cm;成品纬密不变。

2. 筘幅计算

筘幅需根据成品幅宽与织造和染整缩率确定。

先量取织物成品幅宽＝110 cm,边幅＝0.5 cm×2,则

初定筘内幅＝成品内幅×(1＋幅缩率)＝110×104%＝114.4 cm(幅缩率＝4%)

3. 总经根数

$$甲经内经根数=成品内幅\times成品经密=70.4\times110=7744$$

$$乙经内经根数=3872$$

边经穿法:正边2根/综,3综/筘,穿8筘,计48根×2;小边4根/综,1筘,计4根×2。边经根数为52根×2＝104。

$$\begin{aligned}总经根数&=甲经内经根数+乙经内经根数+边经根数\\&=7744+3872+52\times2=11\,720\end{aligned}$$

4. 筘号与穿入数

甲经4穿入,乙经2穿入,合6穿入。

筘号＝甲经内经根数/(筘内幅×甲经穿入数)＝16.9齿/cm,修正为17齿/cm

调整筘内幅＝甲经内经根数/(甲经穿入数×筘号)＝113.9 cm

(三) 纹织工艺设计

1. 样卡设计

根据生产厂家的织机装造条件和本面料使用的纹针数,可以使用1400号机械式提花机,样卡分3段,每段整行数分别为27、28、27,标明大孔和穿线孔的位置,●为实用纹针,◎为边针,⊙为绞边针,大造在前、小造在后。纹针样卡设计如图4-16所示。

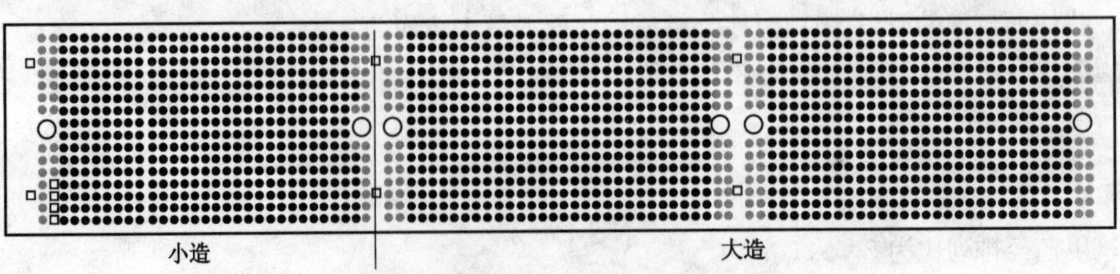

图4-16 样卡安排

2. 通丝数计算

$$通丝把数=纹针数=880+440=1320$$

3. 目板规划

$$目板穿幅=钢筘内幅=113.9\ cm$$

机械式提花机的目板行密是固定的，一般为 3.2 行/cm，则

$$目板初定列数=\frac{上机经密}{目板行密}=\frac{甲经根数+乙经根数}{筘内幅\times 目板行密}=\frac{7744+3872}{113.9\times 3.2}=31.87$$

目板选用列数应大于初定列数，并且应分别为大小造的甲乙经穿入数 4、2 的倍数，所以

$$目板选用列数=36（后造 12 列，前造 24 列）$$

$$目板实穿总行数=\frac{内经根数}{目板选用列数}=\frac{11\,616}{32}=363$$

$$每花实穿行数=\frac{纹针数}{选用列数}=\frac{1320}{36}=36.67$$

目板安排如图 4-17 所示。

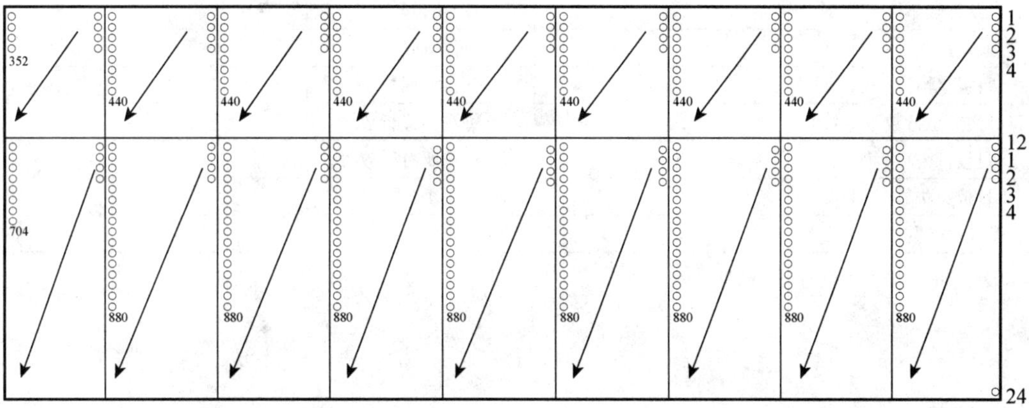

图 4-17　目板安排

4. 纵横格数与意匠比

$$纵格数=大造纹针数=880$$

$$横格数=纹板数=960$$

$$意匠比=\frac{成品甲经经密}{成品纬密}\times 8=\frac{70.4}{48.0}\times 8=11.7，取八之十二的意匠纸$$

5. 设色与勾边

地部：设色红色，自由勾边。

花瓣里面：设色绿色，自由勾边。

叶茎和花瓣外面：设色黄色，自由勾边。

◆ 任务实施

每小组分析所发重经提花织物样品并设计，要求进行织物规格分析、上机工艺和纹织工艺设计。填写仿样设计任务单(表 4-3)。

表 4-3　重经提花织物仿样设计任务单

<table>
<tr><td colspan="6">织物规格</td></tr>
<tr><td rowspan="4">经组合</td><td colspan="3">甲经组合</td><td>甲经经密(根/cm)</td><td></td></tr>
<tr><td colspan="3">乙经组合</td><td>乙经经密(根/cm)</td><td></td></tr>
<tr><td colspan="3">丙经组合</td><td>丙经经密(根/cm)</td><td></td></tr>
<tr><td colspan="3">丁经组合</td><td>丁经经密(根/cm)</td><td></td></tr>
<tr><td>纬组合</td><td colspan="3"></td><td>纬密(根/cm)</td><td></td></tr>
<tr><td>纹样长(cm)</td><td></td><td>纹样宽(cm)</td><td></td><td>幅宽(cm)</td><td></td></tr>
<tr><td colspan="6">上机规格</td></tr>
<tr><td>筘外幅</td><td></td><td>筘内幅</td><td></td><td>上机经密</td><td></td></tr>
<tr><td>筘号</td><td></td><td>穿入数</td><td></td><td>上机纬密</td><td></td></tr>
<tr><td>全幅花数</td><td></td><td>内经根数</td><td></td><td>边经根数</td><td></td></tr>
<tr><td colspan="6">纹织工艺</td></tr>
<tr><td>正反织</td><td colspan="2"></td><td>装造类型</td><td colspan="2"></td></tr>
<tr><td>纹针数</td><td colspan="2"></td><td>纹板数</td><td colspan="2"></td></tr>
<tr><td>通丝把数</td><td colspan="2"></td><td>每把通丝数</td><td colspan="2"></td></tr>
<tr><td>目板穿幅</td><td colspan="2"></td><td>目板列数</td><td colspan="2"></td></tr>
<tr><td>目板实穿总行数</td><td colspan="2"></td><td>每花实穿行数</td><td colspan="2"></td></tr>
<tr><td>目板行密</td><td colspan="2"></td><td>每花所有行数</td><td colspan="2"></td></tr>
<tr><td>目板穿法</td><td colspan="5"></td></tr>
<tr><td>意匠横格数</td><td colspan="2"></td><td>意匠纵格数</td><td colspan="2"></td></tr>
<tr><td colspan="6">样卡设计，组织、意匠设色与勾边说明</td></tr>
</table>

◆ 相关知识

经二重提花织物组织分析方法

经二重提花织物组织一般采用局部分析法。如图 4-18 所示，首先分析甲经和乙经的排列比，通过分析甲经和乙经的密度来确定，比如甲经密和乙经密相当，则甲乙经排列比为 1∶1；若甲经密度是乙经的 2 倍，则甲乙经排列比为 2∶1。

第二步，清点不同组织的个数，由易到难地进行分析。重经组织织物正面一般为经面组织，反面为纬面组织。织物正面表组织通常为相应的里组织循环数的整数倍。例如甲乙经排列比为 1∶1，织物正面甲经与纬线形成表经组织若是 5 枚经缎，则乙经与纬线形成里经组织一般是 5 枚或 10 枚纬缎。再如甲乙经排列比为 2∶1,织物正面表经组织为 5 枚经缎,则里经组织也选 5 枚或 10 枚纬缎。

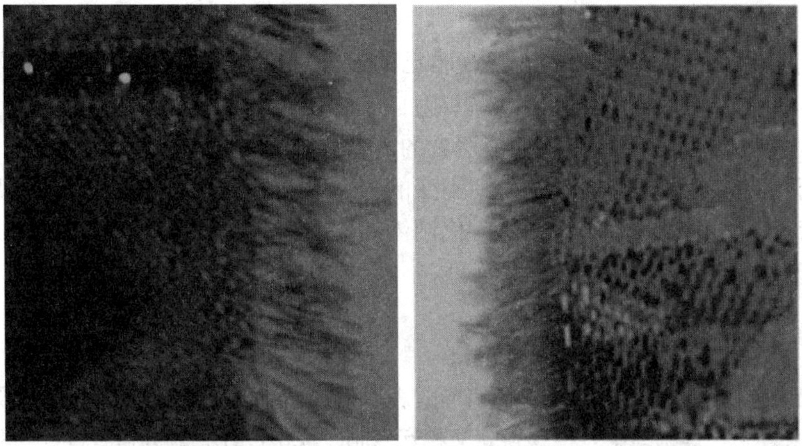

(a) 织物正面拆边　　(b) 织物反面拆边

图 4-18　经二重提花织物

图 4-18 所示面料的地部组织为经面组织,分析正面得表经组织为 5 枚 3 飞经面缎纹,里经组织为 10 枚 7 飞纬面缎纹。表里经组合组织如图 4-19(c)所示。

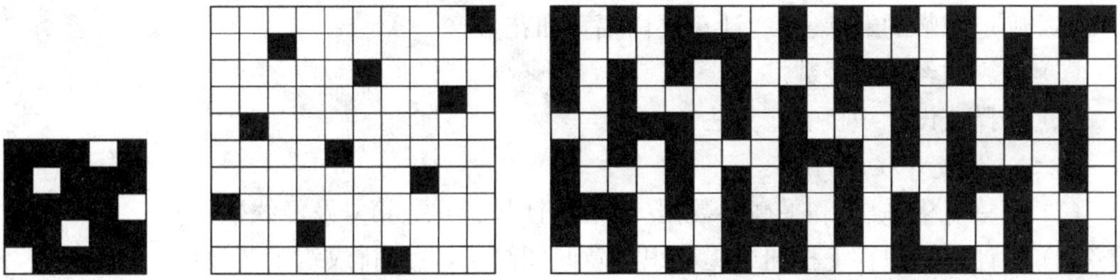

(a) 地部表经组织　　(b) 地部里经组织　　(c) 地部组合组织

图 4-19　经二重提花织物组织分析

◆ 设计理论积累——产品设计与试织

一、最佳设计方案特点

最佳设计方案大致具有三个特点。

(一) 具有较大的适应能力

从大范围看,一个国家、一个地区都有自己独特的条件,设计方案必须能充分利用这些条件。从小范围看,一个企业、一个车间、一个工作组,甚至织机的功能、装造形式、技术素质等,都各有特长,设计方案应充分体现这些优势。

(二) 具有一定的科学性和先进性

设计方案要充分利用新设备、新工艺、新材料等,且使用得合情合理,有利于产品进一步发展和深加工,并有较高的经济效益。科学性和先进性还表现在科学管理上,新产品必须有利于生产管理。

(三) 具有独特的创造性

凡有成就的设计工作者都能充分体现自己的设计思想,他们不满足于模仿或抄袭他人成果,而是深入地揣摩、研究别人的设计思想,为自己的创作提供思路。他们的设计不会落入俗套,而给人以新颖亲切之感,又较适应消费者的需求。

最佳设计方案产生于实践,不是固定不变的。因为万事万物都在变化,能强烈反映时代精神面貌的纺织产品,更应当不断地跟随时代潮流前进。最佳设计方案的形成也不是通过一次实践就能够获得成功的,必须通过反复实践、不断改进而加以完善。

二、纺织产品设计程序

纺织产品设计通常采用工艺规格表的形式表示,它既要反映生产工艺流程,又要显示织物总体质地和实用效果。规格表中各栏既独立又相互牵制。规格设计一般分初级设计与精设计两步。

(一) 初级设计程序

(1) 确定织物的成品幅宽(内幅、边幅)。

(2) 确定织物的经纬组合(材料、线型)。

(3) 确定织物的基本组织。

(4) 确定纬线数及储纬器(梭箱)数。

(5) 确定织物的经纬密度,计算纹样幅宽和花数。

(6) 计算内经和边经数。

(7) 选择或设计织机装造方法。

(二) 精设计程序

(1) 调整规格,修正和平衡各数据(包括纹针数、筘幅、筘号及经线数等)。

(2) 设计多臂织物上机图或提花织物意匠图绘法,并编排纹织工艺设计。

(3) 设计并表述经纬组合的主要工艺流程。

(4) 根据经纬组合,计算所用原料的百分比含量和成品面密度。

(5) 根据产品特色,同时方便记忆,并结合艺术要求等,进行品名设计。

新产品设计方案及规格设计完成后,必须做好审核工作。一般以设计人员自己审核为主,最后由项目负责人审核,其目的是把可能产生的计算错误和设计方案失误降到最低限度,以免造成巨大损失。

设计规格经审核批准后应试织,各生产管理环节应严格按规格要求进行准备和生产,不应随意更动。

为了充分利用生产设备,节约试织费用,提高产品竞争效率,规格设计应考虑利用原装造、原料和系列化的设计方法,即在一台织机上同时生产不同风格的产品。

三、试织

新产品设计能否达到预定的要求,必须通过试织、试销进行检验。

(一) 初级试样

初级试样以检验规格是否合理、能否达到设计要求为主要目的。通过初级试样也可以在一定程度上测试生产状况，供复试调整规格时参考。初级试样仅用于提供织物样品，为了避免造成人力、物力的浪费，一般利用原装造，节约试织费用，缩短试织时间。产品试织采用试样机或普通织机，整经长度控制在 15 m 以内，以能提供足够样品和方便织造即可。

设计人员对获得的样品进行目测，可得到对织物的直接印象，在结构安排、纹样选用及配色等方面的认识较直观。通过手感目测和检测，确定织物的厚薄、质地和经纬密度的配置是否合理。通过对样品各参数的测量，可以获得织缩率、练缩率等较正确的数据，供调整规格时参考。

试织样品经设计人员精心整理，白织面料进行练漂、染色、定形等，色织面料进行整烫等。样品经过严格挑选后进入复试。

（二） 复试

复试以检验工艺流程的合理性及测定上机织造过程中的各项数据为主要目标，为产品投入批量生产做工艺和技术准备。初试与复试的测试项目，因其侧重面不同而不同，织造方法及工作重点也不同。复试的重点是测验工艺流程，为了能准确测定织造中的各项数据，观察生产状况，对同一品种添配多种风格的纹样及进行配色可行性测试，故复试整经长度应不小于 250 m。

为了丰富产品的花色，大提花织物需测试纹样排列的清满程度及块面大小对外观及织造工艺的影响。一般新品种复试需添配 3 个以上不同格调的纹样。色织产品的每个纹样还需配置不同色调套色。

四、一级试样的程序

（一） 初级试样

1. 工艺程序

{ 配纹样→配色→意匠→纹板制作
{ 规格设计→经组合与纬组合的准备 } 试织→后整理→初选→调整规格
{ 织机的整机与装造

2. 设计人员的主要工作

（1）核对面料是否与规格设计符合。

（2）测定坯布幅宽、经纬密度及精练、整理后的样品幅宽、经纬密度，推算织物的实际织缩率与练缩率。

（3）在实验室内进行必要的染色、定形、印花等处理。

（4）根据实验结果对设计进行调整，如改变原料、组织结构等，并与技术人员和操作工及时联系。

（二） 二次试样

1. 工艺程序

{ 多花多色→意匠→纹板制作
{ 调整规格，分别准备经组合、纬组合 } →复试，测定工艺参数→后整理→鉴定→投产
{ 织机的整机与装造

2. 设计人员的主要工作

（1）调整规格。

(2) 补充新纹样,进行多花配色,分别进行意匠设计和纹板制作。

(3) 深入织造、染整车间,了解生产情况并提出处理意见。

(4) 倾听各方对新产品的意见。

新产品从设计、试织到投放市场是集体合作的成果,各生产部门都付出了艰辛的工作。为了加强设计与各工序间的联系,及时发现问题、解决问题,设计人员应主动地与他们联系,虚心听取工程技术人员和操作工的意见,使设计水平不断得到提高。

产品投放市场后,设计人员必须及时听取用户和消费者的意见,为新设计提供素材。产品设计就是在实践→总结→再实践→再总结中逐渐掌握设计规律并不断推陈新的过程。

任务三 重纬提花织物仿样设计

知识目标: 1. 重纬提花织物规格的分析方法。
2. 重纬提花织物上机规格的设计方法。
3. 重纬提花织物纹织工艺的设计方法。

能力目标: 1. 能够分析来样重纬提花织物的基本规格。
2. 能够设计重纬提花织物的上机规格。
3. 能够设计重纬提花织物的纹织工艺。

◆ 情境引入

某大提花织物设计生产公司设计师接到客户来样为织锦缎面料,客户要求按原样规格采购一定量的面料,试进行上机规格和纹织工艺设计。

◆ 任务分析

完成给定重纬提花织物的仿样设计,需完成以下工作:

(1) 分析该面料的经纬纱线规格。

(2) 分析各花地组织。

(3) 测算织物经纬密度。

(4) 测量纹样尺寸。

(5) 上机工艺参数计算。

(6) 织物质量计算。

(7) 设计纹针样卡。

(8) 规划目板穿法。

(9) 进行意匠绘制及轧法设计。

◆ 做中学、做中教

教师与学生同步完成给定提花面料的上机工艺与纹织工艺设计,边讲边做,做中学、做中教。

案例一：纬二重大提花织物仿样设计

4-3-1 纬二重大提花织物仿样设计

（一） 规格分析

1. 正反面、经纬向

（1）可利用正面花型清晰、饱满来确定正反面。

（2）可利用经细纬粗、布边来确定织物的经纬向。

2. 经纬纱线规格及排列

用比较法，初步确定经纱为 11.1 tex（100 den）浅卡其色涤纶网络丝；纬纱两种，甲纬 33.3 tex（300 den）白色涤纶丝，乙纬为 X 型双包金属丝。

3. 纹样长宽

（1）纹样长：经向完全相同的两点间距，至少取 3 个不同位置测量，取平均值，经测量为 16.3 cm。

（2）纹样宽：经观察，发现图 4-20 所示的虚线矩形区域内小猫和水果的主花已循环但是与底纹配合并未循环，3 个主花循环才能与 4 个底纹循环，经测量一个主花循环为 12.4 cm，则总纹样宽度为 12.4×3＝37.2 cm。

4. 纬纱排列与组织

通过拆纱分析得到纬纱排列比为 1∶1。经观察，本面料有 6 种组织：地部共 3 种组织，空地为 1 种组织，2 种横线底纹分别为 2 种组织；小猫脸等为 1 种组织；草莓叶子、樱桃等为 1 种组织；轮廓银丝边为 1 种组织。可分别分析，但是要充分利用已知条件或者特别容易得出的条件，并且每个组织都要分析 2 组纬纱与经纱的交织规律。首先分析地部组织，很容易看出甲纬与经纱为平纹交织，可以利用平纹组织的特点来确定其他组织的枚数和飞数。如图 4-20 所示，用分析针挑出银丝边纬浮长上相邻的 2 个经组织点，分析得沿一根纬纱方向的平纹经组织点个数为 8，确定银丝边的表层组织为 16 枚。用同一方法确定其他组织的枚数，得到各组织（表 4-4）。

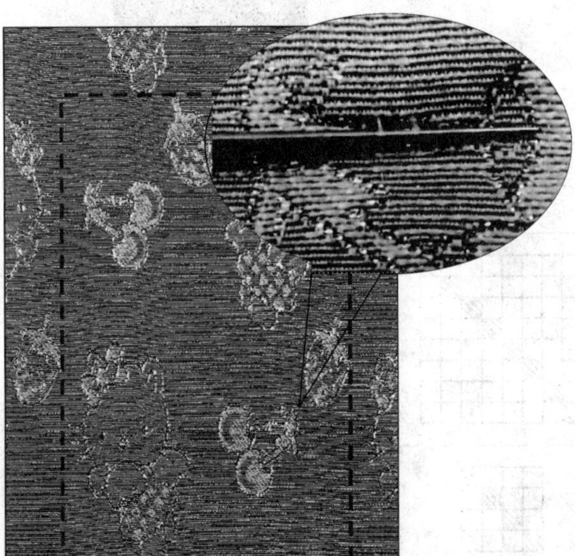

图 4-20　纬二重提花织物

表 4-4　纬二重提花织物组织分析

部位	甲纬组织	乙纬组织	组合组织
小猫脸	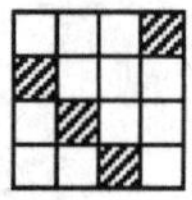	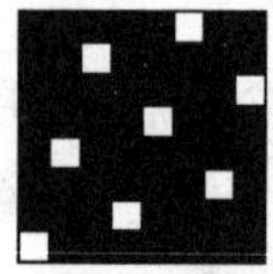	
草莓叶子、樱桃	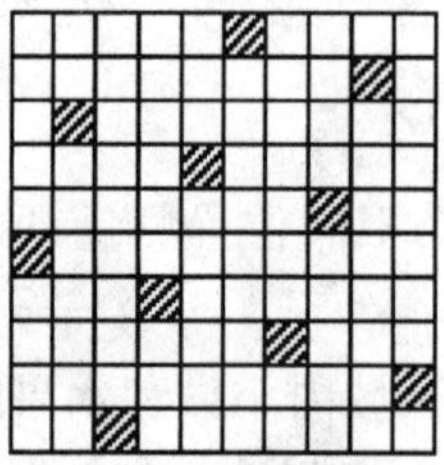		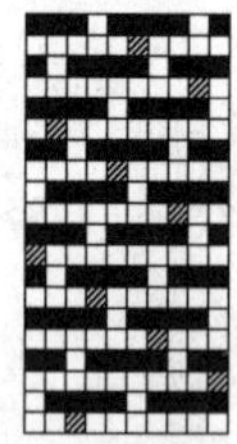
轮廓线	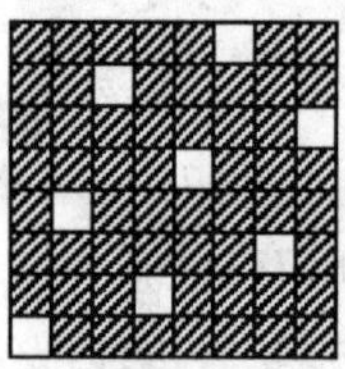	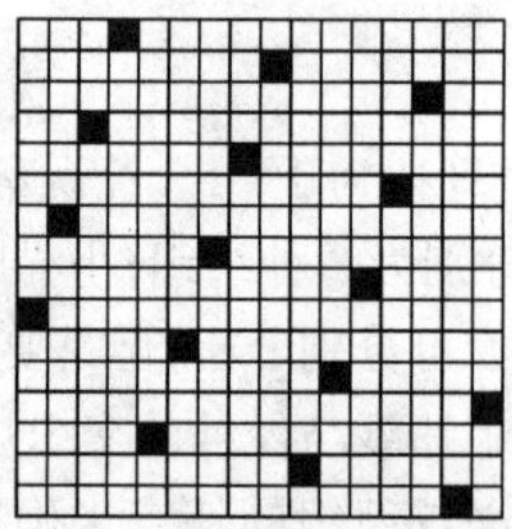	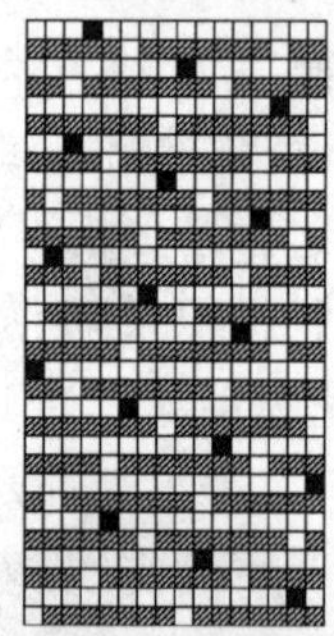
主地、小猫裙子地部、樱桃反光月牙等		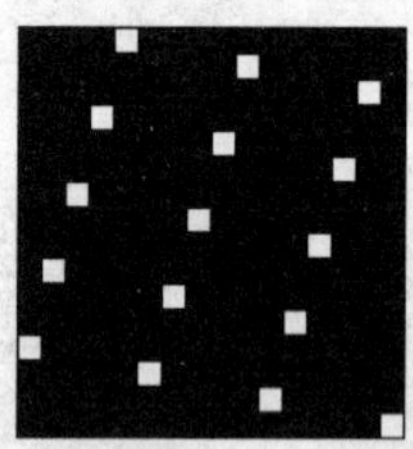	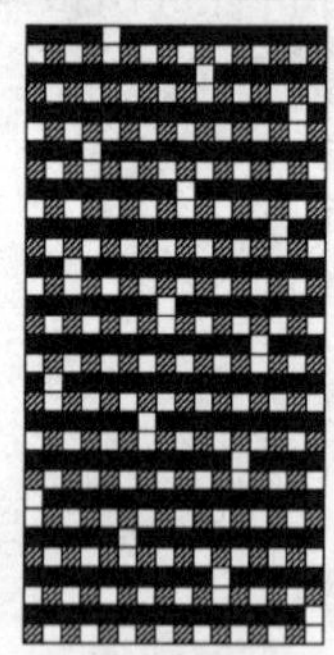
底纹一	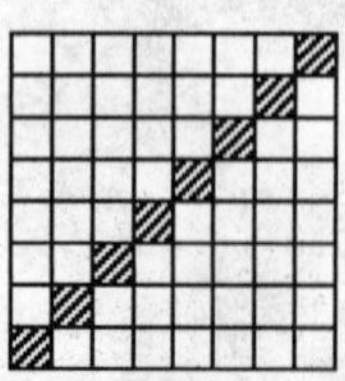		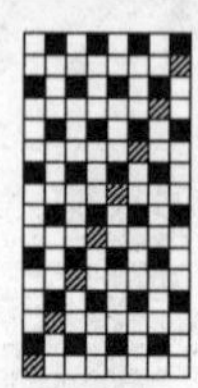
底纹二	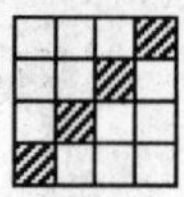		

5. 织物密度

用间接分析法，得到经纬密度为 64.5 根/cm×31.2 根/cm。

（二）上机规格设计

1. 纹针数、纹板数计算

$$纹针数=一个花纹循环经纱数=成品经密\times纹样宽=64.5\times37.2=2\ 399.4$$

修正为 2400 针。

$$纹板数=一花纬纱数=成品纬密\times纹样长=31.2\times16.1=502.3$$

修正为地组织循环纱线数和纬纱排列最小公倍数 4 的倍数，为 504。

2. 筘幅计算

筘幅需根据成品幅宽与织造和染整缩率确定。全幅 4 花，成品内幅为 149 cm，外幅为 150 cm，纬向织缩率取 5%，则

$$筘内幅=\frac{成品内幅}{1-纬向织缩率}=\frac{149}{1-5\%}=156.8\ \text{cm}$$

3. 筘号与穿入数

$$筘号=\frac{上机经密}{穿入数}=\frac{成品经密\times(1-纬向织缩率)}{穿入数}=\frac{64.5\times(1-5\%)}{4}=15.3$$

取 15.5 齿/cm。

根据本面料密度和组织特点，可选择 4 穿入。

4. 总经根数

$$内经根数=纹针数\times花数=2400\times4=9600$$
$$边经根数=边幅\times边经密=0.5\times64.5=32.3$$

边经密取与内经密相等，4 穿入，取每边 32 根，则

$$总经根数=内经根数+边经根数=9600+32\times2=9664$$

（三）纹织工艺设计

1. 样卡设计

根据生产厂家的织机装造条件和本面料使用的纹针数，可选用 2688 号电子提花机，●为实用纹针，◎为边针，◆为选纬针。纹针样卡设计如图 4-21 所示。

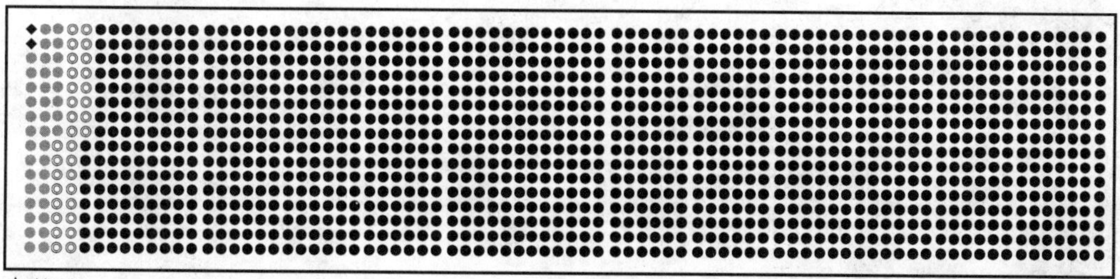

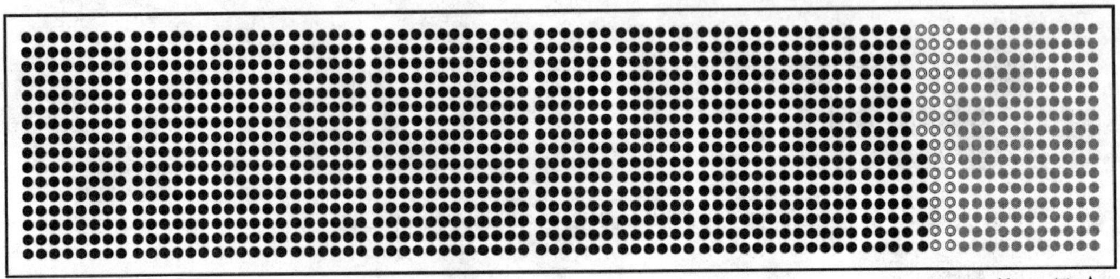

↑ 第85行　　　　　　　　　　　　　　　　　　　　　　第168行 ↑

图 4-21　纬二重提花织物样卡安排

2. 通丝数计算

$$通丝把数=纹针数=2400$$

$$每把通丝数=花数=4$$

3. 目板规划

$$目板穿幅=钢筘内幅+2=156.84+2=158.8\ cm$$

电子提花机一般不设空行，行密由行列数和幅宽决定。

$$目板列数=提花机本身所具有的列数=16$$

$$目板总行数=\frac{内经根数}{目板列数}=\frac{9600}{16}=600$$

$$每花目板行数=\frac{纹针数}{目板列数}=\frac{2400}{16}=150$$

$$目板行密=\frac{目板总行数}{目板穿幅}=\frac{600}{158.84}=3.8\ 行/cm$$

目板采用一顺穿。

4. 纵横格数与意匠比

$$纵格数=纹针数=2400$$

横格数分两种情况。第一种为 1 个横格对应 1 根纬纱，对应组织如表 4-4 中组合组织。

$$横格数=纹板数=504$$

绘制意匠图时取 252 个横格，修完图再放大 2 倍到 504 格。

第二种为 1 个横格对应一组纬纱，即 2 根纬纱，生成纹板时两种纬纱的对应组织分别如表 4-4 中甲纬组织和乙纬组织。

$$横格数=\frac{纹板数}{2}=252$$

$$展开前意匠比=\frac{成品经密}{成品纬密/纬重数}\times 8=\frac{64.5}{31.2/2}\times 8=33.1，取八之三十三的意匠纸$$

$$展开后意匠比=\frac{成品经密}{成品纬密}\times 8=\frac{64.5}{31.2}\times 8=16.5，取八之十七的意匠纸$$

5. 设色与勾边

意匠设四色，勾图采用自由勾边。

案例二:纬三重大提花织物仿样设计

4-3-2 纬三重大提花织物

(一) 织物规格分析

1. 正反面、经纬向

(1) 利用正面花型清晰、饱满来确定正反面。

(2) 利用经细纬粗、纬重织物含一组经纱和多组纬纱来确定经纬向。

2. 经纬纱线规格及排列

经:72.2 dtex(65 den)白色涤纶网络丝。

纬:133.3 dtex(120 den)涤纶丝,白(甲):黄(乙):蓝(丙)=1:1:1。

3. 纹样长宽

纹样长宽即一个循环(一个回头)的尺寸,图4-22所示虚线矩形框内为一个循环。

(1) 纹样长:经向完全相同的两点间距,至少取3个不同位置测量,取平均值,经测量为5.5 cm。

(2) 纹样宽:纬向完全相同的两点间距,至少取3个不同位置测量,取平均值,经测量为4.55 cm。

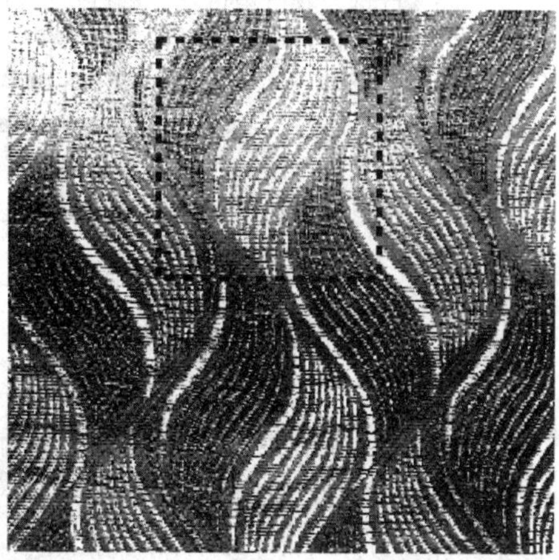

图4-22 纬三重提花织物

4. 组织

查找不同组织个数,分别分析。经分析,本面料有地部和3色纬花共4种组织。分析重纬织物组织时可分别分析每组纬纱与经纱的交织规律,再组合。首先分析地组织。通过分析知地组织属于经面组织。重纬组织里面的经面组织一般表纬的组织循环纱线数小于里纬,且为里纬的组织循环纱线数的约数,里纬的纬组织点都对应表纬的纬组织点。经分析,甲纬与经纱交织成8枚5飞经缎,背衬乙纬、丙纬分别与经纱交织成16枚经缎;甲纬纬花(白纬)与经纱交织成纬浮长,背衬乙纬、丙纬与经纱交织成16枚经缎;乙纬纬花(黄纬)与经纱交织成纬浮长,背衬甲纬与经纱交织成8枚经缎,丙纬与经纱交织成16枚经缎;丙纬纬花(蓝纬)与经纱交织成纬浮长,背衬甲纬与经纱交织成8枚经缎,乙纬与经纱交织成16枚经缎。这是典型的织锦缎组织,是纬三重的结构。组合时根据重纬织物的浮长掩盖和飞数关系,确定或检查其飞数和组织起点,比如8枚5飞经面缎纹若要与16枚经缎形成重纬关系,则其沿纬向的飞数相同,即沿纬向5飞、沿经向13飞,或沿纬向13飞(飞数之差为组织循环纱线数的倍数)、沿经向5飞,并且组织起点对应。各组织的正面、反面如图4-23所示,组合后的反面如图4-24所示。

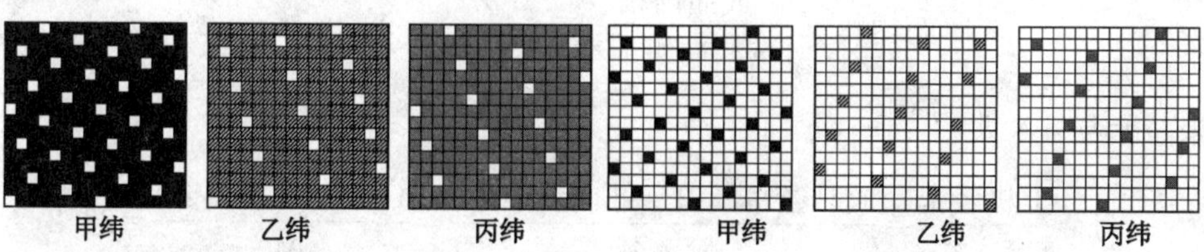

(a) 正面 (b) 反面

图4-23 纬三重提花织物组织

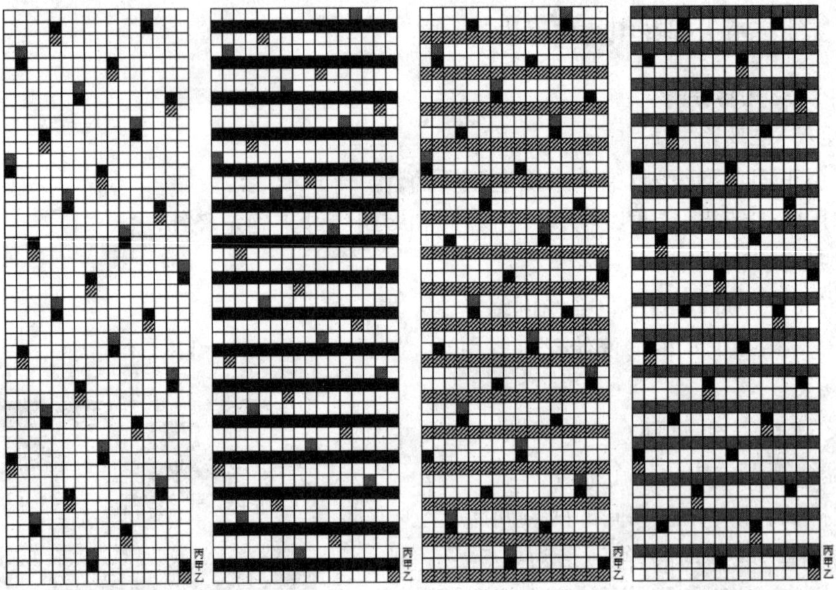

图 4-24　纬三重织物组合组织

5. 织物密度

找块面较大的组织，采用间接分析法。此面料反面的每组纬纱都为 16 枚纬面缎纹，可沿一根纬纱计数经组织点个数来确定经密。纬密测一组纬纱再乘 3 即可得到。经分析，本面料的经纬密度为(116.4×61.5)根/cm。

（二） 上机规格设计

1. 纹针数、纹板数计算

一个花纹循环经纱数＝成品经密×纹样宽＝116.4×4.55＝529.6，约 530。为了使提花机装造适用多品种花色织造，可将多个花纹循环作为 1 个花纹循环，如将 2 个花纹循环作为 1 个花纹循环，则纹针数＝530×2＝1060，修正为 16 的倍数，即 1056 针。

纹板数＝一花纬纱数＝成品纬密×纹样长＝61.5×5.5＝338.3，需修正为 48 的倍数，取 336 块。

2. 筘幅计算

筘幅需根据成品幅宽与织造和染整缩率确定。全幅 10 个大花纹循环，20 个小花纹循环，成品内幅 91 cm、外幅 92 cm。此面料所用原料为涤纶，主要组织为缎纹，纬向织缩率取 3%，则

$$筘内幅=\frac{成品内幅}{1-纬向织缩率}=\frac{91}{1-3\%}=93.8\ \text{cm}$$

3. 筘号与穿入数

$$筘号=\frac{上机经密}{穿入数}=\frac{成品经密\times(1-纬向织缩率)}{穿入数}=\frac{116.4\times(1-3\%)}{4}=28.2$$

取 28 齿/cm。

经分析，本面料的基础组织循环经纱数为 16，可选择 4 穿入。

4. 总经根数

$$内经根数=纹针数\times花数=1056\times10=10\ 560$$
$$边经根数=边幅\times边经密=0.5\times116.4=58.2$$

边经密取与内经密相等，4 穿入，取每边 56 根，则

$$总经根数=内经根数+边经根数=10\ 560+56\times2=10\ 672$$

（三）纹织工艺设计

1. 样卡设计

设计样卡时，可利用 Excel 表格，用每个格子代表一根纹针，用不同颜色填充代表不同类型的纹针。根据生产厂家的织机装造条件和本面料使用的纹针数，选用 1400 号机械式提花机，样卡分 3 段，每段整行数分别为 27、28、27，标明大孔和穿线孔的位置，均匀安排 1056 针实用纹针，●为实用纹针，◎为边针，⊙为绞边针，◆为选纬针。纹针样卡设计如图 4-25 所示。

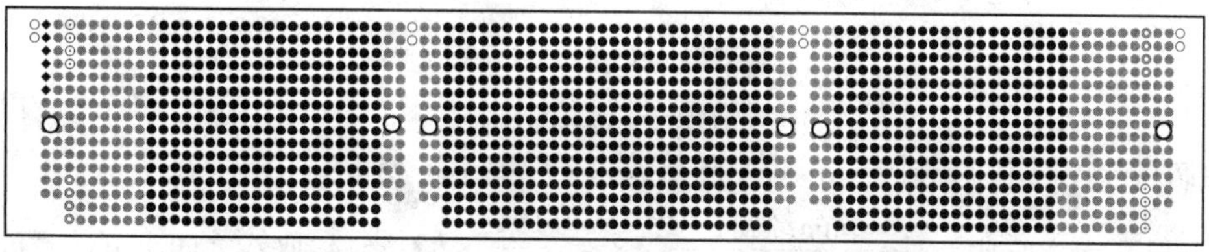

图 4-25　纬三重织物样卡安排

2. 通丝数计算

$$通丝把数=纹针数=1056$$
$$每把通丝数=花数=10$$

3. 目板规划

$$目板穿幅=钢筘内幅+2=93.8+2=95.8\ cm$$

机械式提花机的目板行密是固定的，一般为 3.2 行/cm，则

$$目板初定列数=\frac{上机经密}{目板行密}=\frac{116.4\times(1-3\%)}{3.2}=35.3$$

目板选用列数应大于初定列数，并且应为筘齿穿入数 4、花地组织循环纱线数 16 的倍数，最好是纹针数 1056 的约数，所以：

$$所用目板选定列数=48$$
$$目板实穿总行数=\frac{内经根数}{目板选用列数}=\frac{10\ 560}{48}=220$$
$$每花实穿行数=\frac{纹针数}{目板选用列数}=\frac{1056}{20}=22$$
$$每花所有行数=目板行密\times花幅=3.2\times9.1=29$$

余行均匀空出（近似穿 3 行空 1 行），目板 2 段 4 飞穿（经密较大织物采用分段飞穿法）。

目板规划如图 4-26 所示。

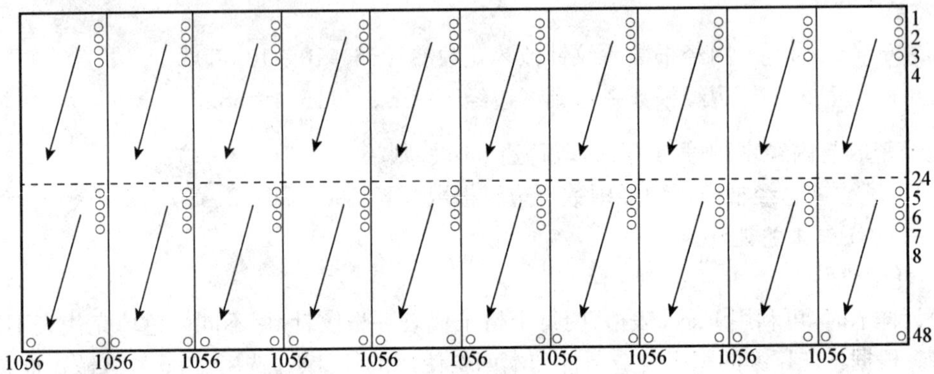

图 4-26　纬三重织物目板规划

4. 纵横格数与意匠比

$$纵格数=纹针数=1056$$
$$横格数=纹板数=336$$

绘制意匠图时取 112 个横格，修完图再放大 3 倍到 336 格。

$$展开前意匠比=\frac{成品经密}{成品纬密/纬重数}\times 8=\frac{1164}{615/3}\times 8=45.4$$，取八之四十五的意匠纸

$$展开后意匠比=\frac{成品经密}{成品纬密}\times 8=\frac{1164}{615}\times 8=15.1$$，取八之十五的意匠纸

5. 设色与勾边

意匠设四色，勾图采用自由勾边。

◆ 任务实施

每小组分析所发重纬提花面料并设计，要求进行织物规格分析、上机规格和纹织工艺设计，填写仿样设计任务单(表 4-5)。

表 4-5　重纬提花织物仿样设计任务单

<table>
<tr><td colspan="6">织物规格</td></tr>
<tr><td>经组合</td><td colspan="3"></td><td>经密(根/cm)</td><td></td></tr>
<tr><td rowspan="4">纬组合</td><td>甲纬组合</td><td colspan="2"></td><td>甲纬纬密(根/cm)</td><td></td></tr>
<tr><td>乙纬组合</td><td colspan="2"></td><td>乙纬纬密(根/cm)</td><td></td></tr>
<tr><td>丙纬组合</td><td colspan="2"></td><td>丙纬纬密(根/cm)</td><td></td></tr>
<tr><td>丁纬组合</td><td colspan="2"></td><td>丁纬纬密(根/cm)</td><td></td></tr>
<tr><td>纹样长(cm)</td><td></td><td>纹样宽(cm)</td><td></td><td>幅宽(cm)</td><td></td></tr>
</table>

续表

上机规格					
筘外幅		筘内幅		上机经密	
筘号		穿入数		上机纬密	
全幅花数		内经根数		边经根数	
纹织工艺					
正反织			装造类型		
纹针数			纹板数		
通丝把数			每把通丝数		
目板穿幅			目板列数		
目板实穿总行数			每花实穿行数		
目板行密			每花所有行数		
目板穿法					
意匠横格数			意匠纵格数		
样卡设计，组织、意匠设色与勾边说明					

◆ 相关知识

一、重纬大提花织物组织分析与组合

纬二重组织分析步骤：分析表层组织→分析里层组织→确定组织循环纱线数→调整其中一组的组织起点达到重纬效果→画出组合组织。

组合时的飞数要求：

排列比为1∶1，纬向飞数相同（向左或向右相等均可），或飞数之差为组织循环纱线数的约数，这样一组纬纱形成重纬结构，其他组纬纱也形成重纬结构。

如果排列比不是1∶1，则排列比×纬向飞数保持相同，或差值为组织循环纱线数的约数。

二、特殊组织在重纬提花织物中的应用

对于一些飞数和组织循环纱线数有公约数的组织，如10枚4飞缎纹、20枚8飞缎纹，在

单层织物中不可能使用，因为有些纱线始终不交织，但可以用在重纬织物的某一纬中，以减少组织循环纱线数，而原来不参与交织的纱线会与其他组的纬纱交织。

任务四 剪花提花织物仿样设计

知识目标：1. 剪花提花织物规格的分析方法。
2. 剪花提花织物上机规格的设计方法。
3. 剪花提花织物的纹织工艺设计方法。

能力目标：1. 能够分析来样剪花提花织物的基本规格。
2. 能够设计剪花提花织物的上机规格。
3. 能够设计剪花提花织物的纹织工艺。

剪花提花织物是采用两组或两组以上纬纱（或经纱），其中一组纬纱（或经纱）在花部和地部都与经纱（或纬纱）交织，另外的纬纱（或经纱）只在起花部分与经纱（或纬纱）交织而其他部分形成浮长线，下机之后将浮长线沿着花纹轮廓修剪掉而形成的，也称为修花提花织物。

◆ 情境引入

某大提花织物设计生产公司的设计师接到客户来样为剪花窗纱面料，客户要求按原样规格采购一定量的面料。试进行上机规格和纹织工艺设计。

◆ 任务分析

完成给定剪花提花织物的仿样设计，需完成以下工作：

(1) 分析该提花面料的经纬纱线原料、线型及排列比。
(2) 分析各基础组织。
(3) 测算织物经纬密度。
(4) 测量纹样尺寸。
(5) 计算筘幅、筘号。
(6) 计算总经根数等上机工艺。
(7) 设计纹针样卡。
(8) 进行目板规划设计。
(9) 进行意匠设计。

◆ 做中学、做中教

教师与学生同步完成给定提花面料的上机规格与纹织工艺设计，边讲边做，做中学、做中教。

案例一:等密剪花提花织物

等密剪花提花织物是指织物的经密和纬密没有变化。

(一) 织物规格分析

1. 正反面、经纬向

(1) 利用正面花型清晰、饱满来确定正反面。

(2) 窗纱通常为横挂,花纹纵向即为纬向,并且为了提高提花装造的适用性,剪花窗纱面料一般采用重纬结构,由布边确定织物的经纬向。

2. 经纬纱线型及排列

经:33.3 dtex(30 den)白色涤纶丝。

地纬:(甲纬)33.3 dtex(30 den)粉红色涤纶丝。

剪花纬:166.7 dtex(150 den)涤纶丝紫色(乙纬)、浅粉色(丙纬),77.8 dtex(70 den)金属丝+33.3 dtex(30 den)白色涤纶丝+33.3 dtex(30 den)白色涤纶丝(丁纬)。

3. 纹样长宽

纹样长宽即一个循环(一个回头)的尺寸。图 4-27 所示的矩形虚线框内为一个循环(一个回头)。

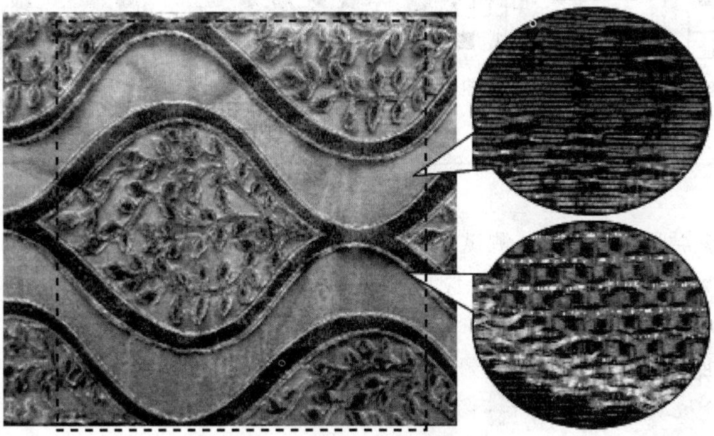

图 4-27　等密剪花提花织物

(1) 纹样长:经向完全相同的两点间距,至少取 3 个不同位置测量,取平均值,经测量为 37.2 cm。

(2) 纹样宽:纬向完全相同的两点间距,至少取 3 个不同位置测量,取平均值,经测量为 35.2 cm。

4. 纱线排列

经纱只有 1 种,纬纱 4 种,因为要保证地部密度的均匀一致和织物的牢固性,每织入 1 根其他纬纱都要织入 1 根地纬,通过拆纱分析,4 种纬纱的排列为甲 1 : 乙 1 : 甲 1 : 丙 1 : 甲 1 : 丁 1 : 甲 1 : 丙 1。

5. 织物组织

剪花提花织物的主要特点是织造完成后需要将浮长修剪掉,需要通过分析成品组织并根据纬纱排列画出上机组织。

观察织物共有 5 种组织，其中地部 2 种组织，主花内部（银紫色）为 1 种组织，主花轮廓（淡粉色）为 1 种组织，包边为 1 种组织。地组织分别是平纹和透孔组织。观察剪掉纬纱的边缘，剪掉纬纱在没有修剪之前是沉在织物正面下的纬浮长，故上机组织要加入剪掉纬纱的纬浮长。主花内部，甲纬保持平纹交织，乙纬和丁纬组合成 10 枚 6 飞纬面缎纹，丙纬为正面 10 枚 4 飞纬面缎纹，使织物正面呈现紫色纱线和银丝纬面效果。主花边缘，甲纬保持平纹交织，丙纬为 10 枚 6 飞纬面缎纹，乙纬和丁纬组合成正面$\frac{1}{4}$左斜纹，使织物正面呈现浅粉色纬纱纬面效果。包边由甲纬和其他三种纬纱交织成平纹。各组织见表 4-6。

表 4-6　等密剪花提花织物的组织分析（反面上机）

地部组织 1	地部组织 2	主花内部	主花边缘	包边
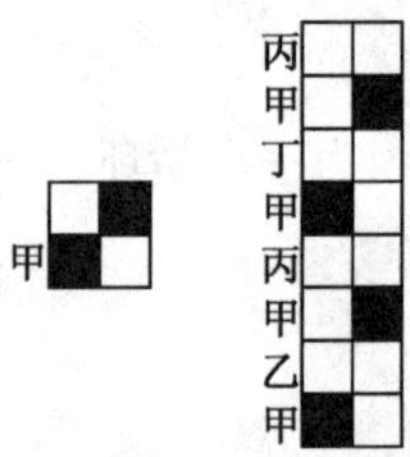 成品组织　上机组织	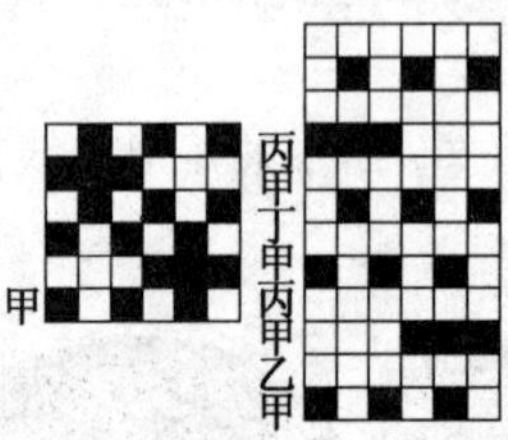 成品组织　上机组织	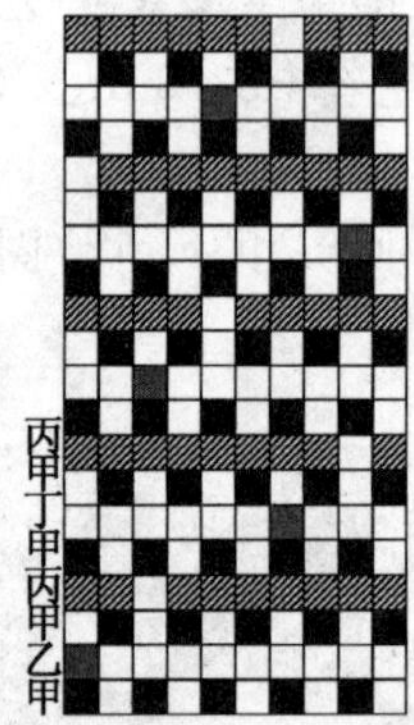	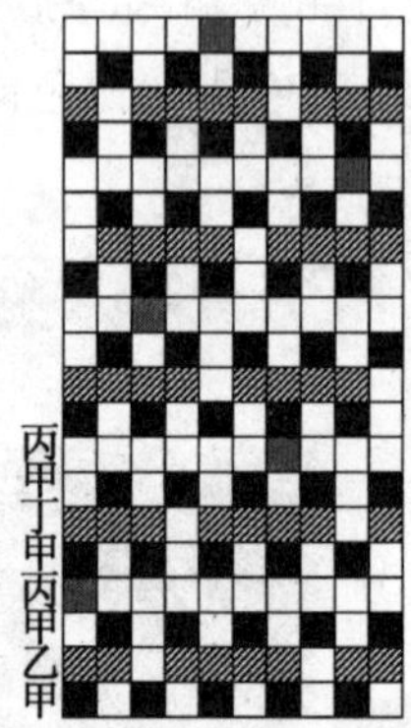	

6. 织物密度

根据主花组织循环经纱数 10，测试 20 个循环长 5.95 cm，则经密＝(10×20)/5.95＝33.6 根/cm。利用纬纱排列分析，循环纬纱数为 8，测量丙纬（或乙纬、丁纬）出现 35 次长 6.5 cm，则纬密＝(8×35)/6.5＝43.1 根/cm。

（二） 上机规格设计

1. 纹针数、纹板数计算

纹针数＝一个循环的经纱数＝纹样宽度×经密＝35.2×33.6＝1183，修正为地组织循环经纱数的整数倍，选用常用纹针 1200 针，则经密修正为 1200/35.2＝34.1 根/cm。

纹板数＝一个循环的纬纱数＝纹样长度×纬密＝37.2×43.1＝1 603.3，修正为地组织循环纬纱数的倍数 1600。

筘幅、筘号与穿入数、总经根数的计算同前文。

（三） 纹织工艺设计

样卡设计、通丝数计算、目板规划同前文。

1. 纵横格数与意匠比

$$纵格数＝纹针数＝1200$$

$$横格数＝纹板数＝1600$$

$$意匠比＝\frac{成品经密}{成品纬密}\times 8＝\frac{33.6}{43.1}\times 8＝6.2，取八之六的意匠纸$$

2. 设色、轧孔与勾边

意匠图设 5 色，每个颜色对应相应的上机组织，辅助针轧孔方式如图 4-28 所示，平纹勾边。

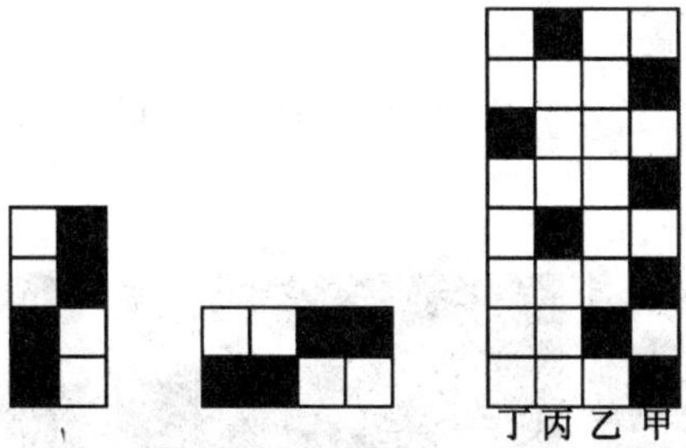

（a）边组织　（b）绞边组织　（c）选纬组织

图 4-28 辅助针

案例二：不等密剪花提花织物

不等密剪花提花织物是指经密或纬密有变化的织物。

（一） 织物规格分析

1. 正反面、经纬向分析

同等密剪花提花织物。

2. 经纬纱线型及排列

经：33.3 dtex(30 den)白色涤纶丝。

地纬：33.3 dtex(30 den)白色涤纶丝(甲纬)。

剪花纬(色纬)：333.3 dtex(300 den)红色涤纶丝(乙纬)，与乙纬同线密度的黑色涤纶丝(丙纬)，77.8 dtex(70 den)银色金属丝＋33.3 dtex(30 den)白色涤纶丝×2(丁纬)，77.8 dtex(70 den)彩色金属丝＋33.3 dtex(30 den)白色涤纶丝×2(戊纬)。

3. 纹样长宽

纹样长宽即一个循环(一个回头)的尺寸。图 4-29 所示为一个循环(一个回头)。

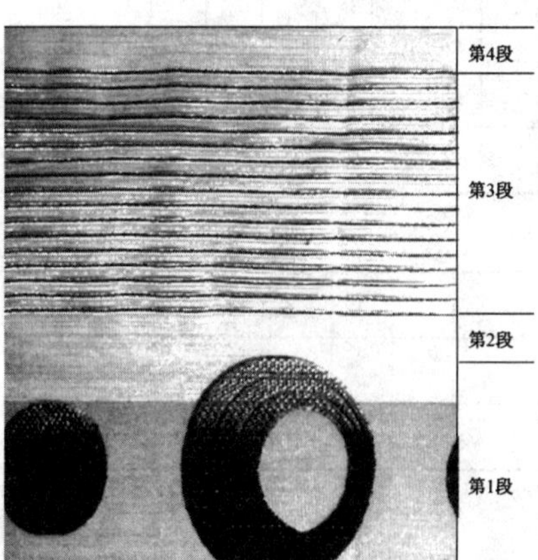

图 4-29　不等密剪花提花织物

(1) 纹样长：不等密剪花提花织物需要根据不同纬密处的纬纱排列分段分析设计，4 段长度分别为 16.7、3.4、19.4、3.4 cm，共 42.9 cm。

(2) 纹样宽：纬向完全相同的两点间距，至少取 3 个不同位置测量，取平均值，经测量为 35.6 cm。

4. 纬纱排列、组织、纬纱密度

将织物局部放大(图 4-30)，经分析发现本面料沿纬向不同段有不同的纬纱排列，对应不同的组织。

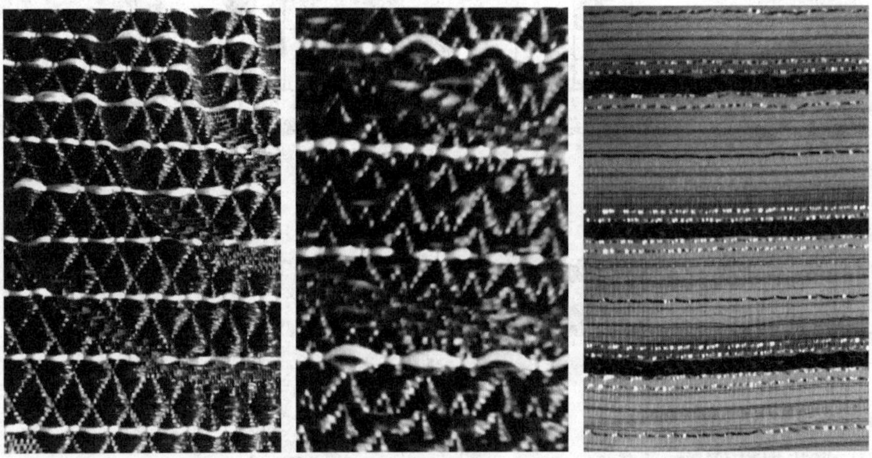

小椭圆　　空心大椭圆　　金属丝横条处

图 4-30　织物局部放大图

分段分析如下：

第 1 段地纬与色纬 1∶1 排列，形成纬二重结构，共有 4 种组织，再加大小椭圆上的花切间丝，色纬排列是乙纬和丙纬逐渐过渡，如表 4-7 所示，排列循环为 364 根，这时纬密＝364×2/16.7＝43.6 根/cm。

表 4-7　色纬循环

乙纬(红色)排列	1		1		1		1		1		1		1		1		1		1		1	
丙纬(黑色)排列		19		16		15		14		12		10		8		5		4		3		2
排列循环	×1		×2		×2		×2		×2		×2		×1		×3		×4		×4		×5	

乙纬(红色)排列	1		2		3		4		5		6		7		8		10		11	
丙纬(黑色)排列		1		1		1		1		1		1		1		1		1		1
排列循环	×5		×5		×4		×3		×2		×2		×1		×1		×1		×1	

5. 意匠绘制与纹板轧法

选纬针轧法可以用实用纹针的轧孔方式完成，在画好的意匠图左侧或右侧加入 5 个纵格，分别代表 5 种纬纱，在乙纬和丙纬对应的纵格上用一种颜色输入纬纱排列，在生成纹板时分别对应轧孔或不轧孔组织。

第 2 段只有地纬，组织与第 1 段地部对应的地纬组织相同，为了保持地纬密度一致，纬密应为第 1 段的一半，即 21.8 根/cm，则纬纱数＝21.8×3.4＝74.1 根，修正为组织循环纱线数 4 的倍数 76 根。

第 3 段为横条，纬纱排列为 2 丁 3 丙 2 丁 9 甲 1 戊 9 甲，选纬循环 26。根据选纬循环测量纬密与地部相同为 21.8 根/cm，都为单层结构，组织分别为：地纬同第 2 段，黑纬 $\frac{1}{3}$ 左斜纹，银丝和彩丝都为平纹。纬纱数为 21.8 根/cm×19.4 cm＝423，为了保持地部连续修正为 424 根。意匠轧法见表 4-8。

表 4-8　不等密剪花提花织物意匠轧法

	地部组织	主花组织	主花上的椭圆纹	主花间丝	包边、布边	间丝花纹
色纬			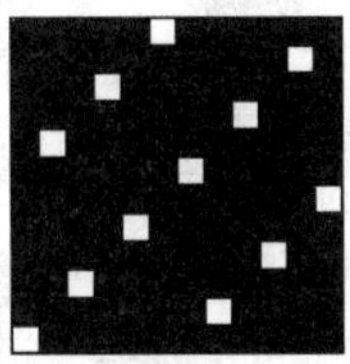			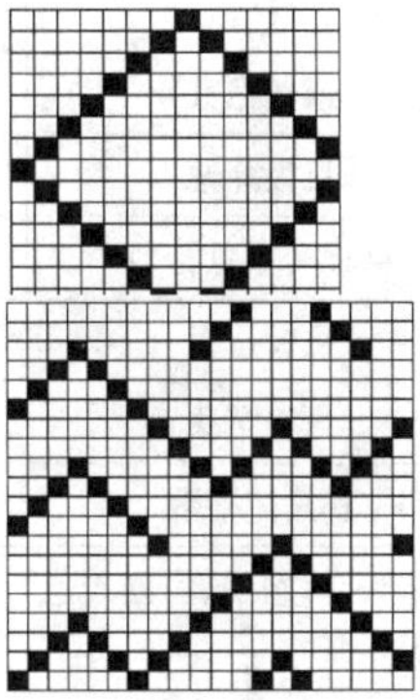
地纬						

6. 经密测量

利用第 1 段小椭圆上的底纹循环，测得 8 个循环长 3.4 cm，则经密＝(8×14)/3.4＝32.9 根/cm。

（二）上机规格设计

1. 纹针数、纹板数计算

纹针数＝一个循环的经纱数＝纹样宽度×经纱密度＝35.6×32.9＝117.1，修正为地组织循环经纱数的倍数，并选用常用纹针 1200 针，则修正经密为 1200/35.6＝33.7 根/cm，或修正花幅为 1200/32.9＝36.5 cm。

纹板数为各段纹板数之和＝728＋76＋424＝76＝1304 块，可分别生成纹板再串联。

筘幅计算、筘号与穿入数、总经根数计算同前文。

（三）纹织工艺设计

样卡设计、通丝数计算、目板规划同前文。

意匠处理：4 段分别意匠，但要注意辅助针选用的统一。

◆ 任务实施

每小组分析所发剪花提花面料并设计，要求进行织物规格分析、上机规格和纹织工艺设计，填写仿样设计任务单(表 4-9)。

表 4-9 剪花提花织物仿样设计任务单

织物规格					
经组合				经密（根/cm）	
纬组合				纬密（根/cm）	
纹样长（cm）		纹样宽（cm）		幅宽（cm）	
上机规格					
筘外幅		筘内幅		上机经密	
筘号		穿入数		上机纬密	
全幅花数		内经根数		边经根数	
纹织工艺					
正反织		装造类型			
纹针数		纹板数			
通丝把数		每把通丝数			
目板穿幅		目板列数			
目板实穿总行数		每花实穿行数			
目板行密		每花所有行数			
目板穿法					
意匠横格数		意匠纵格数			
样卡设计，组织、意匠设色与勾边说明					

任务五 双层提花织物仿样设计

知识目标： 1. 双层提花织物规格的分析方法。
2. 双层提花织物上机规格的设计方法。
3. 双层提花织物纹织工艺的设计方法。

能力目标： 1. 能够分析来样双层提花织物的基本规格。
2. 能够设计双层提花织物的上机规格。
3. 能够设计双层提花织物的纹织工艺。

◆ 情境引入

某大提花织物设计生产公司设计师接到客户来样为双层高花提花服用面料，客户要求按原样规格采购一定量的面料。试进行上机规格和纹织工艺设计。

◆ 任务分析

完成给定双层提花织物的仿样设计，需完成以下工作：

(1) 分析该提花面料的经纬纱线。

(2) 分析各花、地组织。

(3) 测算织物经纬密度。

(4) 测量纹样尺寸。

(5) 上机参数计算。

(6) 织物质量计算。

(7) 设计纹针样卡。

(8) 规划目板穿法。

(9) 进行意匠绘制及轧法设计。

◆ 做中学、做中教

教师与学生同步完成给定提花面料的上机规格与纹织工艺设计，边讲边做，做中学、做中教。

案例一：高花双层大提花织物仿样设计

(一) 织物规格分析

1. 正反面、经纬向

(1) 利用正面花型清晰、饱满来确定正反面。

(2) 利用经细纬粗、布边来确定织物的经纬向。

2. 经纬纱线规格及排列

用比较法初步确定经纱为 111.1 dtex(100 den)涤纶网络丝；纬纱 2 种，甲纬 166.7 dtex(150 den)涤纶网络丝，乙纬 590.5 dtex×2(10^S/2)棉纱。

图 4-31 双层提花织物

3. 纹样长宽

(1) 纹样长：经向完全相同的两点间距，至少取 3 个不同位置测量，取平均值，经测量为 13.1 cm。

(2) 纹样宽：纬向完全相同的两点间距，至少取 3 个不同位置测量，取平均值，经测量为 8.7 cm。

4. 纱线排列与组织

本面料有 1 种经纱、2 种纬纱，可从花型凹陷处进行拆纱分析，得到甲纬∶乙纬为 3∶1。经过观察，本面料有 4 种组织：最突出的高花部分为 1 种组织，突出花纹上面的凹陷处为 1 种组织，地部有 2 种组织(其中空地为 1 种组织，网状底纹为 1 种组织)。

(1) 高花部分组织分析。

① 经初步观察，从面料的裁剪边缘可以看出此部分组织为双层填芯组织，乙纬为填芯。

② 表里层经纬纱排列比(注意表里层排列比与纱线排列比不同,同种经纱、同种纬纱也可以织出双层效果)可以通过计数局部表层经纱和里层经纱的根数来确定,表经∶里经$=b_j:l_j=3:1$,表纬∶填芯纬∶里纬$=b_w:z_w:l_{wj}=2:1:1$。

③ 表层组织为5枚2飞经面缎纹,里层为平纹。

④ 组合组织循环经纬纱数确定。

$$R_j=\frac{R_{表j}\text{ 与 }b_j\text{ 的最小公倍数}}{b_j}\text{ 与 }\frac{R_{里j}\text{ 与 }l_j\text{ 的最小公倍数}}{l_j}\text{ 的最小公倍数}\times(b_j+l_j)$$

$$=\frac{5\text{ 与 }3\text{ 的最小公倍数}}{3}\text{ 与 }\frac{2\text{ 与 }1\text{ 的最小公倍数}}{1}\text{ 的最小公倍数}\times(3+1)$$

$$=40$$

$$R_w=\frac{R_{表w}\text{ 与 }b_w\text{ 的最小公倍数}}{b_w}\text{ 与 }\frac{R_{中w}\text{ 与 }z_w\text{ 的最小公倍数}}{l_w}\text{ 与 }\frac{R_{里w}\text{ 与 }l_w\text{ 的最小公倍数}}{l_w}\text{ 的最小公倍数}\times(b_w+z_w+l_w)$$

$$=\frac{5\text{ 与 }2\text{ 的最小公倍数}}{2}\text{ 与 }\frac{1\text{ 与 }1\text{ 的最小公倍数}}{1}\text{ 与 }\frac{2\text{ 与 }1\text{ 的最小公倍数}}{1}\text{ 的最小公倍数}\times(2+1+1)=40$$

⑤ 画出组织循环方格,标出经纬纱位置(注意起始纱线,里经夹在4根中间穿入同一筘齿,如表、表、里、表,筘痕最少)→绘制表层组织→绘制里层组织→绘制表里关系(表层经纱始终在里层纬纱和填芯纬纱之上)。图4-32所示为反织组织。

(2) 地部组织。经分析,地部表里层都是平纹,乙纬填芯。地部反织组织如图4-33(a)所示。

(3) 地部纹路组织。观察地部纹路组织,其主要作用是将地部的空心袋结构连接起来,美观的同时加固地部,在地部组织的基础上将里纬提升到织物表面,其反织组织如图4-33(b)所示。

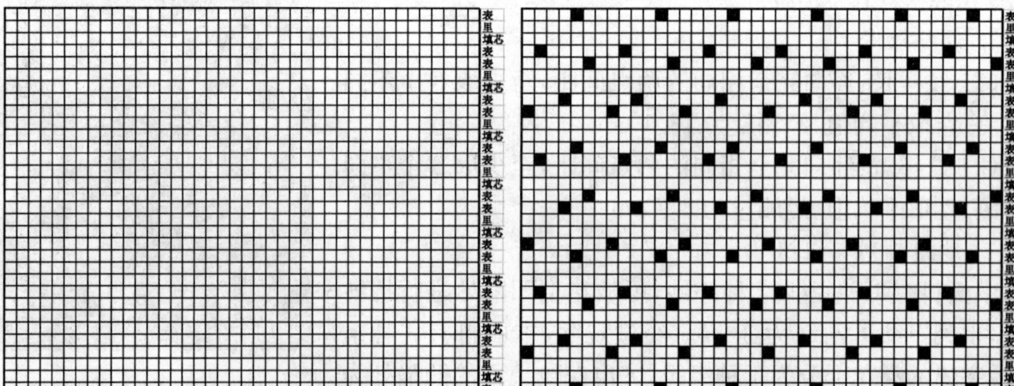

(a) 画出组织循环方格,标出经纬纱位置　　(b) 绘制表层组织

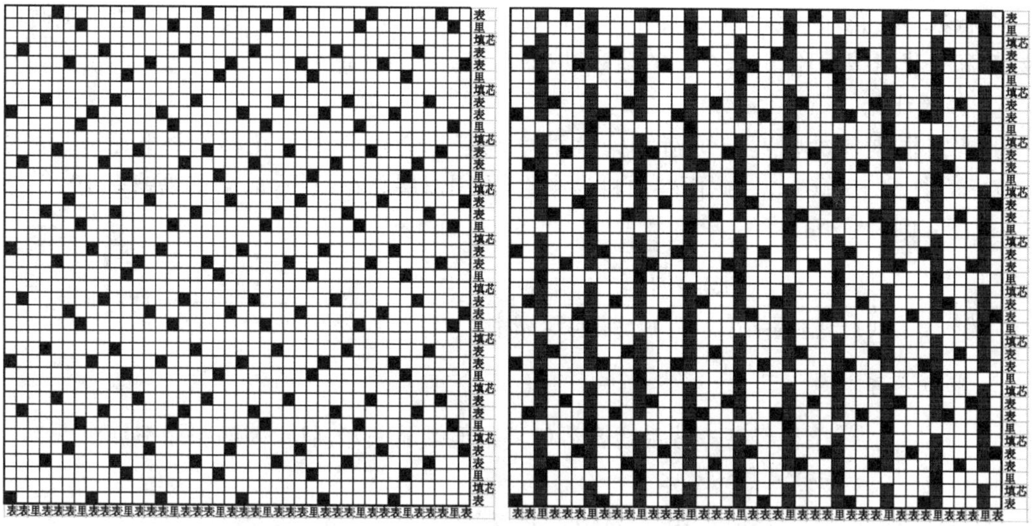

（c）绘制里层组织　　　　（d）绘制表里关系

图 4-32　高花部分组织绘制

（4）高花凹陷处组织。从表层看到表纬以平纹交织，里纬以$\frac{1}{3}$与经纱交织。从反面可看到里纬以$\frac{3}{1}$与经纱交织，填芯纬以$\frac{1}{3}$与经纱交织，与里纬形成重平关系。反织组织如图4-33(c)所示。

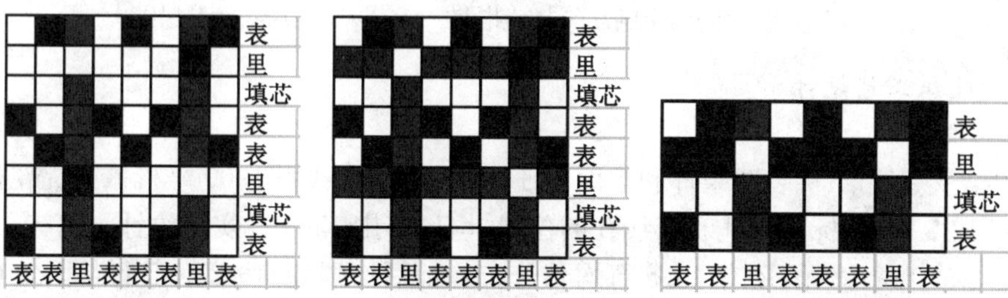

（a）地部　　（b）地部纹路　　（c）高花凹陷处

图 4-33　其他组织

5. 经纬密度

采用间接分析法，经密可通过计数高花凹陷处组织中里纬上的经组织点个数来测量，每个经组织点间隔 4 根经纱，测得经密为 60.7 根/cm。纬密可在纬纱丝缨处计数高花组织表层的 5 枚缎纹个数或者从反面数里层的纬纱根数来测量，得纬密为 48.8 根/cm。

（二）上机规格设计

1. 纹针数、纹板数计算

一个花纹循环的经纱数＝成品经密×纹样宽＝60.7×8.7＝528.1，为了使提花机适用范围扩大，可将多个花纹循环作为一个大花纹循环，如一个大花纹循环可织 3 个小花纹循环，则纹针数＝528.1×3＝1 584.3，修正为地组织循环经纱数 8 和主花组织循环经纱数 40 的倍数，取 1560 针。

纹板数＝一花纬纱数＝成品纬密×纹样长＝48.8×13.1＝639.3，需修正为地组织循环纬纱数8和主花组织循环纬纱数40的倍数，取640块。

2. 筘幅计算

筘幅需根据成品幅宽与织造和染整缩率确定。全幅6个大花，18个小花，成品内幅155.7 cm、外幅157.0 cm。此面料原料为涤纶，采用双层高花组织，取染整幅缩率10%、纬向织缩率5%，则

$$筘内幅=\frac{成品内幅}{(1-整幅缩率)\times(1-纬向织缩率)}=\frac{155.7}{(1-10\%)\times(1-5\%)}=182.1\ \text{cm}$$

3. 筘号与穿入数

$$筘号=\frac{上机经密}{穿入数}=\frac{成品经密\times(1-染整幅缩率)\times(1-纬向织缩率)}{穿入数}$$

$$=\frac{60.7\times(1-10\%)\times(1-5\%)}{4}$$

$$=13.0，取13齿/\text{cm}$$

4. 总经根数

内经根数＝纹针数×花数＝1560×6＝9360

边经根数＝边幅×边经密＝0.65×60.7＝39.5

边经密取与内经密相等，4穿入，取每边40根，则

总经根数＝内经根数＋边经根数＝9360＋40×2＝9440

（三）纹织工艺设计

1. 样卡设计

根据生产厂家的织机装造条件和本面料使用的纹针数，选用1900号机械式提花机。样卡分4段，每段27整行，标明大孔和穿线孔的位置，均匀安排1560针实用纹针。1560/16＝97.5行，中间2段54整行全用，还有43.5行均匀分布在前后2段，每段21.75行，即21行12列，●为实用纹针，◎为边针，⊙为绞边针，◆为选纬针。纹针样卡设计如图4-34所示。

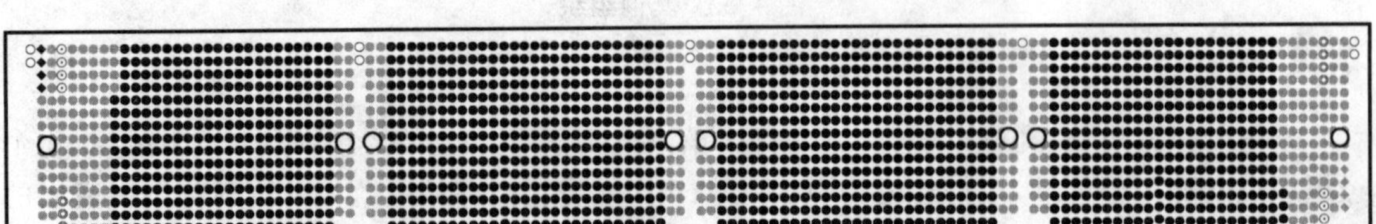

图4-34 双层提花织物样卡安排

2. 通丝数计算

通丝把数＝纹针数＝1560

每把通丝根数＝花数＝6

3. 目板规划

选用 1900 号机械式提花机进行织造。

$$目板穿幅=筘内幅+2=182.1+2=184.1\ \text{cm}$$

机械式提花机的目板行密是固定的，一般为 3.2 行/cm。

$$目板初定列数=\frac{上机经密}{目板行密}=\frac{51.9}{3.2}=16.2$$

目板选用列数大于初定列数，并且应为筘齿穿入数 4 的倍数，最好是纹针数 1560 的约数，所以

$$目板选用列数=24$$

$$目板实穿总行数=\frac{内经根数}{目板选用列数}=\frac{9360}{24}=390$$

$$每花实穿行数=\frac{纹针数}{目板选用列数}=\frac{1560}{24}=65$$

$$每花所有行数=目板行密\times花幅=3.2\times26.25=84$$

余行均匀空出(近似穿 3 行空 1 行)，目板 2 段 4 飞穿。图 4-35 所示为目板规划。

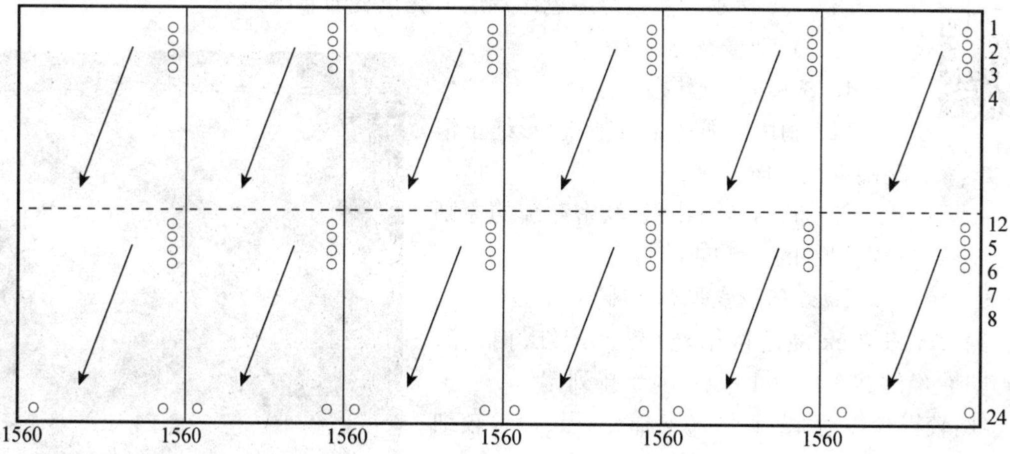

图 4-35 双层提花织物目板规划

4. 纵横格数与意匠比

纵格数=纹针数/3=1560/3=520

横格数=纹板数=640(绘制意匠图时取 160 个横格，修完图再放大 4 倍到 640 格)

$$展开前意匠比=\frac{成品经密}{成品纬密/纬重数}\times8=\frac{60.7}{48.8/3}\times8=29.9$$，取八之三十的意匠纸

$$展开后意匠比=\frac{成品经密}{成品纬密}\times8=\frac{60.7}{48.8}\times8=10.0$$，取八之十的意匠纸

5. 意匠编辑设色、轧孔与勾边

意匠设 4 色，勾图采用自由勾边，具体见表 4-10。

表 4-10　双层提花织物意匠轧法

	组织或轧法
意匠颜色 1	高花展开组织
意匠颜色 2	地部组织
意匠颜色 3	地部纹路组织
意匠颜色 4	花型凹陷处组织
边针	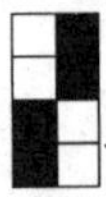 $\frac{2}{2}$经重平
绞边针	 2针控制1根绞边经
选纬针	 2针控制1纬 乙乙甲甲

案例二：多色经多色纬双层大提花织物仿样设计

4-5-1 多色经多色纬双层大提花织物分析与设计

图 4-36 所示为多色经多色纬双层大提花装饰靠垫。

（一）织物规格分析

1. 正反面、经纬向

(1) 利用正面花型清晰、色彩纯正情况确定正反面。

(2) 利用经细纬粗、经密纬疏的原则确定织物的经纬向。

2. 经纬纱线规格及排列

经：277.8 dtex 涤纶网络丝（黑、黄、红、白、蓝、绿）。6 色经纱按 1∶1∶1∶1∶1∶1 排列。

纬：较粗纬纱为 59.1×2 tex 棉纱（黑、白），较细纬纱为 133.3 dtex 涤纶丝。三种纬纱按 1∶1∶1 排列。

图 4-36　多色经多色纬双层大提花织物

3. 纹样长宽

纹样长宽即一个循环（一个回头）的尺寸，如图 4-36 所示的矩形靠垫独立纹样。

(1) 纹样长：经向完全相同的两点间距，至少取 3 个不同位置进行测量，取平均值，结果为 5.5 cm。

(2) 纹样宽：纬向完全相同的两点间距，至少取 3 个不同位置进行测量，取平均值，结果为 4.6 cm。

4. 织物组织

查找不同组织个数，分别分析。可用“色经/色纬”的形式来表述经纬纱的交织规律，了解组织设计方法有助于快速准确地分析织物组织，如图 4-37 所示，■为表层经组织点、■为里层经组织点、☒为表经与里纬交织、▨为增强浮长、⬚为减短浮长或表经沉下的纬组织点、▩为里经提上的接结点。织物组织可分为以下几种：

（1）这种织物最典型的组织如图 4-37(a)～(h)所示，两种经纱与一粗一细两种纬纱在表层交织，其他经纬纱在里层交织，表层经纬纱显示表面颜色，其中，压住粗纬的经纱浮长更长，故颜色更浓一些。有时压粗纬的经纱有两种或两种以上，如图 4-37(i)～(m)所示。

（2）为了让某种颜色显色更多，可以利用加长浮长来实现，如图 4-37(n)、(o)所示增加黑色和红色经纱的浮长，让织物表面的黑色和黄色更多、更纯。同理，可以减短浮长，让某种颜色很淡，如图 4-37(p)所示，织物表层显示很浅的蓝色。

（3）纯黑、纯白组织，采用表层一种经纱、一种纬纱交织，细纬夹心，其他经纬纱在里层交织，如图 4-37(q)、(r)。

（4）当块面大时需要加接结点，一般采用两种方式。第一种为里层经纱提到表层细纬之上，如图 4-37(s)、(n)所示。加接结点后，为了掩盖接结点，可尽量选择与细纬和表经接近的经纱提升，如图 4-37(s)所示选择蓝经提升，如果选择黄色提升到黑色细纬之上，则更容易暴露接结点。第二种是纯黑、纯白组织，采用细纬夹心，上接表经，下接里经，如图 4-37(t)所示。

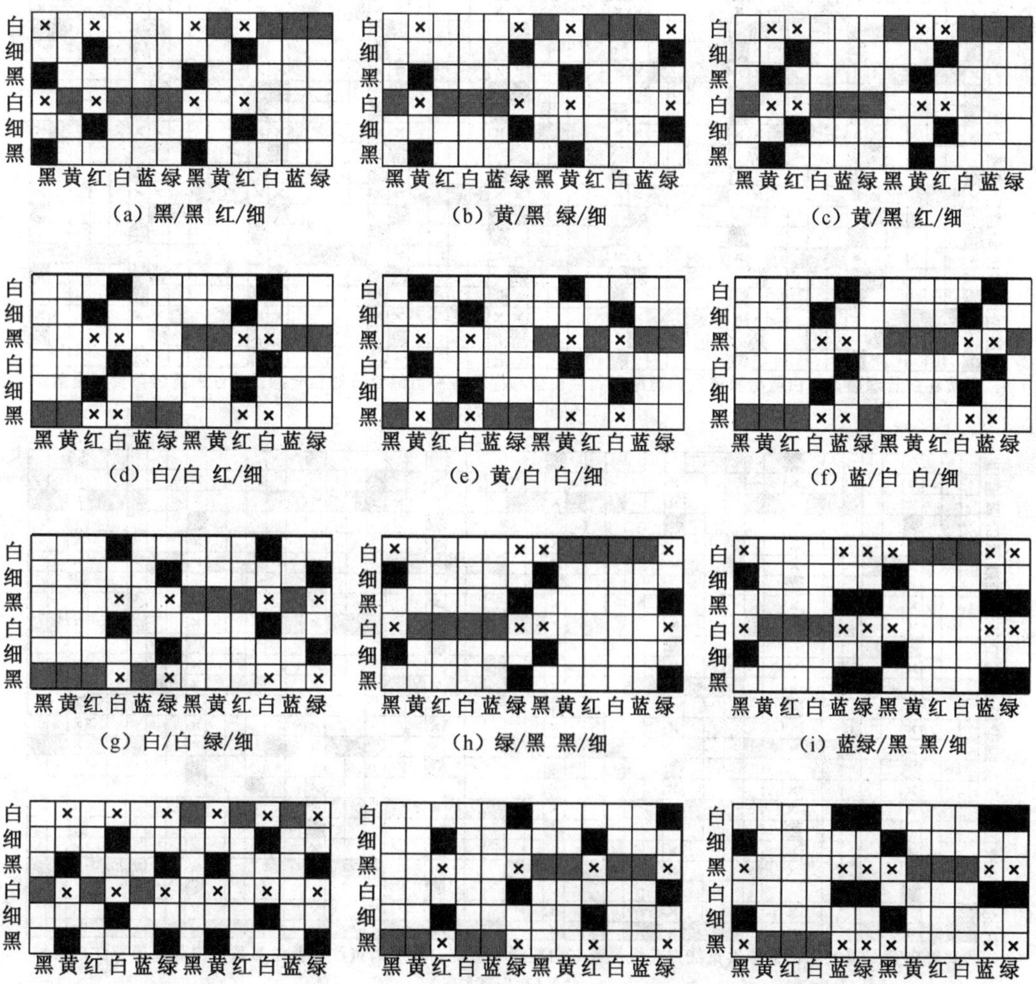

(a) 黑/黑 红/细　(b) 黄/黑 绿/细　(c) 黄/黑 红/细

(d) 白/白 红/细　(e) 黄/白 白/细　(f) 蓝/白 白/细

(g) 白/白 绿/细　(h) 绿/黑 黑/细　(i) 蓝绿/黑 黑/细

(j) 黄绿/黑 白/细　(k) 黄绿/白 红/细　(l) 蓝绿/白 黑/细

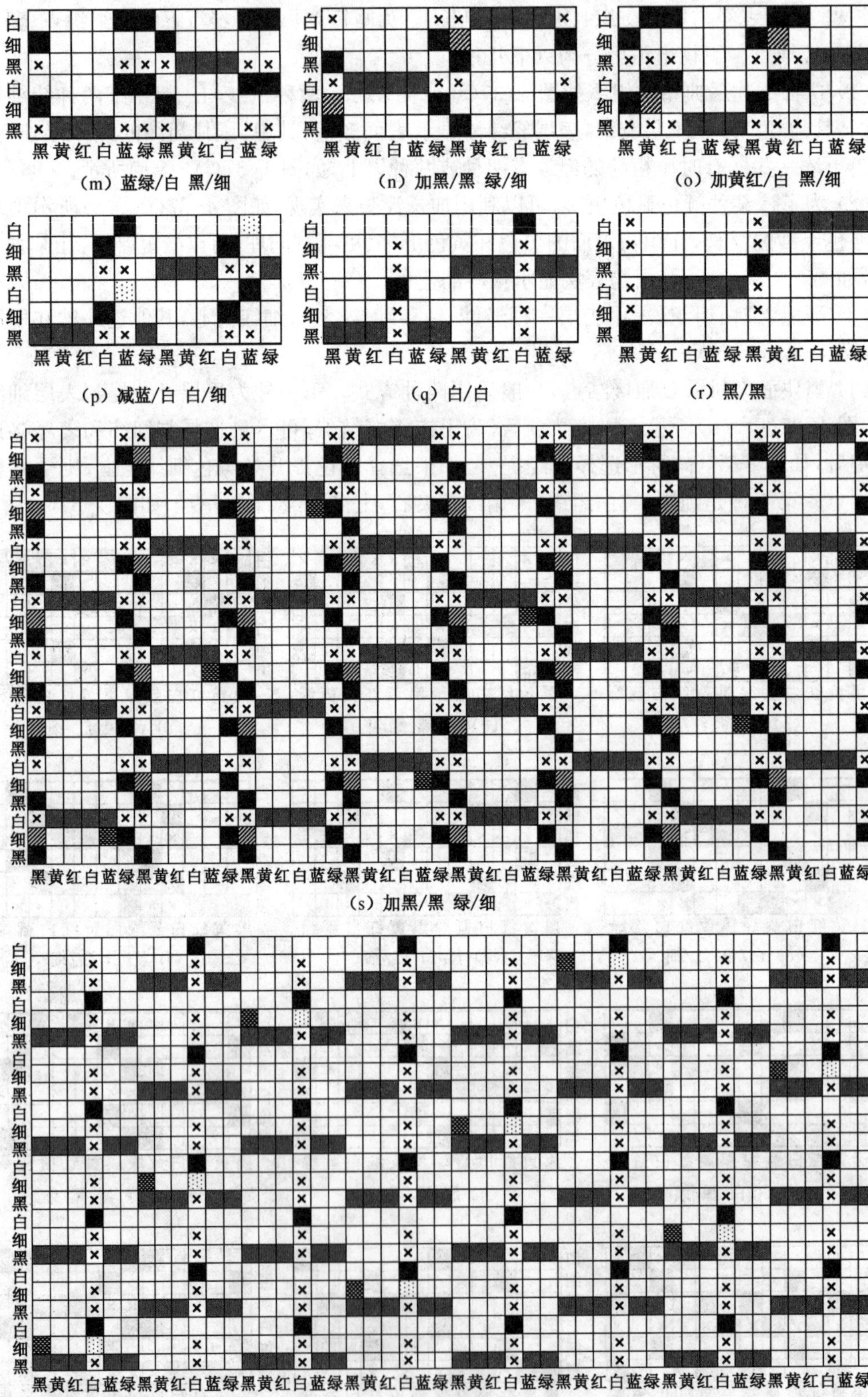

图 4-37 多色经多色纬双层大提花织物组织分析

5. 经纬密度

找块面较大的地部组织，用间接分析方法。此面料经纱有 6 色且排列比均为 1∶1，地部组织粗纬上相邻两根经纱的循环数为 6。经密可按照地部组织纬向一定尺寸内某色经纱根数乘“6”，再除以所测纬向宽度得到。纬密可直接测一组纬纱在一定长度内的根数再乘“3”得到。经分析，本面料的经纬密度为 116.4 根/cm×61.5 根/cm。

◆ 任务实施

每小组分析所发双层提花面料并设计，要求进行织物规格分析、上机规格和纹织工艺设计，填写双层提花织物仿样设计任务单（表 4-11）。

表 4-11　双层提花织物仿样设计任务单

织物规格					
经组合	甲经组合：		经密	甲经经密（根/cm）	
	乙经组合：			乙经经密（根/cm）	
纬组合	甲纬组合：		纬密	甲纬纬密（根/cm）	
	乙纬组合：			乙纬纬密（根/cm）	
纹样长（cm）		纹样宽（cm）		幅宽（cm）	
上机规格					
筘外幅		筘内幅		上机经密	
筘号		穿入数		上机纬密	
全幅花数		内经根数		边经根数	
纹织工艺					
正反织				装造类型	
纹针数				纹板数	
通丝把数				每把通丝数	
目板穿幅				目板列数	
目板实穿总行数				每花实穿行数	
目板行密				每花所有行数	
目板穿法					
意匠横格数				意匠纵格数	
样卡设计，组织、意匠设色与勾边说明					

项目练习题

1. 什么是目板的分区与分造？
2. 1400 号提花机的总纹针数是多少，常用纹针数有哪些？

3. 间丝点的种类有哪些?
4. 纹织意匠图的平纹勾边方法有哪些?
5. 纹织意匠图的勾边方法有哪些?
6. 纹样的色彩与织物色彩有何关系?
7. 什么是满地花纹样布局?

项目五

大提花织物创新设计

任务一 单层提花织物创新设计

知识目标：1. 单层提花织物的创新思路。

2. 提花台布设计。

3. 单层提花织物的创新设计步骤。

能力目标：1. 能够通过网络了解流行提花面料。

2. 能够创新设计单层提花织物的基本规格。

3. 能够设计单层提花织物的纹织工艺。

◆ 情境引入

根据市场调研和客户要求，创新设计一款提花台布面料，进行上机规格和纹织工艺设计。

◆ 任务分析

根据市场调研和客户要求创新设计提花台布面料，需完成以下工作：

(1) 通过网络和市场考查，分析当前流行面料的基本规格。

(2) 单层提花织物创新思路。

(3) 提花台布面料设计。

(4) 设计提花台布的基本规格和纹织工艺。

◆ 做中学、做中教

1. 设计意图

根据台布的用途及室内装修风格，确定纹样风格及色彩。本设计确定图案为田园风格。

2. 纹样设计

根据流行趋势设计图案，并确定纹样循环尺寸。设计简单凤尾竹图案，采用菱形排列，地部铺上随机的经纬浮点的肌理纹，使整幅纹样更加丰富。设计一个花型的宽度为 12 cm，根据长宽比例，可以利用软件显示的数据调整。比如宽度与长度方向的像素值为 1320×2160，可计算长度为(12/1320)×2160＝19.6 cm；或根据测量数据，纹样宽度为 7.5 cm 时其长度为 12.1 cm，可计算长度为(12/7.5)×12.1＝19.4 cm。

图 5-1　单层提花织物创新纹样设计

3. 规格设计

确定经纬纱线、密度、组织。

采用吸湿性强的超细纤维作为经纬纱原料，经纱选用 166.7 dtex(150 den)/144 F 有光涤纶网络丝，纬纱采用 333.3 dtex(300 den)/288 F 涤纶丝，根据相似产品初步确定经纬密度为 5.90 根/cm×18.0 根/cm。

地部采用平纹加经浮长组织点和纬浮长组织点块面，主花部分可采用 5 枚缎纹及 $\frac{1}{11}$和$\frac{11}{1}$12 枚斜纹。

4. 纹织设计

纹针数＝意匠纵格数＝一个花纹循环经纱数＝经纱密度×纹样宽度＝59.0×12＝708，可选择规范化纹针 720，则调整经密为 60.0 根/cm。为了保证织物质量可将纬密适当调小，在不考虑缩率的情况下，保证经密×经纱线密度＋纬密×纬纱线密度总值不变，调整纬密为 17.5 根/cm。

纹板数＝意匠横格数＝一个循环纬纱数＝纬纱密度×纹样长度＝17.5×19.4＝339.5，修正为地组织、边组织循环纱线数的倍数 340，意匠时要注意 12 枚斜纹组织的连续性。

◆ 任务实施

每位同学创新设计一款单层大提花织物，完成创新设计任务单(表 5-1)。

表 5-1　单层大提花织物创新设计任务单

<table>
<tr><td colspan="4">设计意图：</td></tr>
<tr><td colspan="4">基本规格</td></tr>
<tr><td>经纱规格</td><td></td><td>经密(根/cm)</td><td></td></tr>
<tr><td>纬纱规格</td><td></td><td>纬密(根/cm)</td><td></td></tr>
<tr><td>纹样宽(cm)</td><td></td><td>纹样长(cm)</td><td></td></tr>
<tr><td>纹针数</td><td></td><td>纹板数</td><td></td></tr>
<tr><td>意匠纵格数</td><td></td><td>意匠横格数</td><td></td></tr>
<tr><td colspan="4">纹样设计：</td></tr>
<tr><td colspan="4">纹针样卡、组织设置与设色、意匠勾边等说明：</td></tr>
</table>

◆ 相关知识

一、单层提花织物创新思路

（一） 原料与纱线创新

可选择超细纤维、新型纤维及各种原料混纺。单层提花织物除了选用普通长丝或短纤维纱线外，还常使用竹节纱等花式纱线。

（二） 纹样创新

1. 花朵图案

花朵图案如图 5-2 所示。

图 5-2　花朵图案

2. 水波纹图案

水波纹图案如图 5-3 所示。

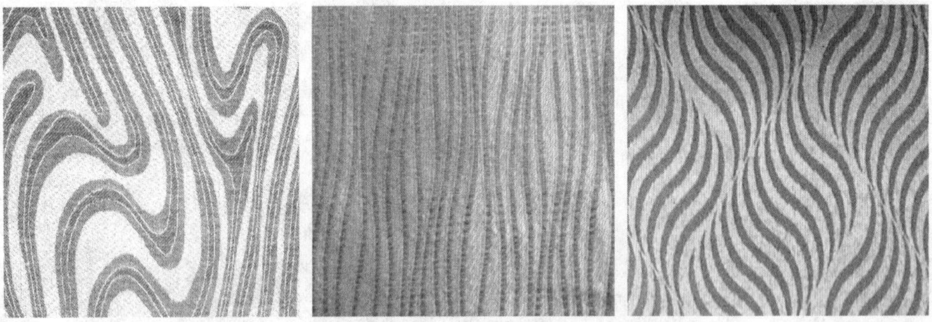

图 5-3　水波纹图案

3. 石子图案

石子图案如图 5-4 所示。

图 5-4　石子图案

4. 几何图案

几何图案如图 5-5 所示。

图 5-5 几何图案

5. 底纹肌理图案

底纹肌理图案如图 5-6 所示。

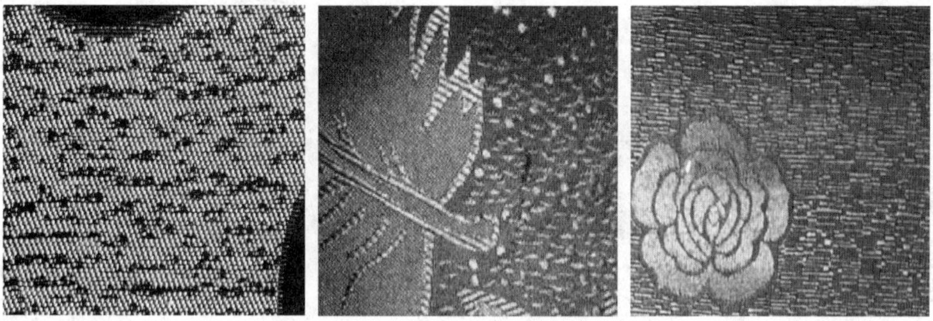

图 5-6 底纹肌理图案

（三） 条格与纹样配合

不同的经纬色纱形成的条或格与大提花纹样配合，可得到别致的设计效果，如图 5-7 所示。

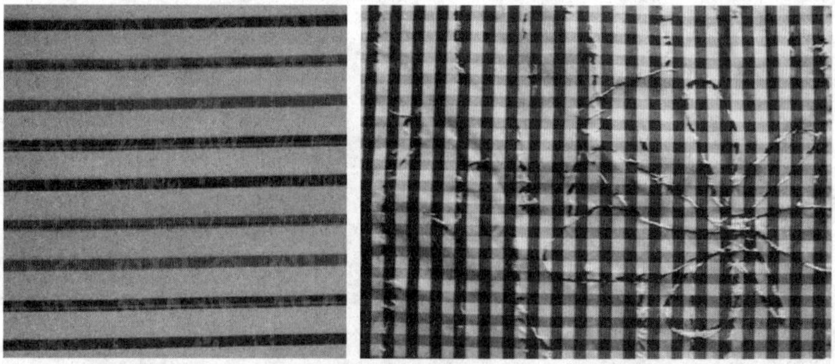

图 5-7 条格与纹样配合

（四） 组织设计

单层提花织物常用组织有平纹、5 枚缎纹、斜纹、经纬浮长、绉组织、透孔组织等。大提花织物的基础组织不受综片数的限制，可以使用大循环且有一定装饰花纹的组织，如图 5-8 所示。

图 5-8 大提花织物基础组织

二、提花台布设计

提花台布主要用于高级宾馆、饭店铺设宴会桌、家具盖布等。

（一） 原料

高档：纯棉纱线。

中低档：涤棉混纺纱、涤纶长丝等。

（二） 尺寸

常用 120～200 cm，有长方形、正方形和圆形。

（三） 织物特点

织物分生织物、熟织物。

高档台布结构紧密、手感厚实、硬挺，花纹丰富美观。

低档台布经纬密度较小，织物手感松软，身骨较差。

（四） 组织

多采用正反 5 枚缎、8 枚缎加纬浮长和经浮长等。

（五） 纹样

花型有循环散花、独花和对称花。

任务二 重经提花丝织物创新设计

知识目标： 1. 重经提花丝织物的设计特点。
2. 重经提花女用上装面料设计。
3. 重经提花织物创新设计步骤。

能力目标： 1. 能够通过网络了解流行提花面料。
2. 能够创新设计重经提花织物的基本规格。
3. 能够设计重经提花织物的上机工艺和纹织工艺。

◆ 情境引入

根据市场调研和客户要求，创新设计一款重经提花织物，进行织物规格、上机工艺和纹织工艺设计。

◆ 任务分析

根据市场调研和客户要求创新设计重经提花面料，需完成以下工作：

(1) 通过网络和市场考查，分析当前流行面料基本规格。

(2) 重经提花织物创新思路。

(3) 重经提花女用上装面料设计。

(4) 设计重经提花织物的基本规格、上机工艺和纹织工艺。

◆ 做中学、做中教

案例一：重经提花女用上装面料设计

1. 原料设计

甲经：[44.4 dtex×1(1/40 den)锦纶丝 8 捻/cm S×2] 6 捻/cm Z(色)。

乙经：133.3 dtex×1(1/120 den)有光黏胶丝(色，浆丝)。

边经同甲经，白色。

2. 经纬密度设计

甲经密：80.0 根/cm；乙经密：40.0 根/cm。

纬密：28.0 根/cm×2；甲纬与乙纬排列比：1∶1。

3. 组织设计

地组织为 8 枚经缎，图 5-9 为织物朝下织的组织展开图，图中大造为甲经组织图，小造为乙经组织图，(a)为甲纬花组织，(b)为乙纬花组织，(c)为乙经花组织，(d)为地部 8 枚缎组织。

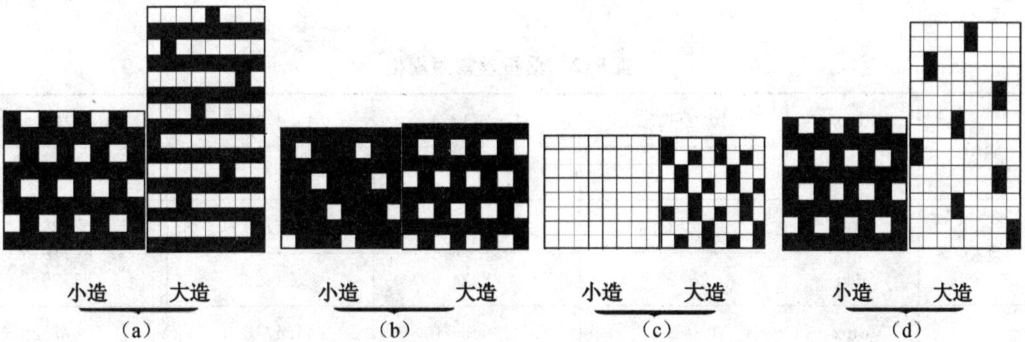

图 5-9　重经提花丝织物组织图

◆ 相关知识

一、重经提花丝织物面料的设计特点

（一） 原料选择

重经提花丝织物的原料包括桑蚕丝和化纤丝，化纤丝一般选择较细的涤纶或锦纶单纤丝，经纱常用 22.2～44.4 dtex（20～40 den），纬纱常用有光黏胶丝和抗氧化金黄色聚酯薄膜。

（二） 组织与色纱排列特点

经线有两组，表经与里经的排列比通常为 1∶1、2∶1、1∶2。

表经与纬线交织形成表组织，通常为经面组织；里经与纬线交织形成里组织，通常为纬面组织。

（三） 织物密度设计

织物总的经线密度根据花经与地经在经纱排列循环中的排列比来确定，当表经∶里经＝1∶1时，若表经密度也为 80.0 根/cm，则里经密度也为 80.0 根/cm。

4. 意匠与纹样处理

先勾画出起花部分，将经纱数按表里经排列比调整好，形成所设计的纹样，生成纹板，最后将生成的纹板串联在一起。

二、创新设计步骤

（一） 设计意图

利用重经结构，使织物正反面的外观风格不同。

（二） 纹样设计

重经纹织物可以采用自然对象纹样、植物花卉、风景人物、传统民族纹样、几何纹样、外国民族纹样等。

（三） 规格设计

1. 原料选择

提花丝织物的原料主要有桑蚕丝、锦纶丝、金属丝、有光黏胶丝和涤纶丝等。桑蚕丝常用规格见表 5-2，锦纶丝常用规格见表 5-3，金属丝常用规格见表 5-4，涤纶丝常用规格见表 5-5。

表 5-2 桑蚕丝常用规格

规格					
规格	dtex	10.0/12.2	12.2/14.4	14.4/16.7	18.9/21.1
	den	9/11	11/13	13/15	17/19
规格	dtex	22.2/24.4	24.4/26.6	26.7/29.9	30/32.2
	den	20/22	22/24	24/26	27/29
规格	dtex	31.0/33.0	33.0/35.0	44.4/48.9	55.6/77.8
	den	28/30	30/32	40/44	50/70

表 5-3 锦纶丝常用规格

单丝		复丝				加弹丝	
dtex	den	dtex	den	dtex	den	dtex	den
16.7	15	22.2	20	55.6	50	83.3	75
22.2	20	33.3	30	77.8	70	148.5	135
33.3	30	44.4	40	122.2	110	166.7	150

表 5-4 金属丝常用规格

dtex	91	100	183.3	188.9	288.9	303.3
den	82	90	165	170	260	273

表 5-5 涤纶丝常用规格

普通涤纶长丝	dtex	33.3	50	61.1	75.6	83.3	111.1
	den	30	45	55	100	75	100
加弹涤纶丝	dtex	133.3	166.7	222.2	277.8	333.3	666.7
	den	120	150	200	250	300	600

2. 确定经纬纱排列比与经纬密度

表经和里经的排列比通常为 1∶1、2∶1 等。经纬密度根据表里经的线密度来确定，如表经的线密度为 22.2 dtex，里经的线密度为 44.4 dtex，表经的线密度为里经的 1/2，因此两者密度通常为表经∶里经＝2∶1。

（四） 组织设计

表组织通常为经面组织，里组织为纬面组织，如表组织为 8 枚经缎，则里组织为 8 枚纬缎。

◆ 任务实施

每位同学创新设计一款重经提花织物，填写创新设计任务单（表 5-6）。

表 5-6 重经提花织物创新设计任务单

设计意图：

基本规格			
经纱规格		经密（根/cm）	
纬纱规格		纬密（根/cm）	
纹样宽（cm）		纹样长（cm）	
纹针数		纹板数	
意匠纵格数		意匠横格数	

续表

纹样设计：
样卡、组织与设色勾边说明：

任务三 重纬提花织物创新设计

知识目标： 1. 织锦缎类织物的创新思路。
2. 雪尼尔纱提花装饰织物设计。
3. 重纬提花织物创新设计步骤。

能力目标： 1. 能够通过网络了解流行重纬提花面料。
2. 能够创新设计重纬提花织物的基本规格。
3. 能够设计重纬提花织物的上机规格和纹织工艺。

◆ 情景引入

根据市场调研和客户要求，创新设计一款重纬提花织物，进行上机规格和纹织工艺设计。

◆ 任务分析

根据市场调研和客户要求创新设计重纬提花织物，需完成以下工作：

(1) 通过网络和市场考查，分析流行重纬提花面料的基本规格。

(2) 重纬提花织物创新思路。

(3) 雪尼尔纱提花装饰织物设计。

(4) 设计重纬提花织物的上机规格和纹织工艺。

◆ 做中学、做中教

案例一：雪尼尔沙发布设计

1. 纹样设计

雪尼尔沙发布纹样如图 5-10 所示，为简单的几何纹样。

2. 基本规格设计

经纱：111.1 dtex(100 den)涤纶网络丝(卡其色)。

纬纱：甲纬为 590.5 dtex(10^S)棉纱(原白色)，乙纬为 2000 dtex(5 公支)雪尼尔纱(白色、橘黄色，交替换道)。

甲纬∶乙纬＝2∶1。经密：60.9 根/cm；纬密：20.5 根/cm。

各组织见表 5-7。组织 1：甲纬 5 枚 3 飞经面缎纹(纬向飞数 2)，甲乙纬排列比 2∶1，则乙纬组织的纬向飞数可以为 2×2＝4 或 4＋5 或 4＋10，乙纬选择 20 枚 14 飞纬面缎纹，纬组织点多的乙纬在表层，通过换道呈现白色和橘黄色的雪尼尔纱效果。组织 2：甲纬 5 枚 3 飞经面缎纹(纬向飞数 2)，乙纬组织取纬向飞数为 4 的 10 枚经面缎纹，甲纬在表层与经纱交织成经面缎纹，呈现卡其色的经纱效果。组织 3 和组织 4：甲纬分别为$\frac{2}{2}$纬重平和$\frac{5}{5}$纬重平，乙纬都是纬向飞数为 8 的经面缎纹，纬组织点多的甲纬在表层，两种组织随机交替形成花纹。

图 5-10　雪尼尔沙发布纹样

表 5-7　雪尼尔沙发布组织

组织 1 分别组织	组织 1 组合组织	组织 2 分别组织	组织 2 组合组织
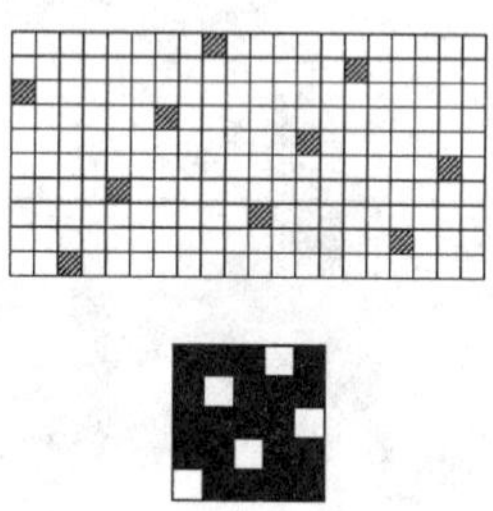		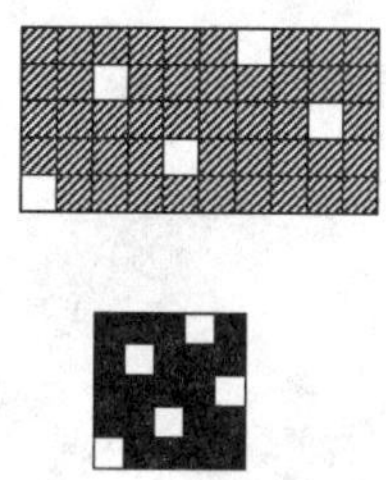	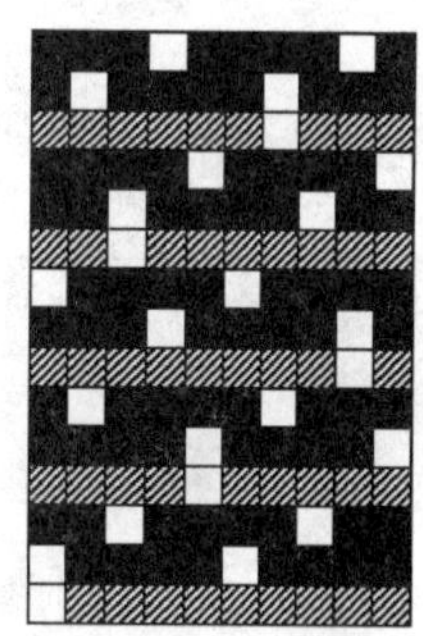
组织 3 分别组织	组织 3 组合组织	组织 4 分别组织	组织 4 组合组织
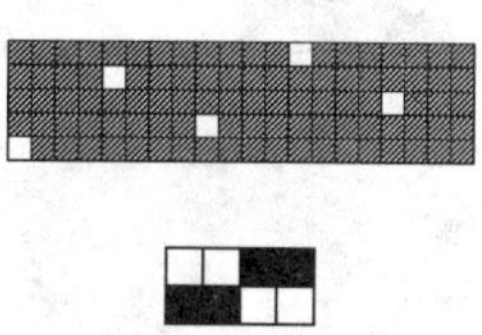	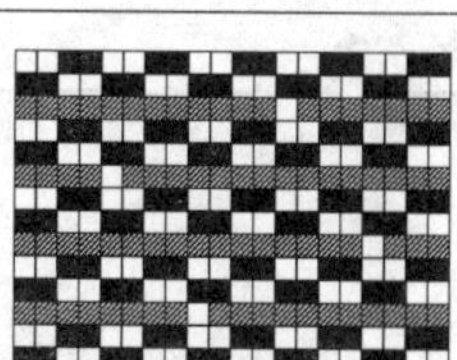	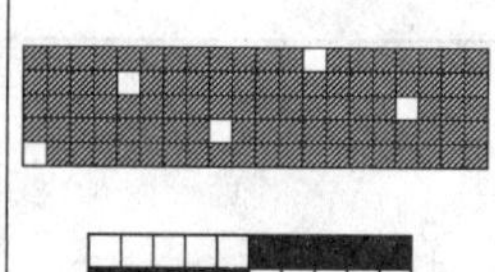	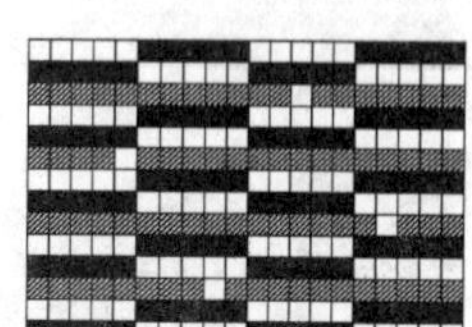

◆ 任务实施

每位同学创新设计一款重纬提花织物，完成创新设计任务单(表 5-8)。

表 5-8　重纬提花织物创新设计任务单

设计意图：			
基本规格			
经纱组合		经密(根/cm)	
纬纱组合		纬密(根/cm)	
纹样宽(cm)		纹样长(cm)	
纹针数		纹板数	
意匠纵格数		意匠横格数	
纹样设计：			
样卡、组织与设色勾边说明：			

◆ 相关知识

一、雪尼尔纱提花装饰面料设计

（一） 雪尼尔纱提花装饰面料的应用

雪尼尔纱提花装饰面料大量应用于家纺布艺。布艺沙发通常会使用部分提花面料，如图5-11所示。

图 5-11　雪尼尔纱提花装饰布

设计时常设计一系列两种或两种以上面料，一种为有明显花型的提花面料，另一种为素织单色、条子或大提花水波纹等花型不明显的面料，两种面料搭配使用，如图 5-12 所示。

图 5-12　雪尼尔纱提花、素织物搭配

（二）雪尼尔纱的结构和生产方法

雪尼尔纱又称绳绒纱，由 2 根芯纱和 2 根绒头纱组成，把绒头纱切割成很短的绒纱夹在两根芯纱中间进行加捻，使绒毛向四周散开而形成。

绒毛的长度目前常用 0.8、1、1.35、1.5、2、2.5、3、3.6 mm，共八种规格。

绒毛的长度和密度决定其细度，国内市场常用公制支数表示，常用 8～2 公支（1250～5000 dtex），目前已开发出双色绳绒线和结子绳绒线等花式绳绒线。

二、织锦缎类织物创新设计思路

传统的织锦缎是丝织物中的锦类，色彩绚丽、高贵典雅。其结构特点为纬三重织物，经面缎纹地部搭配三种颜色的纬花，通过第三种纬纱的彩抛，可以形成更多色彩的纬花。在保持传统织锦缎织物基本结构特点的基础上，进行适当的改进创新可得到更新颖、更利于实现、更适合现代使用的织物。下面通过几个例子来说明织锦缎类织物的创新设计思路。

（一）简单花型织锦缎

传统的织锦缎绚丽多彩，纹样精细复杂，装饰性很强，在许多场合并不实用，而一些小循环的简单花型的适用性更广。

（二）经纱采用彩条提高织物的装饰性

图 5-13 右图所示织锦缎采用传统的织锦缎组织结构，即经缎地搭配三种颜色的蝴蝶纬花。它的特别之处是经向采用 7 种颜色的色纱形成彩条，搭配较大面积的地部纹样，获得了很好的外观效果。

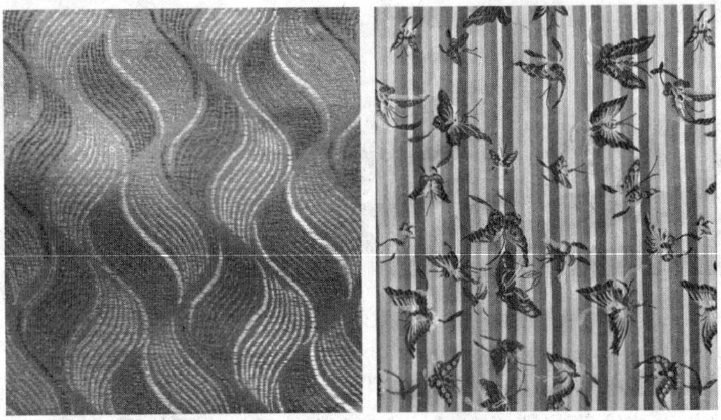

图 5-13　简单织锦缎图案

（三）地做花、花做地

传统的织锦缎以经面缎纹做地，表层纬面组织做花。可以转变思路，以纬面组织做地、经面缎做花。图 5-14 左图所示面料的地部表层由两种变化纬面斜纹按肌理纹组合形成，花部表层则为经面缎，搭配草书汉字纹样，使汉字表达更加细腻。同时将地部的表层组织稍加变化，可以使地部在肌理纹的基础上呈现隐约的条纹。图 5-14 右图所示面料的地部表层组织就是采用缓斜纹并稍做变化而得到的，如图 5-15 左图所示。此组织形成的地部呈现隐约可见的横条效果。

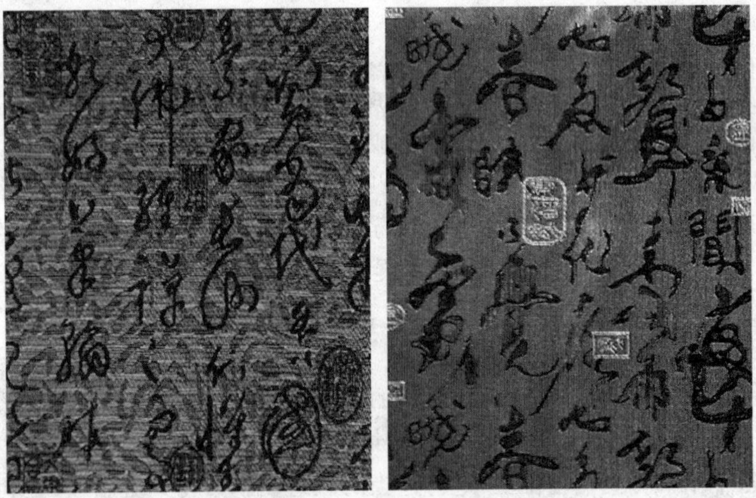

图 5-14　汉字织锦缎

图 5-15　汉字织锦缎组织图

（四）花部采用不同组织，实现色彩渐变

图 5-14 所示面料地部表层采用 8 枚纬缎，汉字花纹处采用由经面向纬面逐渐过渡的组织，字体的过渡自然。

任务四　剪花提花织物创新设计

知识目标： 1. 剪花窗纱面料设计特点。
2. 真丝剪花围巾面料设计。
3. 剪花提花织物创新设计步骤。

能力目标： 1. 能够通过网络了解流行剪花提花面料。
2. 能够创新设计剪花提花织物的基本规格。
3. 能够设计剪花提花织物的上机规格和纹织工艺。

◆ 情景引入

根据市场调研和客户要求，创新设计一款剪花提花织物，进行织物规格、上机规格和纹织工艺设计。

◆ 任务分析

根据市场调研和客户要求创新设计剪花提花织物，需完成以下工作：

（1）通过网络和市场考查，分析流行剪花提花面料的基本规格。

（2）剪花提花织物创新思路。

（3）剪花窗纱面料设计。

（4）设计剪花提花织物的基本规格、上机规格和纹织工艺。

◆ 做中学、做中教

案例一：剪花窗纱面料设计

1. 设计意图

剪花窗纱采用天蓝色纬纱和银丝与地部搭配，形成简单的几何图案（图 5-16）。

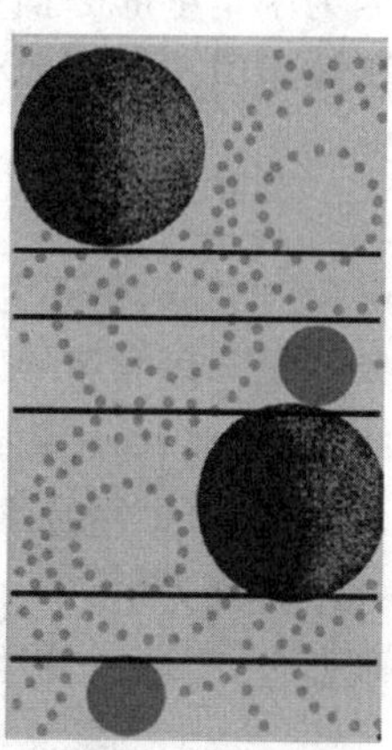

图 5-16　剪花窗纱面料图案

2. 纹样设计

先设计草图，再根据纹样效果的实现方法将纹样进行分段，按小图比例确定纹样尺寸，并分配各段的长度，如小图为 6.2 cm×11 cm，其纬向分段分别为 1.3、1.0、3.2 cm。如果要设计大图纹样宽 35 cm，可根据比例计算出每一段的长度分别为 7.3、5.6、18.1 cm。

3. 规格设计

（1）确定面料经纬纱线规格：

经纱：33.3 dtex(30 den)涤纶(白色)。

地纬：33.3 dtex(30 den)涤纶(白色)。

剪花纬：166.7 dtex(150 den)涤纶丝(蓝色)；

77.8 dtex(70 den)金属丝＋33.3 dtex(30 den)涤纶丝×2。

(2) 地部经纬密度：30.5 根/cm×26.6 根/cm。

(3) 每一段的纬纱排列、组织、色纱根数。

第 1 段与第 4 段的花型一样，包含主花大圆和地部加小星星，因为整段内都要体现蓝色和银色，故设计此段的纬纱排列为甲、乙、甲、丙，甲纬与经纱始终保持平纹交织。大圆蓝色部分、大圆银色部分、小星星、地部、大圆包边的组织(反织)如图 5-17 所示。

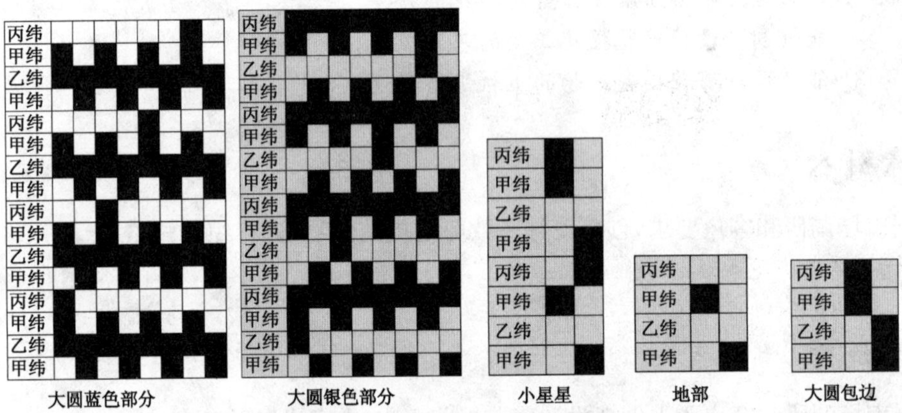

图 5-17　第 1 段与第 4 段组织

实际纬密为 $21.5\times\frac{4}{2}=43.0$ 根/cm，纹板数为 43.0×17.8＝765.4，修正为 764 块。

第 2 段和第 5 段的花型一样，只有地部和小星星。故此段只需甲纬和丙纬。为了使此段与第 1 段的小星星部分在修剪后一致，故甲纬与丙纬的排列比与第 1 段一致，只是去掉了乙纬，故纬纱排列为甲、甲、丙。因为小星星部分面积太小，故银丝部分应选择浮长最短的平纹组织。地部和小星星组织(反织)如图 5-18 所示。

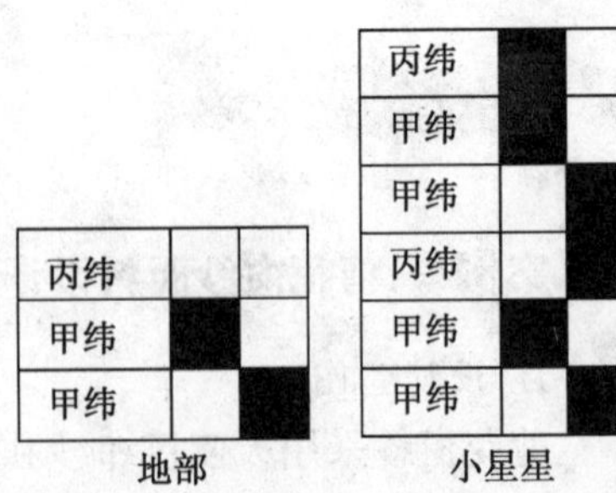

图 5-18　第 2 段与第 5 段组织

实际纬密为 $21.5\times\frac{3}{2}=32.3$ 根/cm，纹板数为 32.3×6.6＝212.5，修正为 213 块。

第 3 段和第 6 段的花型一样。此部分有颜色偏淡的较小圆、地部和小星星，设计较小圆用密度更小的乙纬来体现，每隔 8 根甲纬织入 1 根乙纬，综合小星星部分结构之后，纬纱排列为甲、甲、丙、甲、甲、丙、甲、甲、丙、甲、甲、乙，一个排列循环 13 根。较小圆部分要体现蓝色，需要乙纬浮长较长，故需要加平稳包边来加固。各组织(反织)如图 5-19 所示。

实际纬密为 $21.5\times\frac{13}{8}=34.9$ 根/cm，纹板数为 34.9×6.6＝230.3，修正为 234 块。

纹板总数＝764＋213＋234＋764＋213＋234＝2422

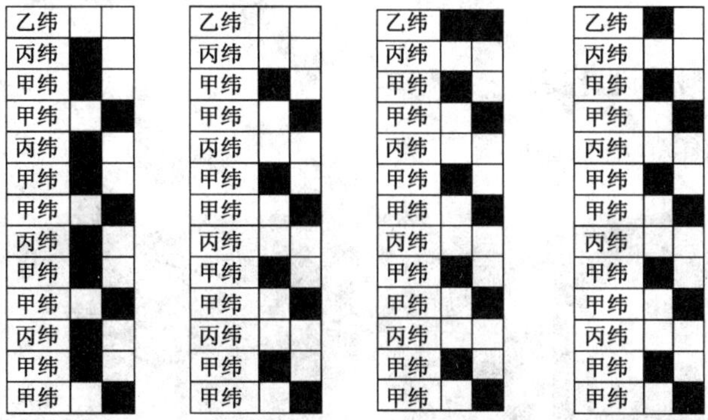

小星星组织　地部组织　小圆组织　小圆包边组织

图 5-19　第 3 段与第 6 段组织

4. 纹织工艺设计(略)

◆ 任务实施

每位同学创新设计一款剪花提花织物,完成创新设计任务单(表 5-9)。

表 5-9　剪花提花织物创新设计任务单

设计意图:			
基本规格			
经纱规格		经密(根/cm)	
纬纱规格		纬密(根/cm)	
纹样宽(cm)		纹样长(cm)	
纹针数		纹板数	
意匠纵格数		意匠横格数	
纹样设计:			
样卡、组织与设色勾边说明:			

◆ 相关知识

一、剪花窗纱面料的设计特点

剪花窗纱面料如图 5-20 所示。

图 5-20 剪花窗纱面料

（一） 原料选择

一般选择较细的涤纶或锦纶单纤丝，经纱与地纬常用 22.2～44.4 dtex(20～40 den)，剪花纬常用金属丝及颜色较为鲜艳且比地纬粗的涤纶丝。

剪花纬中，金属丝为 1 根金属丝与同细度的 2 根涤纶丝或锦纶丝捻合的 X 型金属丝(图 5-21)；涤纶丝常用 166.7 dtex(150 den)、222.2 dtex(200 den)。

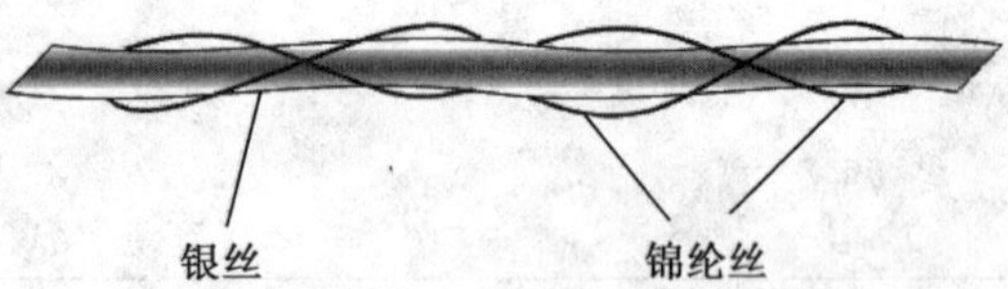

图 5-21 X 型金属丝

（二） 组织与色纱排列特点

地纬与经纱始终以平纹交织。剪花纬与经纱交织成浮长、纬面缎、经面缎等，花型边缘以平纹包边。

（三） 织物密度设计

经密一般较小，25.0～40.0 根/cm，地纬密比经密再小一些。起花部分的纬密设计需地纬保持不变，总的密度根据花纬与地纬在纬纱排列循环中的排列比例来确定。

（四） 意匠与纹样处理

先勾画出起花部分，将经纱数调整好。再根据起花需要，按照纬纱排列进行分段处理。可以将每段存为 1 个图像文件，将每段色号与组织对应并调整好纬纱数，生成纹板。最后，将所生成的纹板串联在一起。

二、真丝剪花围巾面料设计

（一） 原料设计

经纱与地纬：22.2/22.4 dtex×2(2/20/22 den)桑蚕丝 25 捻/cm(2S2Z)。

剪花纬：166.7 dtex(150 den)黏胶人造丝。

纹样：选择印花与提花相结合的方式，提花纹样选择与印花图案相搭配的圆形纹样或朵花纹样，一般块面较大(图 5-22)。

（二）织物密度设计

经密：50.9 根/cm。

纬密：45.5 根/cm×2。

（三）组织设计

地部地纬与经纱交织成平纹(图 5-23 左)，剪花纬为纬浮长；花部地纬与经纱交织成平纹，剪花纬与经纱交织成 8 枚 2 飞纬面缎纹(图 5-23 右)。

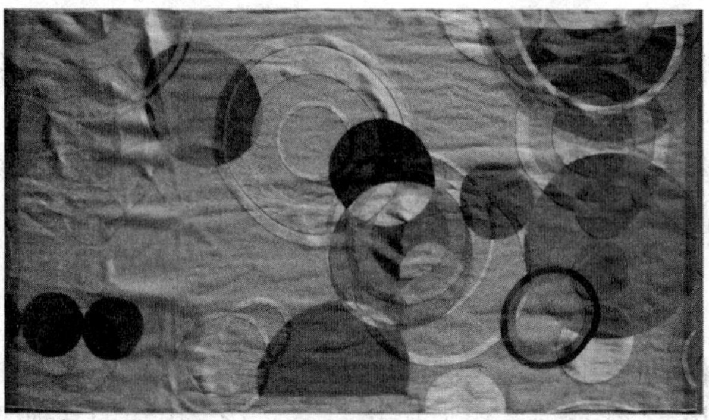

图 5-22　真丝剪花围巾面料

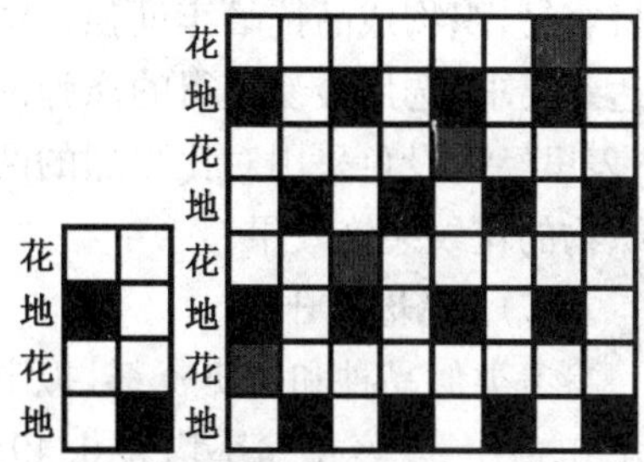

图 5-23　真丝剪花围巾面料组织设计

任务五　双层提花织物创新设计

知识点： 1. 纱线设计、组织设计、色经色纬排列、经纬密度设计等创新思路。
2. 双层提花织物创新设计步骤。
3. 双层提花织物创新设计方法。

技能点： 1. 能够根据市场及客户要求进行双层提花织物的创新设计。
2. 能对双层提花织物创新产品进行上机规格及纹织工艺设计。
3. 能够准确合理地填制双层提花织物创新设计工艺单。

◆ 情境引入

根据客户及市场需求创新设计一款双层遮光大提花窗帘绸。要求织物遮光效果好，纹样设计适应市场流行趋势，织物原料选材容易，成品抗日晒牢度高，结实耐用，织造成本合理，且产品市场综合效果附加值高。

◆ 任务分析(市场上的遮光面料分析)

遮光面料不仅要求质量优良，还要求美观、环保。市场上的遮光面料大多数是涂层遮光织物，其遮光效果较好，但生产和使用过程都不够环保，成本较高；普通的提花遮光织物虽然图案丰富，但其遮光性能需通过加衬布等方式改善，显得不尽如人意；采用重经组织的提花遮光织物虽然环保，也有一定的遮光效果，但花纹与底部交界处有透光现象。相对而言，双层提花遮光织物集美观、遮光、环保优势于一身，市场前景良好。

◆做中学、做中教

案例一：双层提花遮光窗帘绸设计

（一）设计构思

根据设计任务要求，设计的提花织物遮光效果好；纹样设计适应市场流行趋势；织物原料选材容易，织物成品抗晒牢度强，结实耐用；织造成本不高，且产品市场综合效果附加值高。为了达到要求，选用最易获得的涤弹网络丝和涤弹丝作为原料，织物正反两面组织均采用8枚经缎；表里经线设色采用对比强烈的两个颜色，使花地颜色分明，织物具有明显的正反面效应，凸显织物的花纹装饰效果。

（二）规格设计

参考类似品种和历史资料，拟定各种缩率：甲、乙经织造长度缩率均为2.6%；织造幅缩率为4.0%；甲、乙经捻缩率均为0.49%；甲、乙纬捻缩率均为0；甲、乙经与乙、丙纬的其他工艺缩率均为7.5%；甲纬的其他工艺缩率均为2.5%；甲、乙经回丝率均为1.52%，甲、乙、丙纬回丝率均为1.64%；坯绸下机长度缩率为0%。

1. 经纬组合及工艺流程

(1) 经纬组合设计

经丝：甲经83.3 dtex/36 F涤弹网络丝（米黄色）

乙经：83.3 dtex/36 F涤弹网络丝（深褐色）

甲经：乙经＝1：1

纬线：甲纬333.3 dtex/72 F涤弹网络丝（白色）

乙纬：333.3 dtex/72 F涤弹网络丝（黑色）

丙纬：333.3 dtex/72 F涤弹网络丝（浅褐色）

甲纬：乙纬：丙纬：甲纬：乙纬＝1：1：1：1：1

(2) 工艺流程设计

甲经：原检→倒筒→成绞→染色→翻丝→色检→整经→织造

乙经：原检→倒筒→成绞→染色→翻丝→色检→整经→织造

甲纬：原检→倒筒→成绞→染色→翻丝→色检→织造

乙纬：原检→倒筒→成绞→染色→翻丝→色检→织造

丙纬：原检→倒筒→成绞→染色→翻丝→色检→织造

2. 长度计算

(1) 成品匹长。因此产品为熟织色织物，设定

$$成品匹长＝坯绸匹长＝28\ m$$

(2) 整经匹长。

$$甲经匹长=乙经匹长=\frac{坯绸匹长}{1-织造长度缩率}=\frac{28}{1-2.6\%}=28.75\ \text{m}$$

甲乙经原料及组织均相同，故采用一个经轴织造。

3. 幅宽计算

(1) 设定成品幅宽

$$成品内幅=坯绸内幅=280\ \text{cm}$$

$$成品外幅=坯绸外幅=282\ \text{cm}$$

(2) 筘幅

$$筘内幅=\frac{坯绸内幅}{1-织造幅缩率}=\frac{280}{1-4.0\%}=291.7\ \text{cm}$$

$$筘外幅=297.1\ \text{cm}+1\times 2=293.7\ \text{cm}$$

4. 织物密度设计

(1) 设定成品密度

$$成品经密=坯绸经密=137.5\ 根/\text{cm}$$

$$成品纬密=坯绸纬密=76.0\ 根/\text{cm}$$

(2) 机上密度

$$机上经密=坯绸经密\times(1-织造幅缩率)=137.5\times(1-4.0\%)=132.0\ 根/\text{cm}$$

$$机上纬密=坯绸纬密\times(1-坯绸下机长度缩率)=76.0\times(1-0\%)=76.0\ 根/\text{cm}$$

5. 经丝数计算

$$初定内经丝数=成品经密\times成品内幅=137.5\times 280=38\ 500\ 根$$

考虑纹针数和花地组织循环纱线数及筘齿穿入数等因素，内经丝数修正为 38 400 根，成品经密修正为 137.1 根/cm。

6. 确定筘齿穿入数及计算筘号

设定筘齿穿入数为 6 根/齿，则

$$筘号=\frac{机上经密}{筘齿穿入数}=\frac{132}{6}=22\ 齿/\text{cm}$$

7. 绸边设计

(1) 边原料选甲经

(2) 边幅为 1 cm×2

(3) 边组织为$\frac{10}{10}$经重平

(4) 边经密同正身经密

(5) 边筘号同正身筘号

(6) 边经根数=138×2

$$甲经根数=38\ 400/2+138\times 2=19\ 476$$

$$乙经根数=19\ 200$$

8. 后处理

本设计中经纬原料均采用纯涤色丝，因此后处理只需热定形。

（三）装造设计

花地组织设计为表里换层 8 枚经缎双层加丙纬上下接结组织，所以采用单造单把吊装造上机制织。织物全幅 8 花，正反面效应同，无需考虑正反面上机。

1. 纹针数计算

$$纹针数=内经丝数÷花数=38\ 400÷8=4800$$

纹针数是花、地组织循环经纱数 16 及筘齿穿入数 6 的倍数，故不需修正。

选用 5120 号电子提花机。1～3 针为选纬针，1、2、3 号针分别控制甲、乙、丙纬；23～160 针共 138 针为左边针；161～4960 针共 4800 针为主提花针；4961～5098 针共 138 针为右边针。

2. 通丝计算

采用单造单把吊上机，通丝根数等于内经根数，为 38 400 根，打成 4800 把。全幅 8 花，则每把通丝根数为 8 根。

3. 目板穿法设计

$$目板穿幅=钢筘内幅+1～2\ cm=290.9+1～2\ cm=292\ cm$$

$$目板每花穿幅=目板穿幅÷花数=292÷8=36.5\ cm$$

考虑该产品设计的成品经密较大，筘齿穿入数为 6，目板列数选择 48。

目板行数＝纹针数÷目板列数＝4800÷48＝100，目板行密＝上机经密÷目板列数＝132÷48＝2.75 行/cm。其目板穿法如图 5-24 所示。

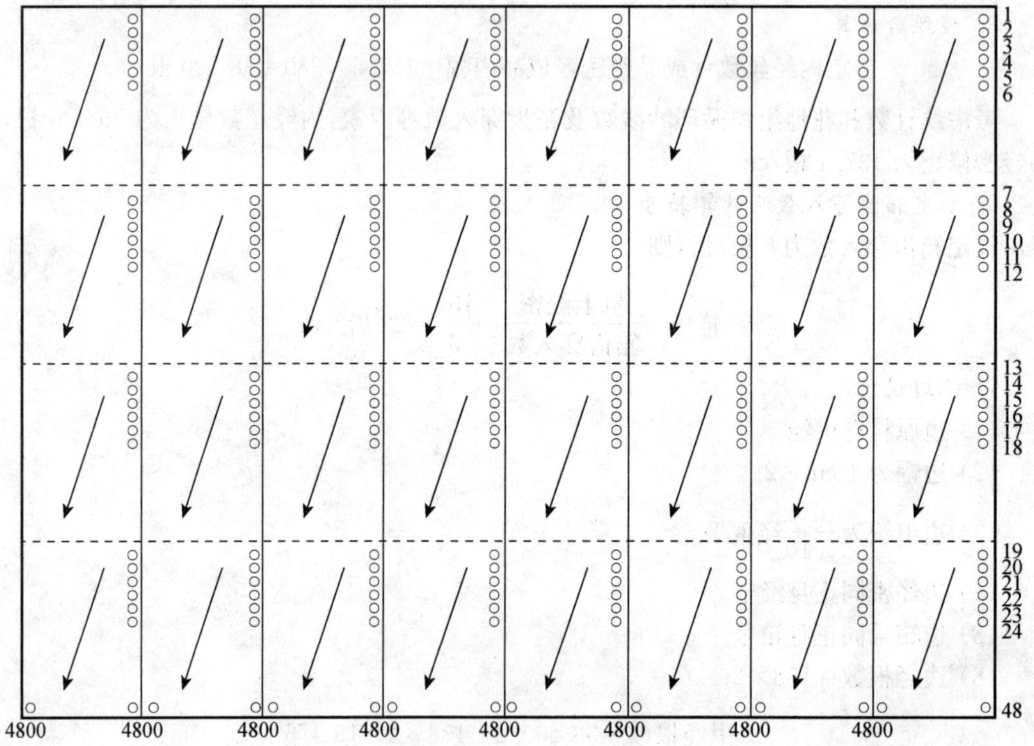

图 5-24 双层提花遮光窗帘绸目板穿法

4. 穿综穿筘

内经每综穿 1 根，按甲经：乙经＝1∶1，从机后右方始穿，后 6、中后 6、中前 6、前 6，分段逐行飞穿，直至穿完；正身每筘齿穿入 6 根经丝（甲乙甲乙甲乙），共穿 6400 齿。

边经为甲经，每综穿 2 根，每筘齿穿 3 综，每边穿 23 齿，综丝组织为$\frac{5}{5}$经重平。

5. 经轴与投梭

甲乙经为同种原料，且组织相同，织造长度缩率一样，所以用单经轴织造。

纬线虽有三种，但采用电子提花机织造，按投纬顺序轧选纬针即可。

（四） 纹样设计

$$纹样宽＝成品内幅÷花数＝280÷8＝35\ \text{cm}$$

纹样长可据纹样形式任意确定。

因织物设计为表里换层加接结的双层组织。为使表里层重叠效果好，纹样易用块面图案。为使织物正反面花、地处都细腻平整，花、地处组织均用表里换层加接结的双层组织，因此，花、地块面处面积大小不受限制。花、地组织交织次数相同，缩率一致，纹样布局可随意，不必考虑均衡分布，可根据市场纹样及色彩流行趋势配置适宜的块面图案及经纬纱颜色配置。

纹样为四方连续图案，设地部、花部两色。设计时注意上下、左右图案的衔接、连续。织物正反面图案效果如图 5-25 和图 5-26 所示。

图 5-25　织物正面效果

图 5-26　织物反面效果

（五） 意匠绘画

1. 意匠纸计算

$$意匠纸密度比＝成品经密÷成品纬密×8＝137.1÷76×8＝14.4$$

选八之十四意匠纸。

$$意匠纵格数＝纹针数＝4800\ 格$$

$$意匠横格数＝纹样长×成品纬密$$

意匠横格数应为边、地组织循环纬线数的最小公倍数的倍数，边组织循环纬线数是 10，地组织循环纬线数是 20，所以应修正为 20 的倍数。

2. 意匠图绘画

因织物具有双面效应，选哪一面朝上织均可。花、地组合组织如图 5-27、图 5-28 所示，分别组织见表 5-10，纬纱排列如图 5-29 所示。

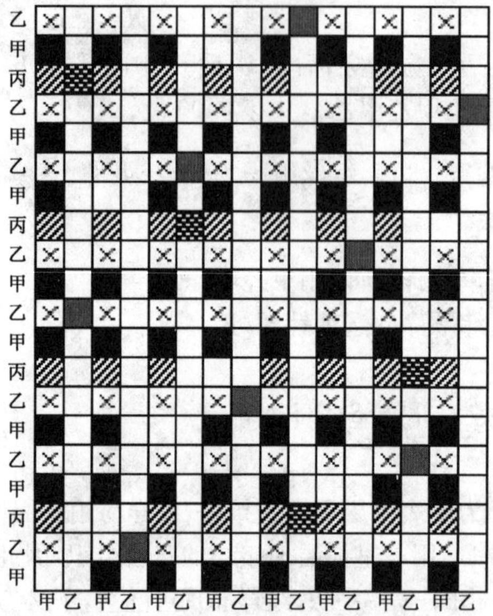

图 5-27　地部组织

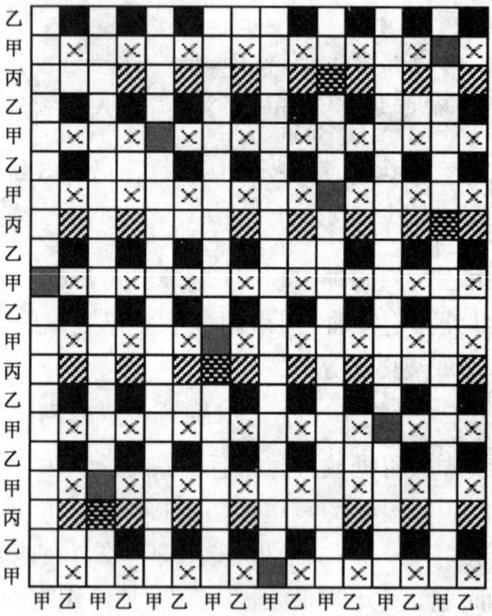

图 5-28　花部组织

表 5-10　花地分别组织

	甲经甲纬	乙经乙纬	乙经甲纬	甲经乙纬	甲经丙纬	乙经丙纬
花组织	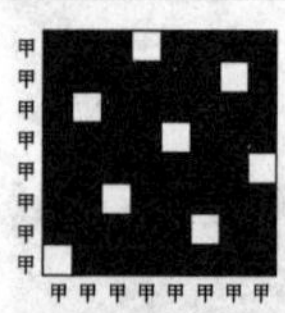	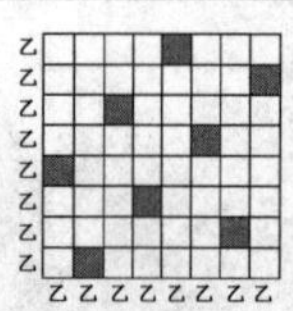	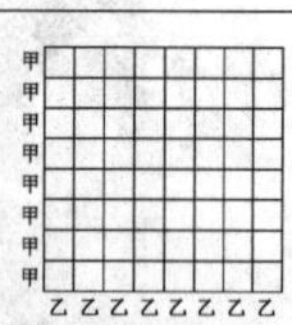	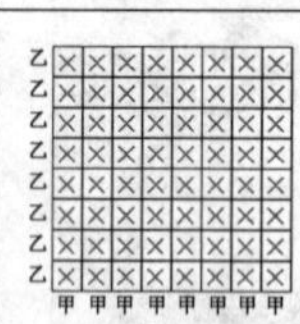	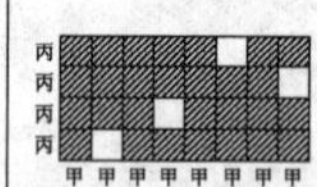	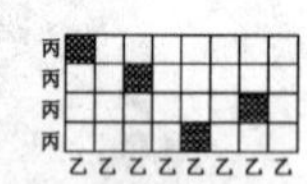
地组织	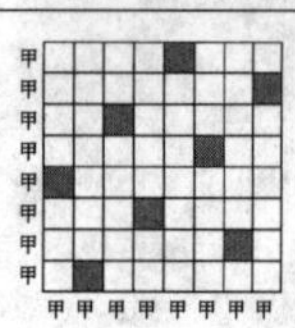	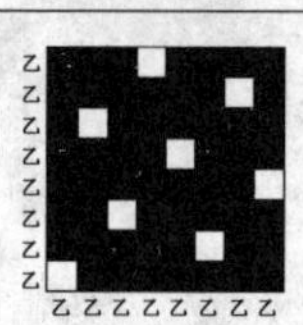	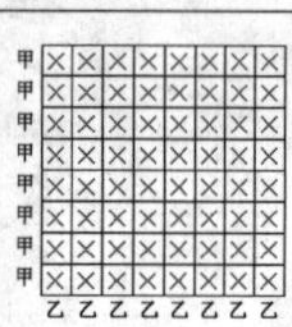	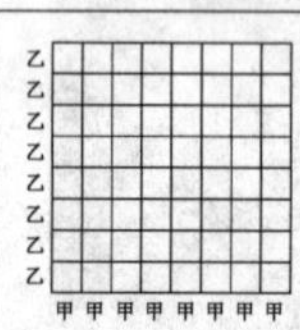	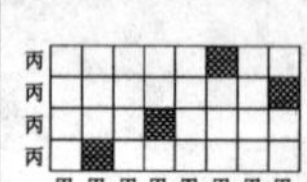	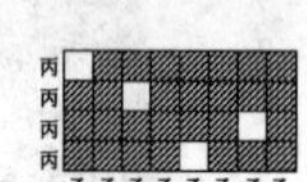

意匠设两个颜色。采用双经与双梭、单梭、双梭规律的倍数方式勾边。意匠间丝分别为花、地组合组织图。意匠片段如图 5-30 所示。

图 5-29　纬纱排列

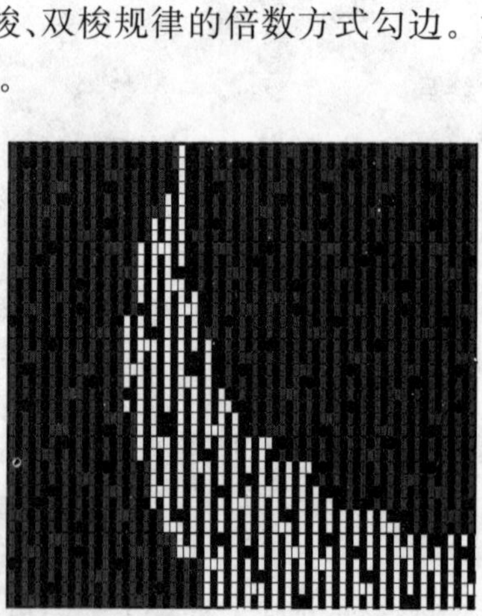

图 5-30　双层提花遮光窗帘绸意匠片段

◆ 任务实施

每小组进行双层提花织物创新设计，要求进行织物规格、纹织工艺设计，填写创新设计任务单(表 5-11)。

表 5-11　双层提花织物创新设计任务单

<table>
<tr><td colspan="4">设计意图：</td></tr>
<tr><td colspan="4">基本规格</td></tr>
<tr><td>经纱规格</td><td></td><td>经密(根/cm)</td><td></td></tr>
<tr><td>纬纱规格</td><td></td><td>纬密(根/cm)</td><td></td></tr>
<tr><td>纹样宽(cm)</td><td></td><td>纹样长(cm)</td><td></td></tr>
<tr><td>纹针数</td><td></td><td>纹板数</td><td></td></tr>
<tr><td>意匠纵格数</td><td></td><td>意匠横格数</td><td></td></tr>
<tr><td colspan="4">纹样设计：</td></tr>
<tr><td colspan="4">样卡、组织与设色勾边说明：</td></tr>
</table>

◆ 相关知识

一、常见高花织物的设计方法

高泡大提花又称高花大提花，由于织物花地呈浮雕状耸立于织物表面，具有很强的装饰趣味性，深得用户喜爱。

(一) 采用填芯方法设计永久性高花

此类设计通常由两组经和三组纬构成，按其作用分别称为地经、衬纬、填芯纬。表层地经地纬对织物外观有直接影响,应采用质量优、特点明显的原料。沉入背面的衬经衬纬,应采用细度较细、强度较大的长丝,如锦纶、涤纶、生桑蚕丝等。用于填芯的纬线细度与高花的明显程度相关。为了增加织物抗压能力和使其质地不至过硬,填芯纬最好采用多股合并的纱线;同时考虑织物生产成本,应采用粗的短纤纱,如棉纱、人造棉或其他价格合理的原料。填芯高花织物的组织结构以方便记忆和纹板加工为好。如高花部位的表面组织应采用光洁、结实的缎纹或平纹组织,减轻突起部位受外力后的损伤程度;背衬组织应为平纹;填芯纬藏于表里层之间。若花纹块面较小,可以不固结,花型面积大时应用缎纹与下层固结。地部组织通常由平纹或变化平纹构成,花地交界处应紧密结实。

填芯高花织物的纹样应简练,采用块面为主题的变形花卉或几何形体。

(二) 利用经纬线回缩性差异形成高花

常规形式有两种。一,采用回缩性较大的原料(如锦纶、氨纶丝)与回缩性较小的原料(如桑蚕丝、人造丝)交织成重纬、双层等组织结构,由于背衬的锦纶、氨纶丝有较大的回缩率,使其表面花纹凸起。此设计工艺简便,效果稳定,但需借助热定形处理促使合纤收缩。二,用同一属性原料加捻,人为造成表里层原料的回缩率差异而形成高花。此设计工艺复杂,需经练漂整理,织物有爽适、柔软的特点,但随着纤维老化,高花效应会逐渐消退。

若采用重经或重纬组织,并利用经纬线回缩性差异设计高花,较适用线条流畅或小块面纹样。但纹样设计切忌过横或过直的线条,因经纬浮点切间丝会造成高花不明显。若采用双层组织结构,宜采用小块面、布局匀称的抽象花纹,以防花型皱瘪变形或产生织幅不稳的弊端。

(三) 控制织机送经方法形成高花

控制织机送经方式适用于重经织物设计。两组经丝采用不同的送经速度,使织物形成高花。表层经纱送经快,里层经纱送经慢,由于两组经纱的张力不等,形成的高花很稳定。为了使高花效果更明显,花部用积极送经的经线制织,采用 8 枚或 10 枚经缎等疏松光洁的组织结构,甚至采用经浮长,并用间丝点切断浮长;地部宜用消极送经的经线与纬线织成平纹,使花地间形成强烈的疏密对比。为使送经方式制织的高花效果更好,宜采用简练的剪影式纹样,用色织生产方式及织物正面朝上制织。

(四) 采用后整理方法形成高花

(1) 用物理方法形成高花。如对坯布进行机械轧压,使织物形成凹凸花纹。合纤坯布经染色、印花、定形后,在雕有凹凸花纹的钢辊与一特制弹性胶辊之间通过,由于钢辊内有高温蒸汽或电热丝,使织物迅速定形,形成凹凸花纹。此法生产简便,成本较低,高花效应明显,但不永久。产品质地较薄,适宜制作春夏季服装。

(2) 用化学方法形成高花。织物经化学药剂处理,部分纤维膨化收缩而形成高花。如织物表面用蚕丝做经和纬,里层用棉纱做经和纬,使表里两层接结成袋状花型,织物经练漂后,以平面状悬起,正面朝下。然后,用烧碱溶液涂于或喷于棉纤维表面,棉纤维遇碱收缩,迫使桑蚕丝织成的花纹凸起,形成高花。又如,用石炭酸溶液在锦纶 66 纺绸上印花,与石炭酸接触部位的锦纶丝收缩,使其他部位隆起,形成高花。此两种工艺不复杂,但高花效应不持久,仅适用于制作春夏季服装。

上述四种方法,设计时不应拘泥于某一形式,应考虑配合采用,使织物达到最佳的三维浮雕效果。

二、多色经多色纬双层提花织物

（一）二色经二色纬

1. 经纬纱选择

一深一浅两种颜色经纱按 1∶1 排列，一般用涤纶网络丝。

一深一浅两种颜色纬纱按 1∶1 排列，一般用较粗的短纤维纱，如棉纱。

2. 纹样设计

这种类型织物用作中档汽车座套和沙发布的较多，纹样选择菱形排列的独立花型加底纹的居多，如图 5-31 所示。

图 5-31　二色经二色纬双层提花织物纹样

3. 组织设计

多采用平纹表里换层，局部用单层组织。

（二）六色经三色纬

1. 纹样设计

一般采用色彩丰富的独立纹样，如图 5-32 所示，设计时需要加裁剪线（每个靠垫之间用单层组织隔开以便于裁剪）。

图 5-32　六色经三色纬提花织物

2. 经纬纱选择

常用黑、黄、红、白、蓝、绿六种颜色的经纱；一深一浅（如黑、白）两种较粗的纬纱，其中一种较细纬纱的颜色根据布面风格确定，一般选择黑色。

3. 组织设计

根据布面颜色选择经纬纱在织物表面所呈现的颜色，其他经纬纱在里层交织背衬，具体可参考项目四任务五。

◆ 设计理论积累——织物遮光性的影响因素

（一）织物组织类型与遮光性

在经纬纱线密度及经纬密度相同的条件下，随着织物组织平均浮长的增加，纱线间的孔隙减少，织物对光的反射和散射显著，光通量透射比越小，其遮光性越好。因此，不同类型组织的遮光性存在差异，大小顺序为缎纹组织类＞斜纹组织类＞平纹组织类。

（二）相同组织的不同组织循环纱线数与遮光性

在经纬纱线密度及经纬密度相同的条件下，相同类型组织的不同组织循环纱线数的遮光性也存在差异。随着组织循环纱线数增加，平均浮长增加，纱线间孔隙减小，透过织物的光通量较小，织物遮光性好。16 枚缎纹组织织物较 8 枚缎纹组织织物的遮光性更佳。

（三）双层织物接结点分布与遮光性

接结点的合理配置会影响布面组织及整体效果。在经纬纱线密度及经纬密度相同的条件下，织物平均遮光率随着组织循环内接结点数的减少而增大，织物遮光效果增强，但差异不大。因此设计接结点在双层织物中的分布时，不宜设置得太多或太少，应均匀分布，避免产生织物表里不平整。当表层组织为 8 枚纬缎时，选 4 个接结点的遮光效果较好。

（四）织物背衬组织与遮光率

在光的波长、经纬纱线密度及经纬密度相同的条件下，采用不同的背衬组织，遮光性能的差异较大。当表层组织设计符合要求时，背衬组织采用缎纹的织物比采用斜纹和平纹的织物的遮光性好。在双层结构装饰织物的设计中，宜选用缎纹组织作为背衬。

项目练习题

1. 单层提花织物的创新设计思路有哪些？
2. 台布的尺寸规格有哪些？
3. 重经提花织物的表里经常见排列比有哪些？
4. 描述雪尼尔纱的结构特点。
5. 金属丝的常用线型有哪几种？什么是 X 型金属丝？
6. 不等密剪花提花织物的意匠图如何设计？
7. 高花织物有哪些设计方法？
8. 织物遮光性的影响因素有哪些？
9. 多色经多色纬双层提花织物有什么结构特点？举例说明其典型组织。

参考文献

[1] 周蓉,聂建斌.纺织品设计[M].上海:东华大学出版社,2011.
[2] 侯翠芳.织物组织分析与应用[M].北京:中国纺织出版社,2010.
[3] 廖刚.应用设计服装设计基础与应用[M].沈阳:辽宁美术出版社,2014.
[4] 沈兰萍.织物结构与设计[M].2版.北京:中国纺织出版社,2012.
[5] 朱进忠.实用纺织商品学[M].北京:中国纺织出版社,2000.
[6] 荆妙蕾.织物结构与设计[M].6版.北京:中国纺织出版社,2021.
[7] 李枚萼.织物设计技术188问[M].北京:中国纺织出版社,2007.
[8] 唐育民.染整生产疑难问题解答[M].北京:中国纺织出版社,2010.
[9] 关立平.机织产品设计[M].上海:东华大学出版社,2008.
[10] 谢光银.机织物设计[M].上海:东华大学出版社,2020.
[11] 谢光银,张萍.纺织品设计[M].北京:中国纺织出版社,2005.
[12] 朱松文.刘静伟.服装材料学[M].5版.北京:中国纺织出版社,2015.
[13] 沈兰萍.新型纺织产品设计与生产[M].3版.北京:中国纺织出版社,2022.
[14] 朱长征,万陆洋,何雪苗.设计色彩[M].北京:科学技术文献出版社,2011.
[15] 王国和.织物组织与结构学[M].3版.上海:东华大学出版社,2022.
[16] 沈干.黑白经纬——织物组织设计图集(上册)[M].北京:化学工业出版社,2005.
[17] 荆妙蕾.纺织品色彩设计[M].北京:中国纺织出版社,2004.
[18] 马昀.色织产品设计与工艺[M].北京:中国纺织出版社,2010.
[19] 姜淑媛.丝织物设计[M].北京:中国纺织出版社,1994.
[20] 祝永志.面料设计[M].2版.北京:中国劳动社会保障出版社,2016.